"十三五"高等教育电子类规划教材

数字电子技术基础

主　编　刘　芳　邵雅斌　张永志
副主编　陈　晨　吴和静　赵　龙

北京邮电大学出版社
www.buptpress.com

内 容 简 介

本书从应用的角度出发，全面介绍了数字电子技术的基本概念、基础理论和基本分析方法。全书共8章，主要内容包括数字逻辑基础、门电路、组合逻辑门电路、触发器、时序逻辑电路、半导体存储器、模拟量和数字量的转换以及数字电路的综合应用。

本书将理论与实践相结合，注重体现知识的实用性和前沿性。本书可作为电子信息、通信、电气、自动化、计算机和机电等专业学习数字电子技术课程及相关课程的教材或参考书，也可供上述学科或相关学科工程技术人员参考，还可作为电子产品制作、科技创新实践、课程设计和毕业设计等实践活动的指导书。

图书在版编目(CIP)数据

数字电子技术基础/ 刘芳，邵雅斌，张永志主编．-- 北京 ：北京邮电大学出版社，2018.7

ISBN 978-7-5635-5499-7

Ⅰ．①数… Ⅱ．①刘… ②邵… ③张… Ⅲ．①数字电路－电子技术－高等学校－教材 Ⅳ．①TN79

中国版本图书馆 CIP 数据核字（2018）第 159115 号

书　　　名：数字电子技术基础
著作责任者：刘　芳　邵雅斌　张永志　主编
责 任 编 辑：满志文　穆菁菁
出 版 发 行：北京邮电大学出版社
社　　　址：北京市海淀区西土城路 10 号（邮编：100876）
发　行　部：电话：010-62282185　传真：010-62283578
E-mail：publish@bupt.edu.cn
经　　　销：各地新华书店
印　　　刷：北京玺诚印务有限公司
开　　　本：787 mm×1092 mm　1/16
印　　　张：11.5
字　　　数：292 千字
版　　　次：2018 年 8 月第 1 版　2018 年 8 月第 1 次印刷

ISBN 978-7-5635-5499-7　　定　价：29.90 元

前　言

随着电子科学技术的高速发展，微电子技术和集成电路的广泛应用，以及电子信息技术的发展对国民经济、科学技术、国防等领域日益深入的影响和渗透，当今的电子产品逐步趋于数字化、集成化，数字电子技术的知识在相关专业的地位越来越重要。

为了适应电子技术的飞速发展和社会需求，高等教育对电子、计算机、电气、通信等信息类专业人才的培养提出了更高要求，教材内容的更新和定位面临新的挑战。

编者在多年从事“数字电子技术”课程的教学改革和教学实践的基础上，总结了理论和实践教学的经验，结合新技术的发展，纵观国内外相关课程教材，针对学生在学习中经常遇到的困难，尝试采用理论与实践相结合的教学模式，本着理论够用，着眼应用的原则，编写了这本以应用为主线，结合学科新技术发展的教材。

本书主要研究各种逻辑门电路、集成器件的功能及其应用，组合逻辑门电路和时序逻辑电路的分析和设计、集成芯片各引脚功能、555 定时器等内容。随着计算机科学与技术突飞猛进的发展，用数字电路进行信号处理的优势也更加突出。全书共 8 章，由黑龙江东方学院刘芳、邵雅斌，黑龙江大学张永志任主编，黑龙江东方学院陈晨、吴和静、赵龙任副主编。其中第 4 章和第 5 章由刘芳编写，第 3 章和第 6 章由邵雅斌编写，第 7 章由张永志编写，第 8 章由陈晨编写，第 1 章由吴和静编写，第 2 章由赵龙编写。全书由刘芳负责策划、组织和定稿，邵雅斌、张永志负责审稿校对工作。

在本书编写过程中，作者借鉴了许多优秀教材和技术专家的宝贵经验和技术资料，得到了北京邮电大学出版社的大力支持与帮助，在此深表谢意。同时诚挚地感谢黑龙江东方学院王培东教授和沈永良教授，他们多年来与编者们一起开展的理论和实践教学改革工作，为本书内容的编写奠定了基础。

限于编者水平，疏漏之处在所难免，敬请业界同人和读者批评指正。

编　者

目　录

第 1 章

数字逻辑基础

1.1 概　述

1.1.1 数字电路

存在于自然界的物理量有很多种，根据它们变化的规律可以分为两大类：模拟量和数字量。以温度为例，温度信号在时间上和数值上是连续变化的，因此，这种在时间上和数值上连续变化的物理量称为模拟量。将表示模拟量的信号称为模拟信号，模拟信号在任一时刻的数值大小可以是任意数值；而另一类物理量则在时间上和数值上是离散变化的，以传送带上是否有零件这个信号为例，这个物理量在时间上和数量上是离散的，零件信号只能用有或者没有来定义，并没有数值上的连续变化，这一类物理量称为数字量。将表示数字量的信号称为数字信号，所以数字信号在任意时刻的数值只能取两个：0 或 1，反映在电路状态上为高电平或者低电平，如图 1-1 所示，把工作在数字信号下的电子电路称为数字电路。

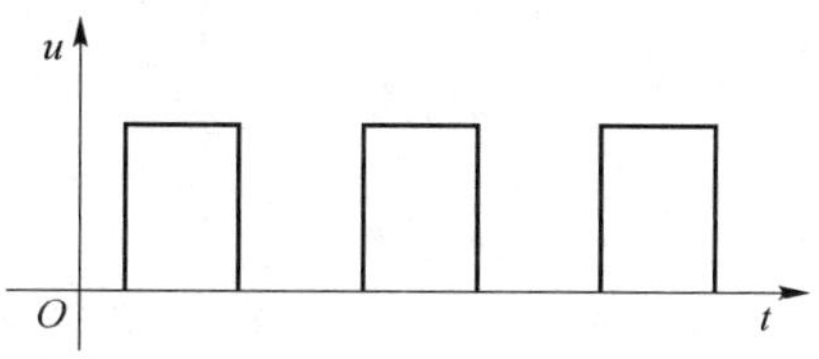

图 1-1　数字信号

1.1.2 数字信号的表示方法

由于数字信号的特点，数字信号的表现形式均为数码，数字电路便是用数字来“处理”信息的，以方便实现计算和操作的电子电路。数字电路的功能可以归纳如下。

(1)将真实的状态转换成数字电路能够处理的二进制信息；

(2)进行的计算和操作只针对 0 和 1；

(3)将处理后的数字结果转换为可以理解的现实的状态信息。

1. 二值逻辑

在数字电路中，既可以用 0 和 1 组成二进制数，表示数量大小，也可以用其表示一个事物的两种不同的逻辑状态，这是两种完全不同的使用方式，要注意严格区别。当表示数量时，可以进行数值运算，称为算术运算；当表示逻辑状态时，如是与否，真与假，有与无，开与关，高与低，亮与灭等，这里0、1不再表示数值大小，而是逻辑0和逻辑1。这种表示对立逻辑状态的逻辑关系称为二值逻辑，用0和1表示逻辑关系时，二进制数进行的是逻辑运算。

2. 逻辑电平

在数字电路中，用电平高低来表示逻辑0和逻辑1。如何用高低电平代表逻辑0和逻辑1两种逻辑状态呢？如果用高电平表示逻辑1，用低电平表示逻辑0则为正逻辑；反之为反逻辑。

高电平和低电平的数值根据不同工艺的数字集成电路，逻辑标准也不同。当电源电压为5 V时，数字集成电路的两大类TTL（Transister Transister Logic）和CMOS（Complementary Metal Oxide Semiconductor）电路对应的逻辑电平标准，如表1-1所示。

表1-1 数字电路的逻辑电平标准

输入与输出 / 电路类型	输入电平/V		输出电平/V	
	低电平（V_{IL}）	高电平（V_{IH}）	低电平（V_{OL}）	高电平（V_{OH}）
TTL	0.0～0.8	2.0～5	0.0～0.4	2.4～5
CMOS	0.0～1.5	3.6～5	0.0～0.5	4.4～5

表1-1表明，不同工艺的数字电路具有不同的逻辑电平标准，当输入信号符合高/低电平要求时，信号才能被识别；否则信号不能被可靠识别，容易造成逻辑错误。

3. 波形图

数字变量除了用高电平/低电平、逻辑1/逻辑0来表示外，还可以用一种更直观的表示方法，即波形图表示。由于数字信号采用二值逻辑，所以其波形图只有高低电平两种状态，如图1-2所示。

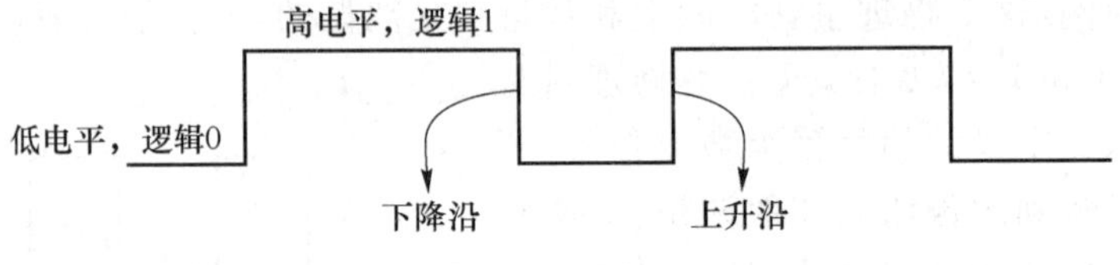

图1-2 二值逻辑的波形图

如果将数字电路的输入信号和输出信号的关系按时间顺序依次排列起来，就得到了波形图，又称为时序图。图1-2所示为理想脉冲波形图，理想的脉冲波形只要用3个参数便可以描述清楚，即脉冲幅度U_m、T、T_w，相应的模拟量转换成数字量的高低电平，即为数字波形图，而实际的脉冲波形，如图1-3所示。

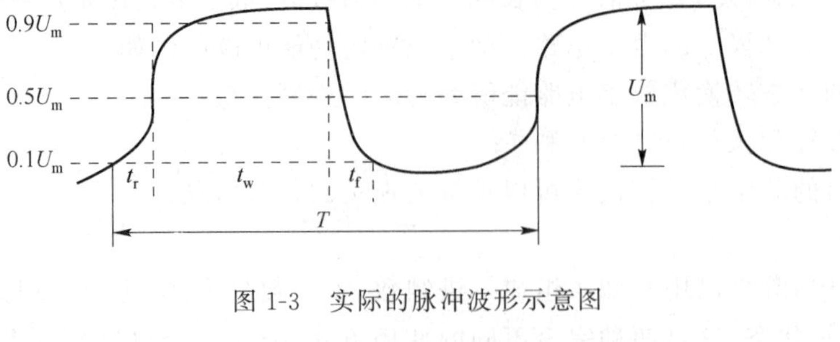

图1-3 实际的脉冲波形示意图

图 1-3 中所示各参数的定义如下所示。

(1) 脉冲幅度 U_m：脉冲电压的最大变化幅度。

(2) 上升时间 t_r：脉冲上升沿从 $0.1U_m$ 上升到 $0.9U_m$ 所需的时间。

(3) 下降时间 t_f：脉冲上升沿从 $0.9U_m$ 下降到 $0.1U_m$ 所需的时间。

(4) 下降时间 t_w：脉冲上升沿到达 $0.5U_m$ 起，到脉冲下降沿到达 $0.5U_m$ 为止的一段时间。

(5) 脉冲周期 T：在周期性脉冲信号中，两个相邻脉冲的前沿之间或后沿之间的时间间隔。

(6) 脉冲频率 f：在单位时间内(1 s)脉冲信号重复出现的次数，用 f 表示，$f=1/T$。

(7) 占空比 q：脉冲宽度 t_w 与脉冲周期 T 的比值，即 $q=t_w/T$。

一般情况下，波形的上升或下降时间都很小，而在数字电路中只关注逻辑电平的高低，因此在画数字波形时忽略了上升和下降时间。本书中所用的数字波形将采用理想波形。

1.2　数制和码制

数字电路讨论的是逻辑关系的问题，所以采用的是二进制。在现实生活中，人们习惯使用十进制。为了既符合人们的习惯又适用于数字电路，通常会进行进制的转换。而二进制数由于太长而使得记录不方便，所以又会采用八进制或者十六进制进行辅助计数。本节简要介绍十进制、二进制、十六进制以及各进制之间的相互转换。对于一些事物也需要进行数字化处理，所以本节也介绍了几种常用的编码。

1.2.1　数制

1. 十进制

十进制是最常使用的进位计数制。有 0～9 十个数码，它的计数规律是“逢十进一”。例如：

$$115.24=1\times10^2+1\times10^1+5\times10^0+2\times10^{-1}+4\times10^{-2}$$

任意十进制数 D 均可以表示为

$$D=\sum(D_i\times10^i)$$

2. 二进制

二进制是数字电路能够处理的数制，只有 0 和 1 两个数字符号，每位的基数是 2，计数规律是“逢二进一”。例如：

$$(1101.01)_2=1\times2^3+1\times2^2+0\times2^1+1\times2^0+0\times2^{-1}+1\times2^{-2}=(13.25)_{10}$$

任意十进制数 D 均可以表示为

$$D=\sum(D_i\times2^i)$$

3. 十六进制

十六进制有 0～9、A～F 16 个数字符号，每位的基数是 16，计数规律是“逢十六进一”。例如：

$(18F.7B)_{16}=1\times16^2+8\times16^1+15\times16^0+7\times16^{-1}+11\times16^{-2}=(399.480)_{10}$

任意十进制数 D 均可以表示为

$$D = \sum (D_i \times 16^i)$$

1.2.2 码制

数字电路所处理的只能是二进制数码，所以二进制数码除了用于表示一些数值之外，还要用来表达一些状态信息。例如，用 0 表示低电平，用 1 表示高电平等。这些表示特定状态信息的二进制数码被称为二进制代码。本节介绍以下几种常用的二进制代码。

1. BCD 码

BCD 码是用一组 4 位二进制代码表示 0～9 这 10 个十进制数的代码。它可以分为有权码和无权码，有权码是指每位都有固定的权值，该代码所代表的十进制数为每位加权之和，而无权码则无须加权。

表 1-2 所示为常见的 BCD 码。

表 1-2 常见的 BCD 码

BCD 码 / 十进制数	有权码		无权码	
	8421 码	5421 码	余 3 码	格雷码
0	0000	0000	0011	0000
1	0001	0001	0100	0001
2	0010	0010	0101	0011
3	0011	0011	0110	0010
4	0100	0100	0111	0110
5	0101	1000	1000	0111
6	0110	1001	1001	0101
7	0111	1010	1010	0100
8	1000	1011	1011	1100
9	1001	1100	1100	1101

2. ASCII 码

ASCII 码即为美国信息交换标准码，是一种对现代字母进行的数字编码，采用 7 位二进制数码来对字母、数字以及标点符号进行编码。ASCII 码用于微型计算机之间读取和输入信息。

表 1-3 所示是 ASCII 码对 26 个字母的编码表。

表 1-3　英文字母 ASCII 编码表

字　母	ASCII 码	字　母	ASCII 码
A	1000001	N	1001110
B	1000010	O	1001111
C	1000011	P	1010000
D	1000100	Q	1010001
E	1000101	R	1010010
F	1000110	S	1010011
G	1000111	T	1010100
H	1001000	U	1010101
I	1001001	V	1010110
J	1001010	W	1010111
K	1001011	X	1011000
L	1001100	Y	1011001
M	1001101	Z	1011010

练习与思考

1. 数字信号的特点是什么？
2. 说明进制之间互相转换的规律。
3. 什么是 8421BCD 码？
4. 什么是数制，什么是码制？

1.3　逻辑代数

逻辑代数是处理数字电路所需要的数学工具，也称布尔代数或二值代数，它利用逻辑变量和一些运算符组成逻辑函数表达式来描述事物的因果关系。逻辑变量可以用 A、B 等表示，但变量的取值只能为 0 或者 1，而逻辑函数的取值也只能是 0 或者 1。

1.3.1　基本逻辑运算

逻辑代数的 3 种基本运算分别为与、或、非。下面以如图 1-4 所示的 3 个简单电路对 3 种基本逻辑关系进行简要说明。

1. "与"表示的逻辑关系

当决定事件结果的所有条件全部具备时，结果才会发生。例如，在图 1-4(a)所示的电路中，只有在开关 A 和 B 都闭合时，灯 Y 才能亮，否则灯 Y 不会亮。这种灯亮与开关闭合的关系就称为与逻辑。

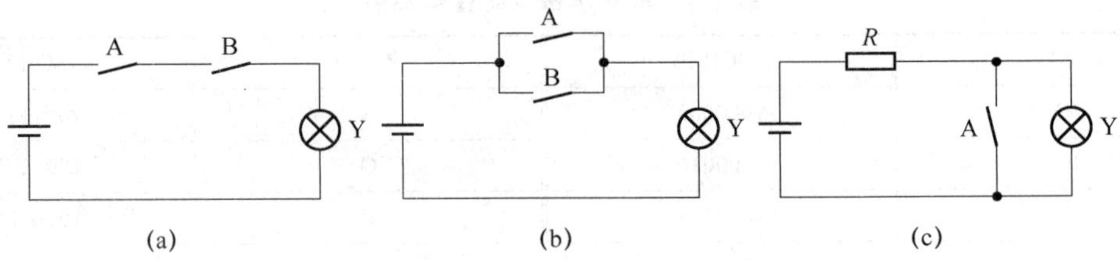

图 1-4　与、或、非 3 种基本逻辑关系的电路

2. “或”表示的逻辑关系

当决定事件结果的条件具备任何一个时，结果会发生。例如，在图 1-4(b)所示的电路中，只要开关 A 和 B 有一个闭合，灯 Y 就会亮。这种灯亮与开关闭合的关系就称为或逻辑。

3. “非”表示的逻辑关系

当决定事件结果的条件具备了，结果不会发生；而条件不具备时，结果反而会发生。例如，在图 1-4(c)所示的电路中，只要开关 A 闭合，灯 Y 就不会亮；只有当开关 A 断开时，灯 Y 才会亮。这种灯亮与开关闭合的关系就称为非逻辑。

如果用 A、B 表示开关的状态，其中，用 1 表示开关闭合，用 0 表示开关断开；用 Y 表示灯的状态，用 1 表示灯亮，用 0 表示灯灭。那么以上 3 种逻辑关系，可以分别用表1-4、表 1-5、表 1-6表示，这种表称为逻辑真值表，在后面会详细介绍。

表 1-4　与逻辑运算的真值表

输　入		输　出
A	B	Y
0	0	0
0	1	0
1	0	0
1	1	1

表 1-5　或逻辑运算的真值表

输　入		输　出
A	B	Y
0	0	0
0	1	1
1	0	1
1	1	0

表 1-6　非逻辑运算的真值表

输　入	输　出
A	Y
1	0
0	1

在逻辑代数中，逻辑关系也可以表示成逻辑表达式的形式，以上 3 种基本逻辑关系的代数表达式可以写成如下形式。

与逻辑的代数表达式为：$Y=A\cdot B$。

或逻辑的代数表达式为：$Y=A+B$。

非逻辑的代数表达式为：$Y=\overline{A}$。

1.3.2　复合逻辑关系

与、或、非是 3 种基本的逻辑关系，其他复杂的逻辑关系由这 3 种基本逻辑关系组合得到，下面介绍几种较常用的复合逻辑关系。

1. 与非、或非、与或非逻辑运算

与非逻辑运算是与运算和非运算的组合，即 $Y=\overline{A\cdot B}$。

或非逻辑运算是或运算和非运算的组合，即 $Y=\overline{A+B}$。

与或非逻辑运算是与、或、非 3 种运算的组合，即 $Y=\overline{AB+CD}$。

2. 异或和同或逻辑运算

异或逻辑的含义是：当两个输入变量不同时，输出为 1；当两个输入变量相同时，输出为 0。异或运算的符号是⊕，真值表如表 1-7 所示，逻辑表达式为 $Y=A\oplus B=\overline{A}B+A\overline{B}$。

同或逻辑与异或逻辑相反，它表示当两个输入变量相同时，输出为 1；当两个输入变量不同时，输出为 0。同或运算的符号是⊙，真值表如表 1-8 所示，逻辑表达式为 $Y=A\odot B=\overline{A}\,\overline{B}+AB$。

表 1-7　异或逻辑运算的真值表

输　入		输　出
A	B	Y
0	0	0
0	1	1
1	0	1
1	1	0

表 1-8　同或逻辑运算的真值表

输　入		输　出
A	B	Y
0	0	1
0	1	0
1	0	0
1	1	1

根据异或和同或的定义以及真值表可见，异或逻辑与同或逻辑互为反函数。

1.3.3　逻辑代数的公式和定则

1. 逻辑代数的公式

根据逻辑变量和逻辑运算的基本定义，可得出逻辑代数基本定律。

(1) 0-1 律公式：

$$0+A=A \qquad 1\cdot A=A \qquad 1+A=1 \qquad 0\cdot A=0$$

(2) 重叠律公式：

$$A+A=A \qquad A\cdot A=A$$

(3) 互补律公式：

$$A+\overline{A}=1 \qquad A\cdot\overline{A}=0$$

(4) 交换律公式：

$$A+B=B+A \qquad A\cdot B=B\cdot A$$

(5) 结合律公式：

$$A+(B+C)=(A+B)+C \qquad A\cdot(B\cdot C)=(A\cdot B)\cdot C$$

(6) 分配律公式：

$$A(B+C)=AB+BC \qquad A+BC=(A+B)\cdot(A+C)$$

(7) 否定律公式：

$$\overline{\overline{A}}=A$$

(8) 反演律(摩根定律)公式：

$$\overline{A+B}=\overline{A}\cdot\overline{B} \qquad \overline{AB}=\overline{A}+\overline{B}$$

(9)吸收律公式：

$$A+AB=A \qquad A\cdot(A+B)=A$$

以上为基本公式，以下几个为常用的公式：

$$AB+A\overline{B}=A \qquad A+\overline{A}B=A+B \qquad AB+\overline{A}C+BC=AB+\overline{A}C$$

证明上述各等式可采用列真值表的方法，即分别列出等式两边逻辑表达式的真值表，若两个真值表完全一致，则表明两个表达式相等，公式得证。当然，也可以利用基本关系式进行代数证明。

2. 基本规则

逻辑代数中有3个重要的基本规则，即代入规则、反演规则及对偶规则，这些规则在逻辑代数证明、化简中应用。

(1) 代入规则：在逻辑函数表达式中，将凡是出现某变量的地方都用同一个逻辑函数代替，则等式仍然成立，这个规则称为代入规则。例如，已知 $A+AB=A$，将等式中所有出现 A 的地方都代入函数 $C+D$，则等式仍然成立，即 $(C+D)+(C+D)B=C+D$。

(2) 反演规则：将逻辑函数 Y 的表达式中所有的"·"变成"+"，"+"变成"·"；常量"0"变成"1"，"1"变成"0"；所有"原变量"变成"反变量"，"反变量"变成"原变量"，则所得的函数式就是原函数 Y 的反函数，这个规则称为反演规则。例如，$Y=A+\overline{B}\,\overline{D}+\overline{C}$，则根据反演规则，$\overline{Y}=\overline{A}\cdot(B+D)\cdot C$。

注意：使用反演规则时应保持原函数中的运算顺序，即先算括号里的，然后按先与后或的顺序运算。

(3) 对偶规则：将逻辑函数 Y 的表达式中所有的算符"·"变成"+"，"+"变成"·"；常量"0"变成"1"，"1"变成"0"，则得到一个新的逻辑函数 Y'，Y' 称为 Y 的对偶式。对偶规则为若某个逻辑恒等式成立，则它的对偶式也成立。例如，$Y=\overline{A}+BC$，则其对偶式 $Y'=\overline{A}(B+C)$。

注意：使用对偶规则时也应保持原函数中的运算顺序。

当需要证明两个等式相等时，可以通过证明它们的对偶式若相等，则原等式相等。

练习与思考

1. 逻辑代数和普通代数的哪些运算规则是相同的，分别是什么？哪些是不同的，分别是什么？

2. 说明逻辑代数的三个规则。

1.4 逻辑函数

逻辑函数是用来描述逻辑问题的二进制函数，条件为自变量，结果为因变量，每给一组自变量值，因变量就会有一个确定的值与之对应，由此可以使自变量与因变量之间有确定的逻辑关系，这种逻辑关系即为逻辑函数。逻辑函数常见的表示方法有逻辑表达式、真值表、逻辑图和卡诺图4种，各种表示方法之间可以进行相互转换。其中真值表是逻辑函数的最基本形式，从真值表可以得出逻辑表达式及卡诺图，通过表达式可以画出逻辑图。卡诺图将在逻辑函数化简方法中详细介绍。

1.4.1　逻辑函数的表示方法

1. 逻辑表达式

逻辑表达式是由逻辑变量及“与”“或”“非”3 种运算符构成的式子。例如：$Y=A+\overline{B}$，$Y=A\overline{B}+\overline{C}D$，$Y=A+B\overline{C}$。

2. 逻辑真值表

逻辑真值表是一种用表格来表示逻辑函数的方法。由于任意逻辑变量只有两种取值：0 或者 1，所以 n 个逻辑变量共有 2^n 种可能的取值组合，对逻辑函数所有输入的取值可以求出函数结果并列出表格，此表格称为逻辑真值表，简称真值表。

【例 1-1】　求两变量函数 $Y=A+\overline{B}$的真值表。

解：函数 $Y=A+\overline{B}$的真值表如表 1-9 所示。

表 1-9　例 1-1 的逻辑真值表

输　入		输　出
A	B	Y
0	0	1
0	1	0
1	0	1
1	1	1

3. 逻辑图

逻辑函数表示的逻辑关系可以通过逻辑电路来实现，逻辑电路是用逻辑符号画出的电路，称为逻辑图。如图 1-5 所示为一个逻辑图。将在本章后面门电路部分具体介绍逻辑符号。

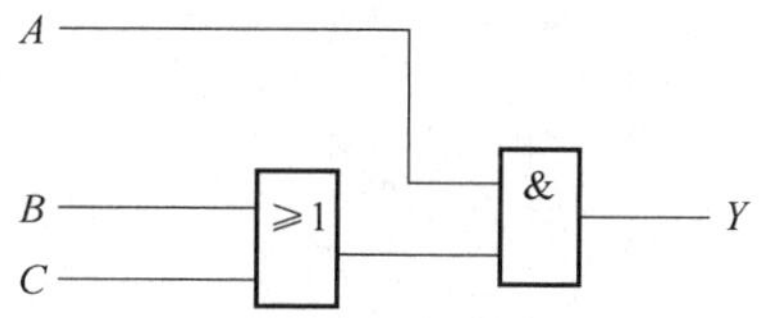

图 1-5　逻辑图

1.4.2　逻辑函数的化简方法

由逻辑函数真值表写出的表达式是逻辑函数的最小项表达式形式，不是最简形式，而简单的逻辑表达式意味着成本的节约，因此需要经过化简。常用的化简方法有两种：一种为代数法化简；另一种为卡诺图化简。

下面分别讲述这两种化简方法。

1. 代数法化简

代数法化简就是利用逻辑代数的公式和定理消除逻辑表达式中的多余项和多余因子。常见的方法如下。

(1) 并项法：利用公式 $AB+A\overline{B}=A$，将两乘积项合并为一项，并消去一对互反的因子。A 和 B 可以是任何一个复杂的逻辑式。如 $Y=\overline{A}B\overline{C}+\overline{A}\,\overline{B}\,\overline{C}$，化简得 $Y=\overline{A}\,\overline{C}(B+\overline{B})=\overline{A}\,\overline{C}$。

(2) 吸收法：利用公式 $A+AB=A$ 可将 AB 项消去。A 和 B 可以是任何一个复杂的逻辑式。如$Y=\overline{A}B+\overline{A}B\overline{C}$化简得 $Y=\overline{A}B$。

(3) 消去法：利用公式 $A+\overline{A}B=A+B$ 消去多余因子$\overline{A}$，利用公式 $AB+\overline{A}C+BC=AB+\overline{A}C$ 消去多余项 BC。如 $Y=B+\overline{B}C+A\overline{C}D$，化简得 $Y=B+C+AD$。又如 $Y=AB+A\overline{B}CD+ACD$，化简得 $Y=AB+ACD$。

(4) 配项法：利用公式 $A+A=A$，$A+\overline{A}=1$ 及 $AB+\overline{A}C+BC=AB+\overline{A}C$ 等，给函数配上合适的项，可以消去原函数中的某些项。如化简函数 $Y=A\overline{B}+BD+\overline{A}D$，配上前两项的冗余项 AD，对原函数没有影响，即

$$
\begin{aligned}
Y&=A\overline{B}+AD+BD+\overline{A}D\\
&=A\overline{B}+BD+D\\
&=A\overline{B}+D
\end{aligned}
$$

利用代数法化简，需要熟练公式，且须具有一定的经验与技巧，由代数法化简所得到的逻辑表达式不一定最简。相比较而言，用卡诺图化简法则可以得到最简的表达式。

2. 卡诺图化简法

(1) 卡诺图：卡诺图是逻辑函数最小项的一种表示方法。卡诺图就是按逻辑相邻规则把逻辑函数的最小项排列出来的方格图形式。n 个变量的卡诺图由 2^n 个小方格构成。它是真值表图形化的结果。图 1-6 所示分别为二变量、三变量和四变量卡诺图。

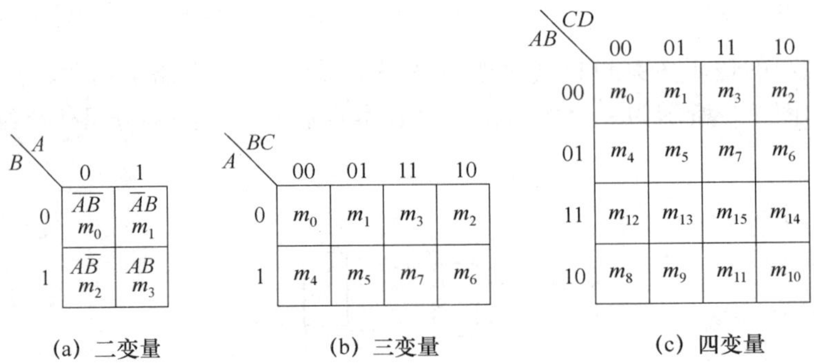

(a) 二变量　　(b) 三变量　　(c) 四变量

图 1-6　卡诺图

用卡诺图化简逻辑函数：第一步将逻辑函数写成最小项之和的形式，第二步在卡诺图上相对应的最小项位置填入 1，其余的位置填入 0，就得到了该函数的卡诺图。

(2) 卡诺图化简：卡诺图法化简逻辑函数，利用的是卡诺图方格的几何相邻即为相邻的最小项，这样可以消去互反变量。所以把几何相邻的 2^n 个(n 为正整数)最小项为 1 的方格圈在一起即为合并，这样就可以消去 n 个变量。2 个相邻最小项合并，可以消去 1 个变量；4 个相邻最小项合并，可以消去 2 个变量；8 个相邻最小项合并，可以消去 3 个变量。依此类推，2^n 个最小项相邻，可以消去 n 个变量，如图 1-7 所示。

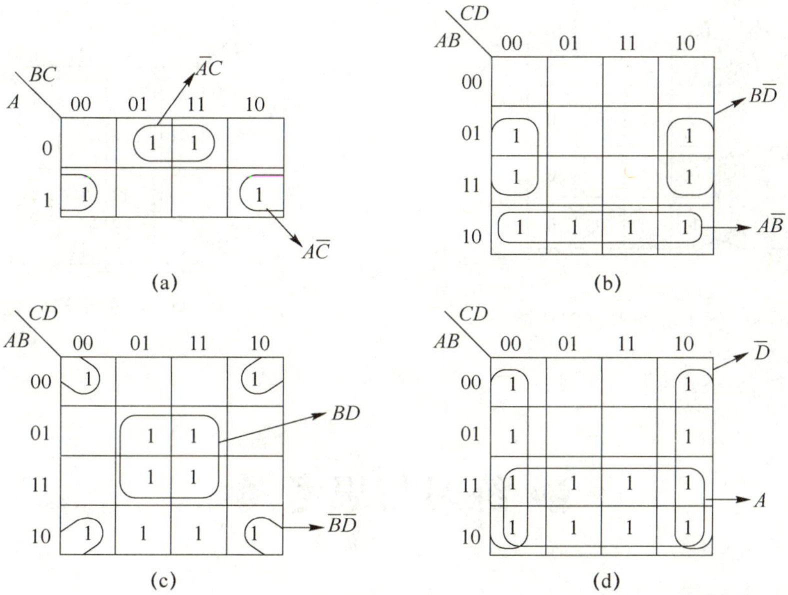

图 1-7　相邻最小项合并的几种常见情况

在卡诺图上画出几个圈，就会有几个"与项"。应该注意的是，4 个角为"1"也应该圈在一起。

下面的 4 个步骤为用卡诺图化简逻辑函数的基本步骤。

① 将函数化为最小项之和的形式；

② 画出表示该逻辑函数的卡诺图；

③ 找出可以合并的最小项；

④ 选取化简后的乘积项。

以下为归纳出的 n 变量卡诺图最小项的合并规则。

① 将取值为 1 的相邻小方格圈成矩形或方形，相邻小方格包括最上行与最下行、最左列与最右列、列或同行两端的两个小方格，以及 4 个角。

② 所圈取值为 1 的相邻小方格的个数应为 2^n(n=0,1,2,3,…)个，即 2^n 的取值应为 1,2,4,8,…,不应为 3,6,10,12,14,…

③ 圈的个数应最少，圈内小方格个数应尽可能多。每圈一个新的圈时必须包含至少 1 个在已圈过的圈中未出现过的 1，否则会出现重复而得不到最简式。

④ 每一个取值为 1 的小方格可被圈多次，但不能遗漏。

【例 1-2】　应用卡诺图化简逻辑函数：$Y=A\overline{B}\,\overline{C}+\overline{A}\,\overline{B}+\overline{A}\,\overline{C}D+BD$。

解：将函数表示成卡诺图形式，如图 1-8 所示。

经化简后得：$Y=\overline{A}\,\overline{B}+BD+\overline{B}\,\overline{C}$。

【例 1-3】　应用卡诺图化简逻辑函数 $Y=ABC+ABD+A\overline{C}D+\overline{C}\,\overline{D}+A\overline{B}C+\overline{A}C\overline{D}$。

解：将函数表示成卡诺图形式，如图 1-9 所示。

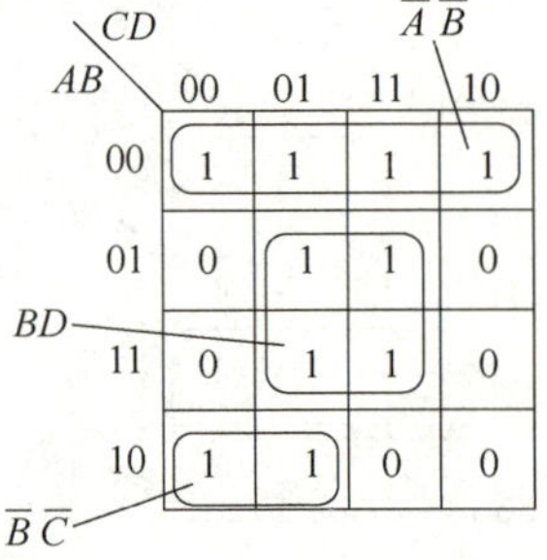

图 1-8　例 1-2 的卡诺图化简

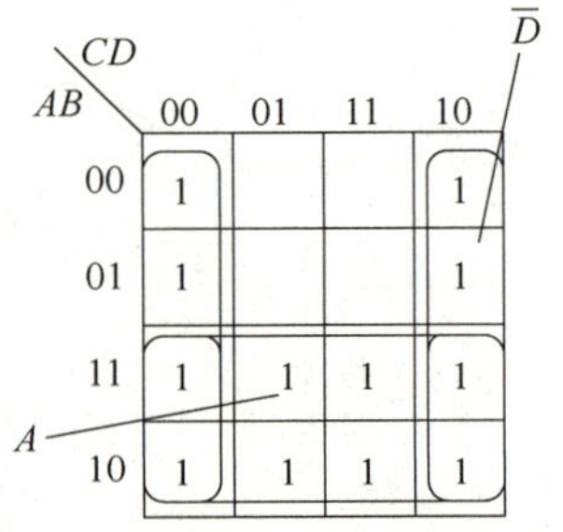

图 1-9　例 1-3 的卡诺图化简

经化简后得：$Y=A+\overline{D}$。

练习与思考

1. 3 种基本逻辑关系是哪些？
2. 逻辑函数的表示方法有哪些？
3. 如何将逻辑函数表示成最小项表达式形式？
4. 逻辑函数卡诺图的化简原则有哪些？

本 章 小 结

本章首先对数字电子电路进行简单介绍，引出数字电子技术常用的数制和码制，重点介绍了逻辑代数的公式和定理、逻辑代数的表示方法及其互相转换、逻辑函数的化简方法。这些内容是数字电路的基础，它们会贯穿始终。下面将本章重点内容进行归纳总结。

① 二进制数和十六进制数是计算机等数字设备中广泛使用的进制。

② BCD 码的转换，要求掌握编码的概念和常用的 BCD 码。

③ 逻辑代数是数字电路的基础，它与普通代数不同，本章要求掌握逻辑代数的基本运算、基本公式、运算规则以及常用的逻辑门的符号。

④ 逻辑函数常用的表示方法有逻辑真值表、逻辑函数式、逻辑电路图和卡诺图，掌握这 4 种方法之间的互相转换。

⑤ 掌握最小项、最大项、与或式、或与式的概念。

⑥ 逻辑函数的化简是本章的重点。常用的化简方法有两种：公式法和卡诺图法。公式法化简不受任何条件限制，但是这种方法没有固定步骤，并且要求熟练掌握公式，所以在化简一些复杂的逻辑函数时，需要一定的运算计巧和经验。卡诺图法化简简单、直观，而且有一定步骤。但是在逻辑变量数目较多(超过 5 个)时，该方法由于图形巨大，不再简单、直观，失去使用价值。而对于 5 个变量以下的逻辑函数，应熟练掌握卡诺图法，包括含有任意项的逻辑函数的化简。

本章习题

1.1　将下列十进制数转换成相应的二进制数、八进制数和十六进制数。

$(12.5)_{10}$　$(101)_{10}$　$(15.25)_{10}$　$(12.718)_{10}$

$(25.7)_{10}$　$(78)_{10}$　$(34.375)_{10}$　$(16.05)_{10}$

1.2　将下列二进制数转换成相应的十进制数、十六进制数。

$(1011.11)_2$　$(110011.01101)_2$　$(1001.001)_2$　$(11110.011)_2$

$(1000.01)_2$　$(101101.0101)_2$　$(1010101.0101)_2$　$(11011.011)_2$

1.3　将下列十进制数转换成 8421BCD 码。

$(13.17)_{10}$　$(102.52)_{10}$　$(10.75)_{10}$　$(78.23)_{10}$

$(37.03)_{10}$　$(650.03)_{10}$　$(123.321)_{10}$　$(234.678)_{10}$

1.4　将下列十六进制数转换成相应的二进制数、十进制数。

$(23F.15)_{16}$　$(A2.3D)_{16}$　$(11.53)_{16}$　$(5C.E2)_{16}$

$(7E.3A)_{16}$　$(13.45)_{16}$　$(46.3A)_{16}$　$(78.FC)_{16}$

1.5　用 8 位的二进制补码表示下列十进制数。

＋15　＋24　－14　－39　＋35　－47

1.6　用二进制补码计算下列各式。

1010＋0011　1101－1011　0011－1010　－1101－1011

－1001－0010　1111＋0111　0111－1100　－1111＋1100

1.7　下列函数中，当 $A=1,B=0,C=0$ 时，求 Y 的值。

(1) $Y_1=\overline{A}B+A\overline{B}$

(2) $Y_2=AB+(\overline{A+B})(\overline{A}+\overline{B})$

(3) $Y_3=(\overline{\overline{A}+B}+\overline{A+\overline{B}})(\overline{\overline{A}B+A\overline{B}})$

(4) $Y_4=\overline{A}\ \overline{B}\ \overline{C}+ABC$

(5) $Y_5=A\oplus B\oplus C$

(6) $Y_6=AC+BC+AC$

(7) $Y_7=A\overline{\overline{B}\ \overline{C}}+\overline{\overline{A}\ \overline{B}}C$

(8) $Y_8=AC+\overline{A}B$

1.8　根据给定的逻辑表达式，画出逻辑图。

(1) $Y_1=AB+A\overline{C}$

(2) $Y_2=(A+B)(A+C)$

(3) $Y_3=A\overline{B}+A\overline{C}+\overline{A}BC$

(4) $Y_4=AB+\overline{B}\ \overline{C}$

1.9　根据与门两个输入端 A、B 的波形，如图 1-10 所示，请画出输出端 Y 的波形。

1.10　输入端 A、B 的波形如图 1-11(a)所示，请画如图 1-11(b)所示电路在 $C=0$ 和 $C=1$ 时的输出波形。

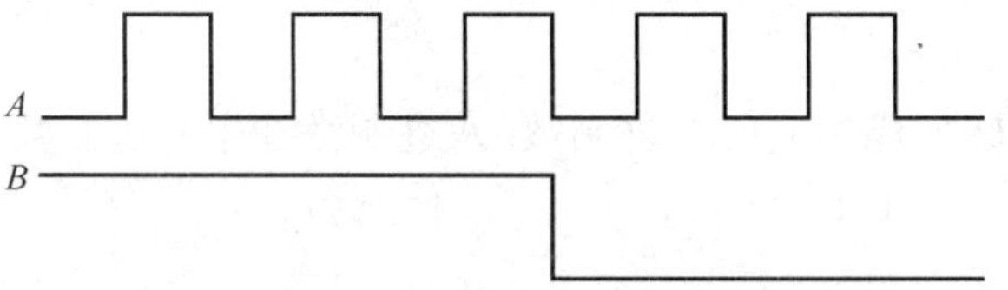

图 1-10　题 1.9 的图

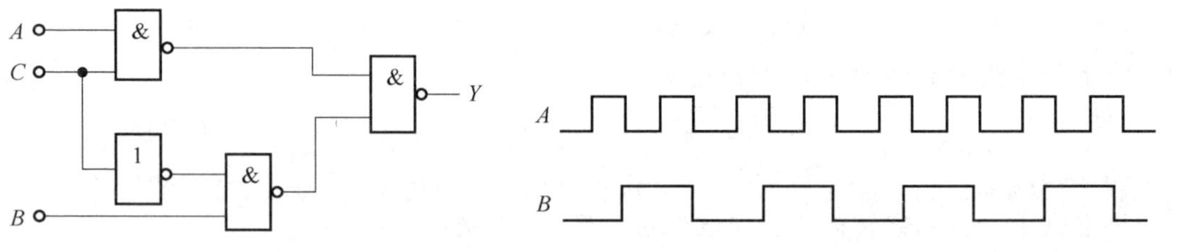

(a)　　　　(b)

图 1-11　题 1.10 的图

1.11　根据图 1-12 所示逻辑图，写出逻辑表达式。

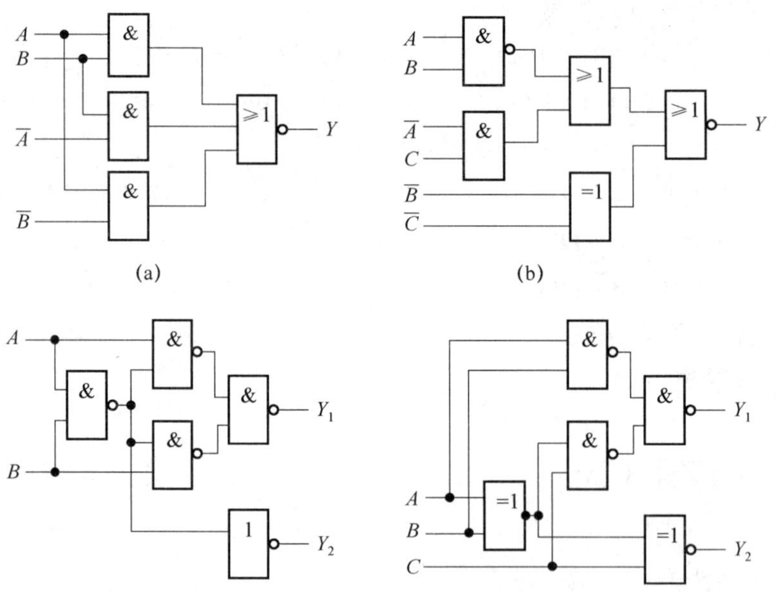

(a)　(b)　(c)　(d)

图 1-12　题 1.11 的图

1.12　根据逻辑函数表达式画出波形图。

(1) $Y_1 = A\overline{C} + \overline{B}C$

(2) $Y_2 = BC + \overline{A}\ \overline{B}C$

(3) $Y_3 = AB + BC + AC$

(4) $Y_4 = AB + \overline{A}\ \overline{B}$

1.13　用反演定理求出下列函数的反函数,并化为最简与或式。

(1) $Y_1 = (A + BC)\overline{C}D$

(2) $Y_2 = A + (B + \overline{C})\overline{D + E}$

(3) $Y_3 = ABC + (A + B + C)\overline{AB + BC + AC}$

(4) $Y_4 = AB + BC + \overline{A}(B + \overline{C})$

1.14　写出下列函数的对偶式,并化为最简与或式。

(1) $Y_1 = (A + BC)\overline{C}D$

(2) $Y_2 = A + (B + \overline{C})\overline{D + E}$

(3) $Y_3 = ABC + (A + B + C)\overline{AB + BC + AC}$

(4) $Y_4 = AB + BC + \overline{A}(B + \overline{C})$

1.15　已知逻辑函数的真值表如表 1-10 和表 1-11 所示,写出对应的逻辑函数,并画出逻辑图。

表 1-10　逻辑函数真值表 1

输　入			输　出	输　入			输　出
A	B	C	Y	A	B	C	Y
0	0	0	1	1	0	0	0
0	0	1	0	1	0	1	1
0	1	0	0	1	1	0	0
0	1	1	1	1	1	1	0

表 1-11　逻辑函数真值表 2

输　入				输　出	输　入				输　出
A	B	C	D	Y	A	B	C	D	Y
0	0	0	0	1	1	0	0	0	1
0	0	0	1	1	1	0	0	1	1
0	0	1	0	0	1	0	1	0	0
0	0	1	1	0	1	0	1	1	0
0	1	0	0	0	1	1	0	0	1
0	1	0	1	1	1	1	0	1	1
0	1	1	0	0	1	1	1	0	0
0	1	1	1	0	1	1	1	1	0

1.16　将下列函数写成最小项表达式形式。

(1) $Y_1 = B + AC$

(2) $Y_2 = \overline{A} + BC$

(3) $Y_3 = A\overline{B}\ \overline{C}D + BCD + \overline{A}D$

(4) $Y_4 = \overline{A}BC + AC + \overline{B}C$

1.17　将以下逻辑函数化成与非-与非式,并画出由与非门构成的逻辑电路图。

(1) $Y_1 = AB + BC + AC$

(2) $Y_2 = (\overline{A} + B)(A + \overline{B})C + \overline{BC}$

(3) $Y_3 = \overline{AB\overline{C} + A\overline{B}C + \overline{A}BC}$

(4) $Y_4 = A\overline{BC} + \overline{\overline{A\overline{B} + \overline{A}\ \overline{B} + BC}}$

1.18　化简下列逻辑函数。

(1) $Y_1 = A\overline{B}(\overline{A}CD + \overline{AD + \overline{B}\ \overline{C}})(\overline{A} + B)$

(2) $Y_2 = A + (\overline{B + \overline{C}})(A + \overline{B} + C)(A + B + C)$

(3) $Y_3 = B\overline{C} + AB\overline{C}E + \overline{B}(\overline{\overline{A}\ \overline{D} + AD}) + B(A\overline{D} + \overline{A}D)$

(4) $Y_4 = A\overline{B}(A + B)$

(5) $Y_5 = A\overline{B}C + \overline{A} + B + \overline{C}$

(6) $Y_6 = A\overline{B}CD + ABD + A\overline{C}D$

(7) $Y_7 = B\overline{C} + AB\overline{C}E + \overline{B}\ \overline{(\overline{A}\ \overline{D} + AD)} + B(A\overline{D} + \overline{A}D)$

(8) $Y_8 = A\overline{C} + ABC + AC\overline{D} + CD$

1.19　化简成最简与非-与非式。

(1) $Y_1 = A\overline{B} + B + \overline{A}B$

(2) $Y_2 = A\overline{B}C + \overline{A} + B + \overline{C}$

(3) $Y_3 = \overline{\overline{A}BC} + \overline{\overline{A\overline{B}}}$

(4) $Y_4 = A\overline{B}CD + ABD + A\overline{C}D$

(5) $Y_5 = AB + BC + AC$

(6) $Y_6 = \overline{(AB\overline{C} + A\overline{B}C + \overline{A}BC)}$

1.20　用卡诺图化简下列逻辑函数。

(1) $Y_1 = \sum m(3,5,6,7)$

(2) $Y_2 = AB + \overline{A}BC + \overline{A}B\overline{C}$

(3) $Y_3 = A\overline{B} + B\overline{C}\ \overline{D} + ABD + \overline{A}B\overline{C}D$

(4) $Y_4 = A\overline{B} + \overline{A}C + BC + \overline{C}D$

(5) $Y_{5(A,B,C,D)} = \sum m(0,1,2,5,8,9,10,12,14)$

(6) $Y_{6(A,B,C)} = \sum m(0,1,2,5,6,7)$

(7) $Y_{7(A,B,C)} = \sum m(1,4,7)$

(8) $Y_{8(A,B,C,D)}=\sum m(0,1,2,3,4,6,8,9,10,11,14)$

1.21　用卡诺图法化简具有无关项的逻辑函数。

(1) $Y_{1(A,B,C)}=\sum m(0,1,2,4)+\sum d(5,6)$

(2) $Y_{2(A,B,C)}=\sum m(1,2,4,7)+\sum d(3,6)$

(3) $Y_{3(A,B,C,D)}=\sum m(3,5,6,7,10)+\sum d(0,1,2,4,8)$

(4) $Y_{4(A,B,C,D)}=\sum m(2,3,7,8,11,14)+\sum d(0,5,10,15)$

(5) $Y_5=A\overline{B}\ \overline{C}+ABC+\overline{A}\ \overline{B}C+\overline{A}B\overline{C}$，给定约束条件为$\overline{A}\ \overline{B}\ \overline{C}+\overline{A}BC=0$。

(6) $Y_6=C\overline{D}(A\oplus B)+\overline{A}B\overline{C}+\overline{A}\ \overline{C}D$，给定约束条件为 $AB+CD=0$。

第 2 章

门电路

2.1 概　　述

门电路是构成数字电路的基本单元结构，它是能够实现各种基本逻辑关系和复杂逻辑关系的单元电路。按照功能来分，常用的门电路有与门、或门、非门、与非门、或非门、与或非门、异或门等。按照电路元件的结构形式的不同，可以分为分立元件门电路和集成门电路。用分立的元器件和导线连接起来构成的门电路称为分立元件门电路；把构成门电路的元器件利用集成的工艺制作在一块半导体芯片上，再封装起来，这种门电路就称为集成门电路。

其中集成门电路按照制造工艺来分可以分为 TTL 门电路和 CMOS 门电路两种。由于集成门电路体积小、质量轻、可靠性高，因而在大多领域里迅速取代了分立元件组成的门电路。集成门电路按照集成度(即每一片半导体芯片上所包含的逻辑门或者元器件数目)来分，可以分为：小规模集成门电路(Small Scale Integration，SSI)，其集成度为 1～10 门/片；中规模集成门电路(Medium Scale Integration，MSI)，其集成度为 10～100 门/片；大规模集成门电路(Large Scale Integration，LSI)，其集成度为 100～10 000 门/片；超大规模集成门电路(Very Large Scale Integration，VLSI)，其集成度超过 10 000 门/片。

TTL 集成门电路首先得到推广，但是 TTL 集成门电路存在功耗较大的缺点，因此 TTL 集成门电路只能制成小规模集成门电路和中规模集成门电路，而无法制成大规模集成门电路和超大规模集成门电路。在 20 世纪 60 年代后期出现了 CMOS 集成门电路，它最突出的优点就是功耗低，所以非常适合制作大规模的集成门电路。随着 CMOS 制作工艺的不断完善，无论工作速度还是驱动能力，CMOS 集成门电路不比 TTL 集成门电路差，因此 CMOS 集成门电路已逐渐成为主流产品。但目前仍有一些设备使用 TTL 集成门电路。通过学习 TTL 集成门电路的原理能使读者更透彻地理解门电路，所以本章仍重点讨论 TTL 集成门电路和 CMOS 集成门电路。

2.2 分立元件的基本逻辑门电路

2.2.1 半导体的基本知识

物质按其导电性能可分为 3 种类型:导体、绝缘体和半导体。极易导电的物质被称为导体,如铜、铝等金属;极不易导电的物质称为绝缘体,如塑料、玻璃等;导电能力介于导体与绝缘体之间的物质称为半导体,如硅、锗等。

半导体的原子结构不同于导体,也不同于绝缘体,其外层电子既不像导体那么容易挣脱,也不像绝缘体那样被束缚,半导体的导电能力在导体与绝缘体之间。当外界有光和热的作用时,半导体的导电能力会发生明显的变化;如果往半导体里掺杂某些杂质元素,也会使导电能力发生明显改变。一般情况下,各种电子元器件就是利用半导体的导电性可以被控制这个特点而制成的。半导体材料具有以下独特的导电性能。

(1) 热敏性:当温度升高时,其导电性能将增强,利用这种特性可以制成热敏元件。

(2) 光敏性:当光照增强时,其导电性能将增强,利用这种性能可以制成光敏元件。

(3) 掺杂性:在半导体内掺入杂质元素,其导电性能将大大增强,利用这种特性可制成各种不同用途的半导体器件。

1. 本征半导体

纯净的半导体称为本征半导体,半导体材料硅和锗的原子结构如图 2-1 所示,它们都是 4 价元素,原子的最外层都是 4 个价电子,它们原子结构的简化模型如图 2-2 所示。

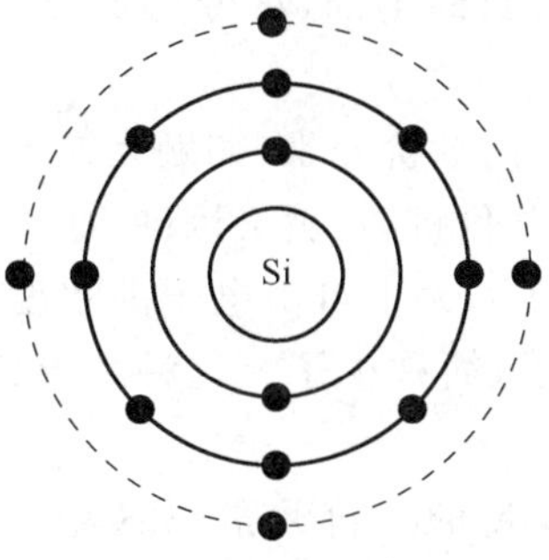

(a) 硅原子结构

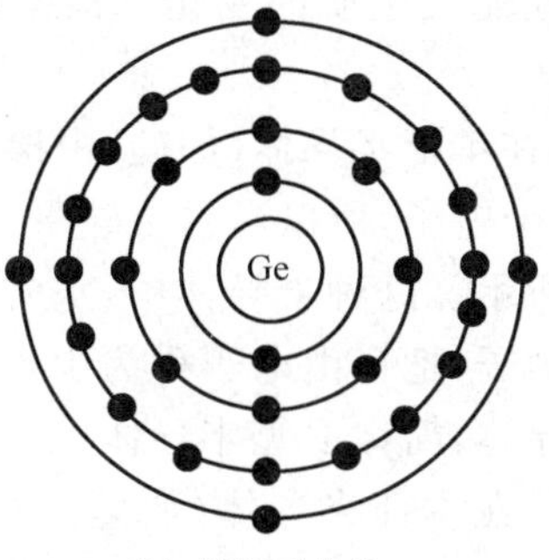

(b) 锗原子结构

图 2-1 硅、锗原子结构平面示意图

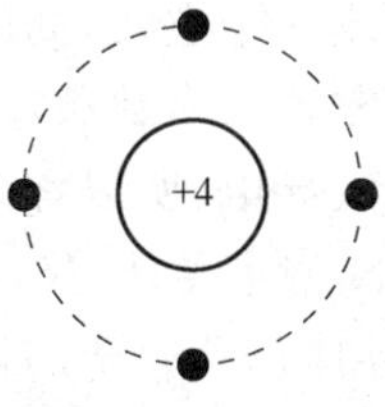

图 2-2 硅、锗原子结构简化模型示意图

当把硅、锗等半导体材料制成单晶体时,其原子排列成非常整齐的晶格状态。每个原子的 4 个价电子分别和相邻的 4 个原子的价电子构成共价键结构,以硅原子为例,结构示意图如图 2-3 所示。

当绝对零度和没有外界激发时,价电子被共价键束缚着,本征半导体中没有可以运动的带电粒子,半导体不导电。当温度逐渐升高或有足够光照时,由于热运动,有少数价电子获得足够的能量,克服共价键的束缚而成为自由电子,使得本征半导体具有了微弱的导电能力。形成自由电子后,在原来的共价键中会留下一个空位,称为空穴,如图 2-4 所示,这种现象称为本征激发,有了这个空穴,邻近的价电子会被吸引,这样附近的电子移动过来填补空穴,电子填补之后又形成新的空穴,好像空穴在移动。自由电子带负电,空穴因失去一个电子而带正电,两者所带电量相等,极性相反,所以本征半导体中的自由电子和空穴成对出现,即两者数目相等,其浓度与温度有关。所以在半导体中,有两种载流子,一种为自由电子,另一种为空穴。

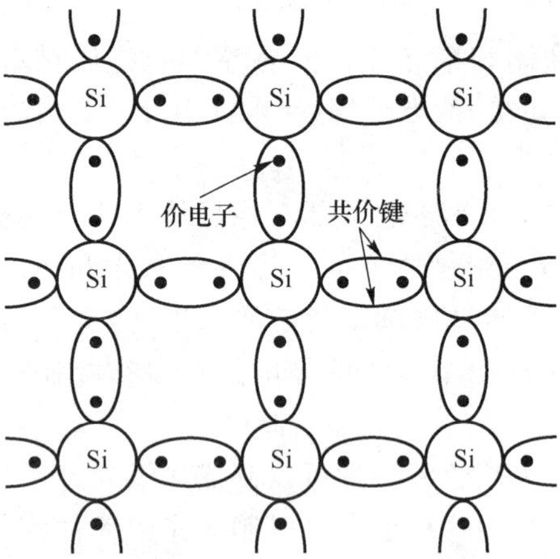

图 2-3　硅晶体的共价键结构示意图

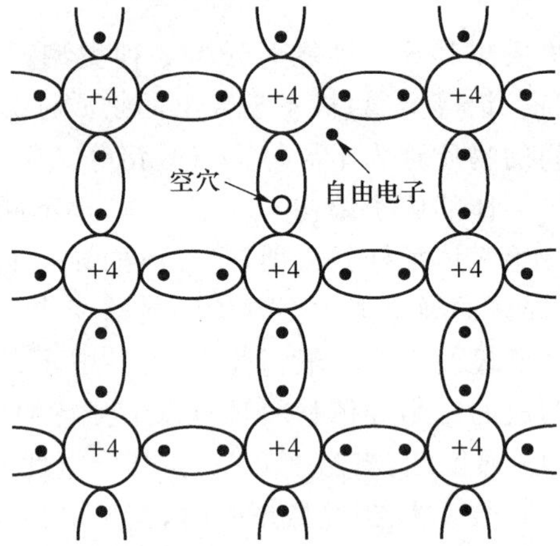

图 2-4　本征半导体结构示意图

2. 杂质半导体

在本征半导体中,自由电子和空穴总是成对产生的,在常温下数量非常少,所以导电能力较差。为此在本征半导体中掺入某种特定的杂质,半导体晶体点阵的某些位置上,半导体原子被杂质原子所替代,可以使其导电性能发生质的变化。根据掺入杂质的不同,可分为 P 型半导体和 N 型半导体。

(1) P 型半导体:P 型半导体即在本征半导体(如硅)中掺入少量的 3 价元素(如硼元素等)的半导体。硼原子的最外层只有 3 个电子,所以当它与硅原子组成共价键时,就会因缺少一个电子而形成一个空穴,如图 2-5(a)所示。这种半导体中,空穴浓度远远大于自由电子的浓度,所以把空穴称为多数载流子,简称多子;把自由电子称为少数载流子,简称少子。这种半导体主要靠空穴导电,所以称为空穴半导体,简称 P 型半导体。

(2) N 型半导体:N 型半导体即在本征半导体(如硅)中掺入少量的 5 价元素(如磷元素等)的半导体。磷原子的最外层有 5 个电子,所以当它与硅原子组成共价键时,最外层多出的一个电子受原子核心束缚很小,因此该电子很容易成为自由电子,如图 2-5(b)所示。这种半导体中,自由电子的数目很多,是多子,空穴是少子,这种半导体主要靠自由电子导电,所以称为电子半导体,简称 N 型半导体。

3. PN 结

在同一片半导体基片上,分别掺杂出 P 型半导体和 N 型半导体,在它们交界的地方必然会发生由于浓度差而引起的自由电子和空穴的扩散运动,即 P 区的空穴向 N 区扩散,N 区的自由电子向 P 区扩散,随着扩散运动的进行,在交界面处 P 区出现负离子区(用⊖表示),N 区出现正离子区(用⊕表示),在交界面形成了空间电荷区(又称为耗尽层)。正负离子的相互作用,在交界面的两边产生内电场,内电场方向由 N 区指向 P 区,示意图如图 2-6 所示。由于内电场的作用，扩散运动受到阻止，但是却对少子起到了吸引作用，只要少子靠近交界面，就会被内电场拉到对方区域里，这种在内电场作用下少子的定向运动称为漂移。扩散运动和漂移运动最终会达到动态的平衡。在动态平衡状态下，空间电荷区的宽度相对稳定，PN 结也就形成了。

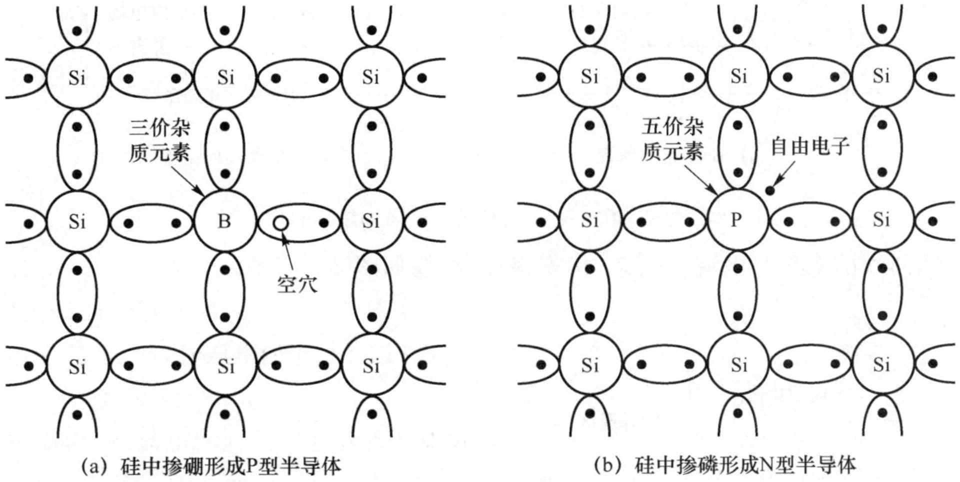

图 2-5　硅晶体掺杂示意图

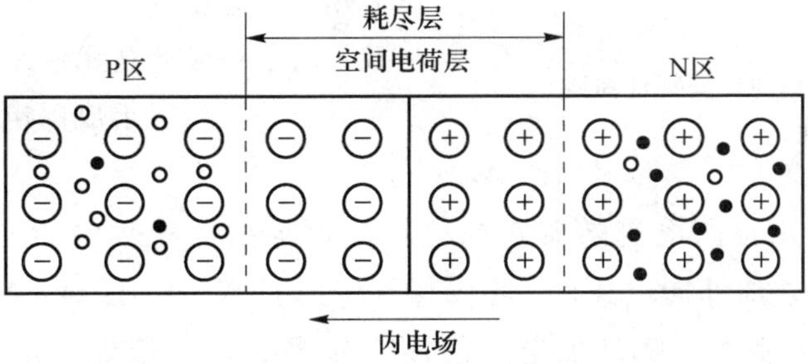

图 2-6　PN 结形成示意图

PN 结加正向电压（正向偏置）导通，即将电源正极接 P 区，负极接 N 区，连接方法如图 2-7(a)所示。由于外电场与内部电场方向相反，因而削弱了内部电场，空间电荷区变窄，N 区和 P 区的多子能够顺利通过 PN 结，形成较大的扩散电流。因此 PN 结正向连接时，呈现导通状态，导通时电阻很小。PN 结外加反向电压（反向偏置）截止，即将电源正极接 N 区，电源负极接 P 区，连接方法如图 2-7(b)所示。在反向连接时，外加电场与内总电场方向一致，因而削弱了内电场，使空间电荷区变宽，耗尽层变厚，因此多子扩散运动难以进行，通过 PN 结的电流主要是漂移电流。反向接法所产生的电流称为反向电流。由于反向电流是由于本征激发所产生的少子引起的，少子的数值取决于温度，所以当温度不变时，少子的浓度不变，因此反向电流基本不随外加电压的变化而变化，因此反向电流又称为反向饱和电流，但是由于少子的数量极少，所以反向饱和电流几乎可以近似认为是 0，因此 PN 结反向连接时，PN 结呈现截止状态。需要注意的是，反向饱和电流虽然数值小，但是受温度影响很大，在使用时应该注意温度条件。

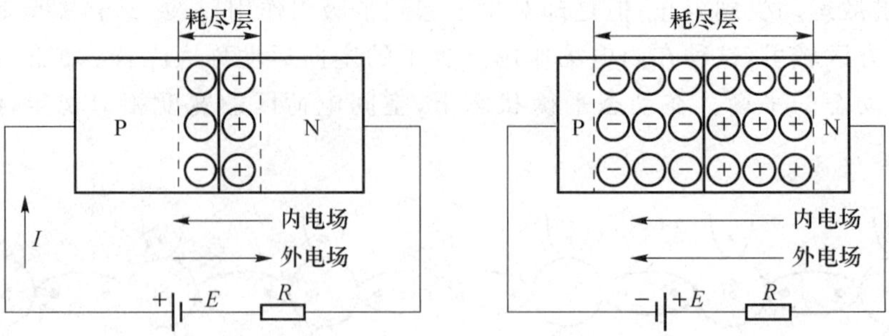

(a) PN结正向偏置　　　　(b) PN结反向偏置

图 2-7　PN 结正向偏置和反向偏置示意图

PN 结两端的电压与电流的关系(伏安特性)曲线如图 2-8 所示。

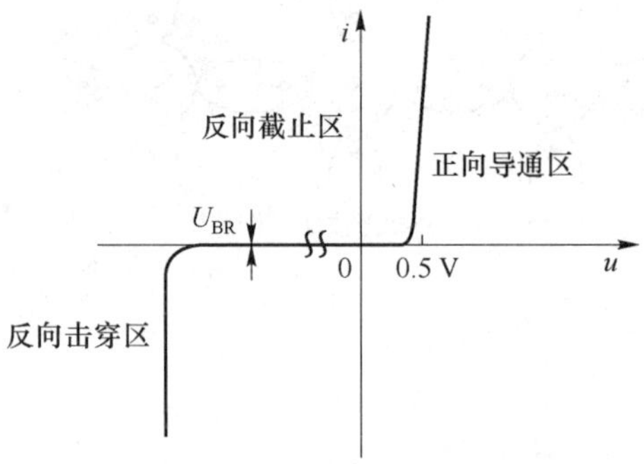

图 2-8　PN 结的伏安特性曲线

由图 2-8 所示的伏安特性曲线可以看出,当 PN 结外加正向电压时,且 $u \geqslant U_T$ 时,

$$i \approx I_s \exp(u/U_T)$$

式中,i 为流过二极管的电流;I_s 为反向饱和电流;u 为加到 PN 结两端的电压;U_T 为温度的电压当量,$U_T = \frac{nkT}{q}$,其中 k 为波尔兹曼常数,T 为热力学温度,q 为电子电荷,n 是一个修正系数。对于一般分立元件二极管的 PN 结,$n \approx 2$,而对于一般数字集成门电路中的 PN 结,$n \approx 1$,常温下(即结温为 27 ℃,T=300 K),$U_T \approx 26$ mV。

由表达式可以看出正向电流随着正向电压的增加按照指数规律增加,PN 结处于正向导通状态。当 PN 结外加外向电压时,且 $|u| \geqslant U_T$ 时,$i \approx -I_s$,这时 PN 结只流过很小的反向饱和电流,并且数值基本不随外加电压的改变而改变,PN 结处于反向截止状态。当 PN 结上反向电压增加到一定数值后,反向电流急剧增加,PN 结此时反向击穿。击穿分为两种情况,一种为齐纳击穿,另一种为雪崩击穿。当杂质半导体的掺杂浓度较高时,形成的耗尽层较窄,较低的击穿电压即可形成较强的电场,直接破坏共价键结构,把价电子拉出来形成自由电子和空穴对,这种较低电压下的击穿称为齐纳击穿。当杂质半导体浓度较低时,耗尽层较宽,击穿电压高,耗尽层电场使少子加快漂移运动,少子运动起来把价电子撞出共价键,撞出来的价电子再撞击其他价电子,产生雪崩式倍增效应,这种击穿称为雪崩击穿。齐纳击穿和雪崩击穿都是电击穿,是可逆的,当外加电压(绝对值)下降到击穿电压以下时,PN 结恢复单向导电性。但是当反向电压与反向电流的乘积超过 PN 结允许的最大耗散功率时,PN 结就由电击穿变成热击穿,造成永久性破坏,热击穿不可逆。

2.2.2　半导体二极管、三极管和 MOS 管的开关特性

数字电路绝大多数都是由二极管、三极管和 MOS 管组成的,这些半导体器件大部分都工

作在导通或者截止状态，相当于开关的闭合或者断开，因此数字电路又称为开关电路。在数字电路中，用高、低电平来表示二值逻辑的1和0两种逻辑状态。获得高、低电平的基本原理如图2-9所示。当开关S断开时，输出电压V_o为高电平；当开关S闭合时，输出电压V_o则为低电平，开关S为半导体二极管或者三极管，通过输入信号V_i控制二极管或者三极管工作在截止或者导通状态，进而输出高、低电平。

一般来说，用高电平表示逻辑1，用低电平表示逻辑0，这种表示方法为正逻辑；相反，如果高电平表示逻辑0，低电平表示逻辑1，这也是正确的，这种表示方法为负逻辑。本书如无特殊说明，均采用正向逻辑。

在实际工作中，所有高、低电平都有一个允许的范围，只要能够区分出来高、低电平即可。图2-10所示为正负逻辑示意图。在数字电路中，输入和输出信号只有高、低电平两种状态。这里的高电平和低电平所表示的是一定范围的电压，而不是某一个精确的数值。因此，数字电路对元器件参数精度的要求比模拟电路要低一些。

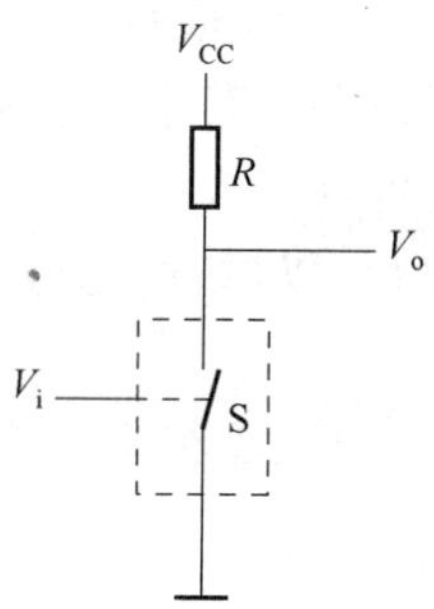

图2-9　获得高、低电平电路

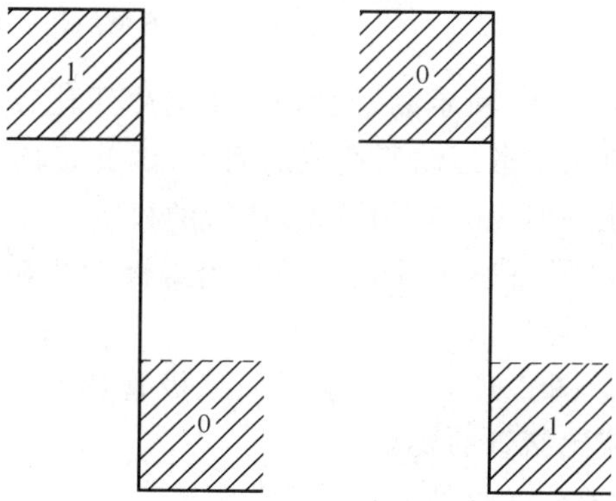

图2-10　正逻辑与负逻辑示意图

1. 半导体二极管

半导体二极管即PN结加封装，引出两个电极，就构成了二极管，所以二极管具有单向导电性，即外加正向电压时导通，外加反向电压时截止，相当于受外加电压极性控制的开关。

二极管的符号如图2-11所示，可将其取代图2-9中的开关S，可以得到如图2-12所示的二极管开关电路。

图2-11　二极管图形符号

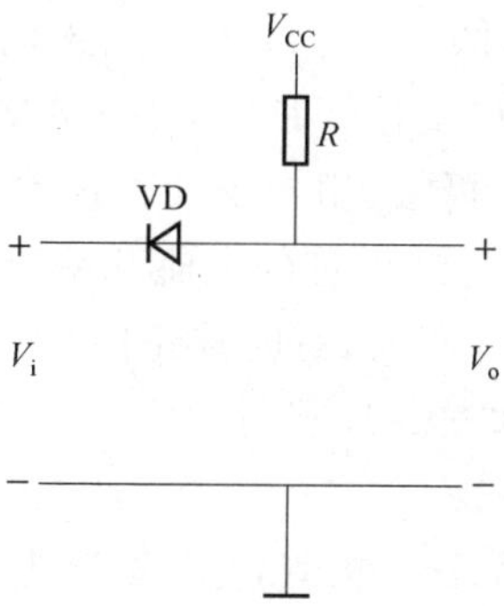

图2-12　二极管开关电路

二极管的伏安特性与PN结的伏安关系类似，如图2-13所示，它可以分为以下4个区域。

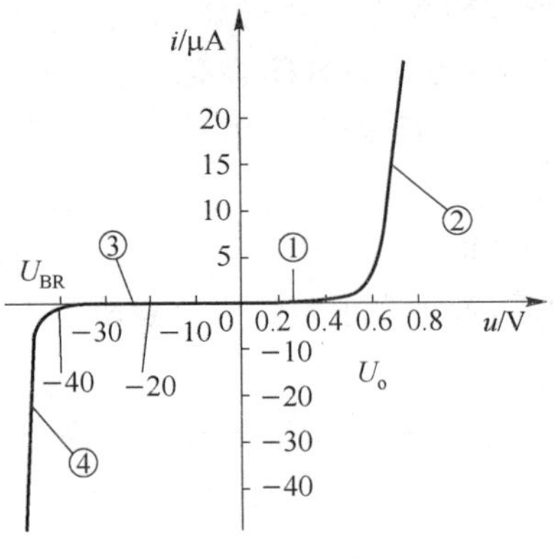

(a) 硅二极管2CP10的伏安特性

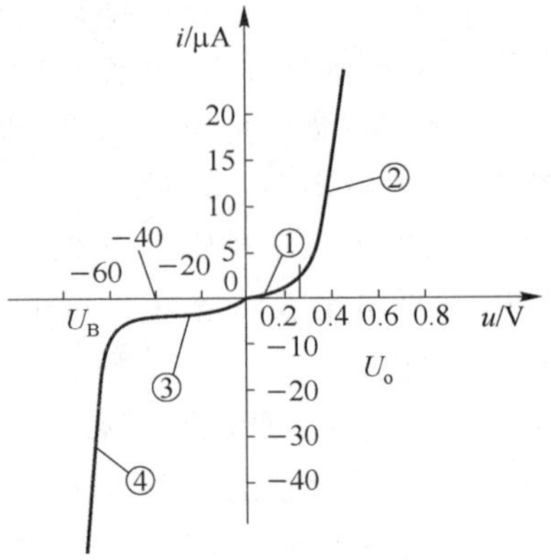

(b) 锗二极管2CP10的伏安特性

图2-13 二极管的伏安特性曲线

(1) 死区(图2-13所示的①段)：当正向电压比较小时($u \ll U_{th}$)，此时外部电场不足以克服内部电场对载流子扩散运动所造成的阻力，因此正向电流几乎为零。其中U_{th}称为死区电压。硅管的死区电压一般为0.5～0.6 V，锗管的死区电压一般为0.2～0.3 V。

(2) 导通区(图2-13所示的②段)：当二极管两端电压超过U_{th}以后，内部电场将被大大削弱，正向电流显著增加。

(3) 截止区(图2-13所示的③段)：二极管加反向电压时，反向电流很小。在同样温度下，硅管的反向电流比锗管的要小。

(4) 击穿区(图2-13所示的④段)：

当反向电压高于一定值时，反向电流突然急剧增大，这种现象称为反向击穿，发生反向击穿时的电压U_{BR}称为反向击穿电压。发生反向击穿时，如果没有适当的限流措施，由于反向电流过大而引起二极管的热击穿，就会造成永久性的损坏。

2. 二极管的开关特性

在数字电路中，二极管工作在开关状态。

二极管作为开关使用时，工作在导通区和反向截止区。由于导通区曲线很陡，可以近似地认为导通电压基本不变；截止区反向饱和电流很小，可以近似地认为电流为零，折线化的二极管伏安特性曲线如图2-14(a)所示。正向导通电压U_F的值对于小功率锗二极管是0.2～0.3 V，对于小功率硅二极管是0.6～0.8 V。由图2-14(a)可知，当$u \geq U_F$时，二极管处于导通状态，有电流流过二极管，相当于开关闭合，二极管两端电压为U_F，等效电路如图2-14(b)所示；当$u < U_F$时，流过二极管的电流几乎为零，相当于开关断开，等效电路如图2-14(c)所示。

在分析二极管电路时，有时连正向导通电压U_F也忽略不计，这时二极管等效为一个理想开关，其等效电路如图2-15所示。

3. 半导体三极管

双极型三极管简称三极管，它是数字电路中最基本的部件。三极管根据材料的不同可分为硅管和锗管；根据结构的不同又可分为NPN管和PNP管两种形式。三极管的符号如图2-16所示。它有3个电极，分别为发射极(e)、基极(b)、集电极(c)。由于NPN管和PNP管的工作原理相同，所以以下所有讲述均以 NPN 管为例进行讲解。

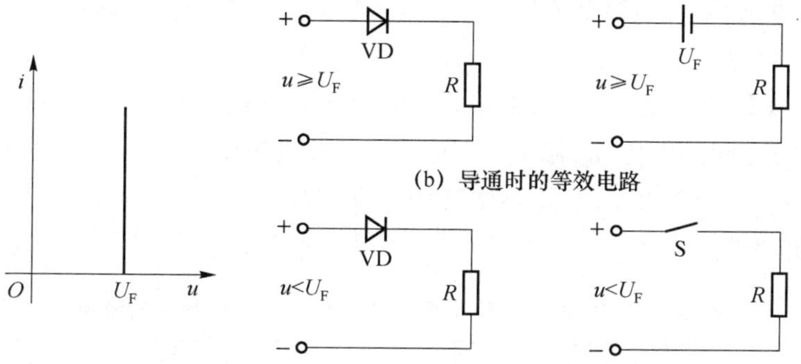

(a) 折线化特性　(b) 导通时的等效电路　(c) 截止时的等效电路

图 2-14　二极管折线化的伏安特性曲线和等效电路

(a) 正向导通时　(b) 反向截止时

图 2-15　理想化二极管等效电路

为了全面反映三极管各电极电压与电流之间的关系，最常用的特性曲线是共射输入特性曲线和共射输出特性曲线，用函数式表示为$i_B=f(u_{BE})|_{u_{CE}}=$常数。输入特性曲线应为一组曲线，但实际上由于 $u_{CE} \gg 1$ V 时的曲线几乎与 $u_{CE}=1$ V 时的曲线重合，所以通常只画出 $u_{CE}=1$ V 的曲线来代表整个输入特性曲线，如图 2-17(a)所示，从图中可以看出，它与二极管的伏安特性极其相似。

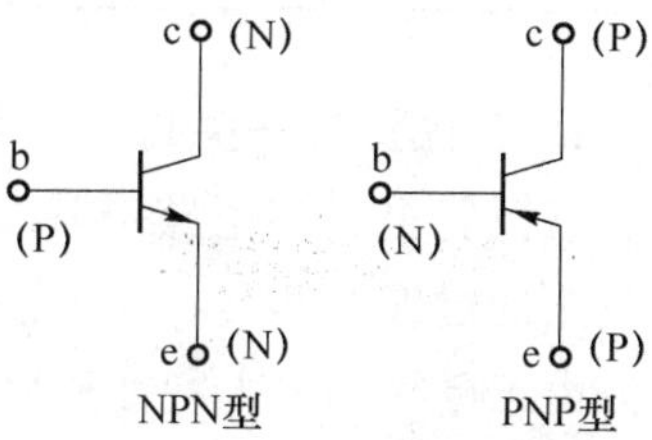

图 2-16　三极管的符号

三极管共射输出特性曲线是在基极电流 i_B 一定的情况下，三极管集电极与发射极之间电压 u_{CE} 与集电极电流 i_C 之间的关系曲线，用函数式表示为$i_C=f(u_{CE})|_{i_B}=$常数。由图 2-17(b)可知，三极管有放大区、饱和区和截止区 3 个工作区。

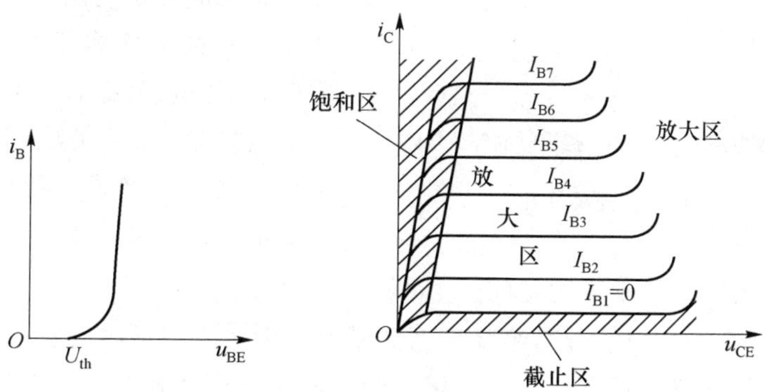

(a) 输入特性　(b) 输出特性

图 2-17　三极管的特性曲线

(1) 截止区：工作在截止区的三极管发射结反偏(即 $u_{BE} \gg U_{th}$ 的范围)，集电结也反偏，对应的集电极电流接近于零($i_B \approx 0$,$i_C \approx 0$)。

(2) 放大区:发射结下偏,集电结反偏。在放大区,曲线近似水平,满足 $\Delta i_C / \Delta i_B = \beta(\beta \approx \bar{\beta})$,$\beta$ 为三极管交流放大系数。

(3) 饱和区:发射结正偏,集电结正偏,这时三极管失去放大作用。一般将饱和时三极管的集电极与发射极之间的电压 u_{CE} 用 $u_{CE(sat)}$ 表示,称为饱和压降。通常饱和压降很小,小功率硅管的饱和压降 $u_{CE(sat)} \approx 0.3$ V,小功率锗管的饱和压降 $u_{CE(sat)} \approx 0.1$ V。

如表 2-1 所示为三极管截止、放大、饱和工作状态的特点。

表 2-1　NPN 型硅三极管截止、放大、饱和工作状态的特点

工作状态		截　止	放　大	饱　和
条件		$i_B \approx 0$	$0 < i_B < I_{CS}/\beta$	$i_B \geq I_{CS}/\beta$
工作特点	偏置情况	发射结、集电结都反偏或零偏	发射结正编、集电结反偏	发射结、集电结都正偏
	集电极电流	$i_C \approx 0$	$i_C = \beta i_B$	$i_C = I_{CS} \approx V_{CC}/R_C$
	管压降	$u_{CE} \approx V_{CC}$	$u_{CE} = V_{CC} - i_C R_C$	$U_{CE(sat)} \approx 0.3$ V
	c、e 间的等效电阻	很大,可视为开关断开	为几百千欧姆,可调	很小,为几百欧姆,可视为开关闭合

4. 三极管的开关特性

三极管是数字电路最基本的开关元件,它工作在饱和区或者截止区,放大区只是由饱和变为截止的过渡过程。

由三极管的输入特性和输出特性可知,对于 NPN 型硅管来说,饱和时 $u_{BE} = 0.7$ V,$u_{CE(sat)} = 0.3$ V,这时就如同开关的闭合,其等效电路如图 2-18(a)所示;而截止时的特点是 $i_B \approx 0$,$i_C \approx 0$,此时如同开关断开,其等效电路如图 2-18(b)所示。由此可见,只要控制管子工作在截止区或者饱和区就可以达到控制开与关的目的。

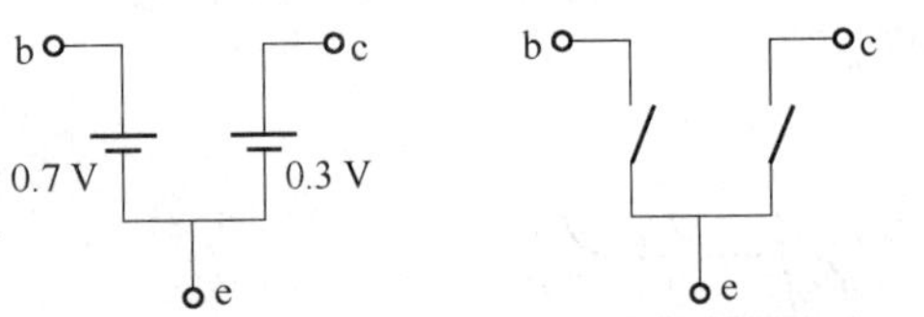

(a) 饱和时的等效电路　　(b) 截止时的等效电路

图 2-18　三极管的开关作用

5. 绝缘栅场效应管

场效应管是利用电场效应来控制电流变化的一种半导体器件。它具有体积小、质量轻、省电、寿命长、输入电阻非常高、制作工艺简单、易于集成、噪声低、温漂小等优点。因此得到了广泛的应用,并且对于集成电路的发展,特别是大规模和超大规模集成电路的发展提供了非常大的空间。

根据结构的不同,场效应管分为绝缘栅型和结型。因为它们导电的粒子是多子,所以又称为单极型三极管。以下仅对数字电路中应用广泛的绝缘栅型场效应管作简单介绍。

绝缘栅型场效应管简称为 MOS(Metal Oxide Semiconductor,金属氧化物半导体)管,按照结构的不同,MOS 管可分为 N 沟道和 P 沟道两种;按照工作方式的不同,又可分为增加型和耗尽型。本节以 N 沟道为例说明。

(1) N 沟道增强型 MOS 管：在 P 型衬底（基片）上制作了两个高掺杂的 N 型区，并引出两个电极，分别为源(S)极和漏(D)极，在漏极与源极之间的绝缘层(SiO_2)上制作一个金属电极栅(G)极，同时衬底也引出一个电极 B，通常 B 与 S 相连，这样就构成了 N 沟道增强型的 MOS 管，其符号如图 2-19 所示。

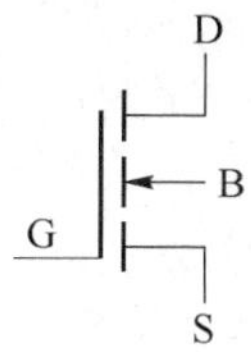

图 2-19　N 沟道增强型 MOS 管符号

MOS 管的工作特性曲线，如图 2-20 所示。

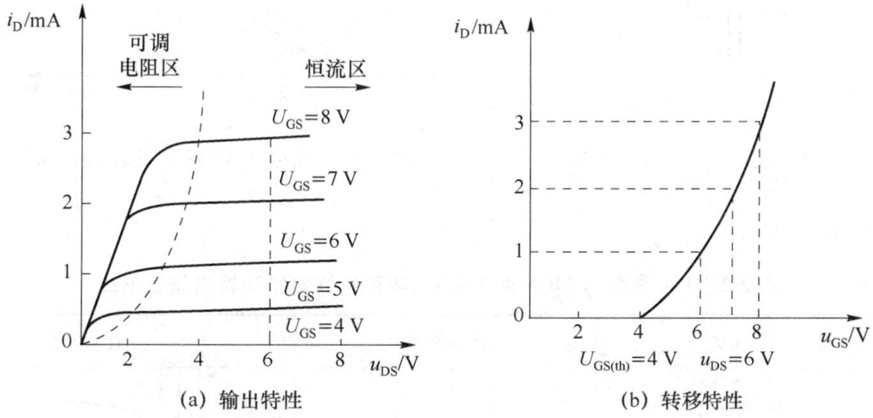

图 2-20　MOS 管的输出特性曲线和转移特性曲线

由图 2-20(a)可以看出，MOS 管的输出特性可以分为以下几个区域。

① 可调电阻区：在可调电阻区里，u_{GS}一定时，i_D 随 u_{DS}的增加而增加。该区域相当于三极管的饱和区。

② 恒流区：在此区域里，u_{GS}对 i_D 有控制作用，即当 u_{GS}变化时，i_D 也随之变化，但 i_D 基本不随 u_{DS}变化而变化。该区域相当于三极管的放大区。

③ 截止区：当 $u_{GS} \ll U_{GS(th)}$ 时，$i_D=0$，MOS 管截止。

图 2-20(b)所示为转移特性曲线，即当 u_{DS}一定时，i_D 和 u_{GS}之间的关系曲线，转移特性表明了 u_{GS}对 i_D 的控制作用。

(2) N 沟道耗尽型 MOS 管：对于 N 沟道增强型的 MOS 管，当 $u_{GS}=0$ 时，不存在导电沟道，只有当 $u_{GS} \gg U_{GS(th)}$ 时，才有导电沟道产生。在制造时，如果人为地在栅极的 SiO_2 介质中掺入正离子，那么当 $u_{GS}=0$ 时，就已经有导电沟道的存在了，这种管子称为耗尽型 MOS 管。耗尽型 MOS 管的图形符号，如图 2-21 所示；其转移特性曲线如图 2-22 所示。

(3) 4 种类型的 MOS 管简介：表 2-2 所示给出了 4 种类型的 MOS 管的符号、转移特性曲线和输出特性曲线。

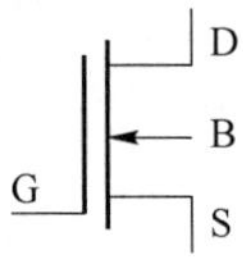

图 2-21　耗尽型 MOS 管符号

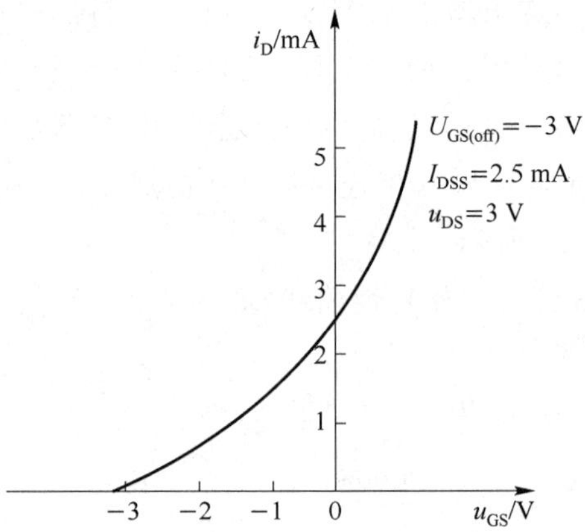

图 2-22　耗尽型 MOS 管转移特性曲线

表 2-2　4 种类型的 MOS 管的符号、转移特性曲线和输出特性曲线

管　型	符　号	转移特性	输出特性
沟道增强型	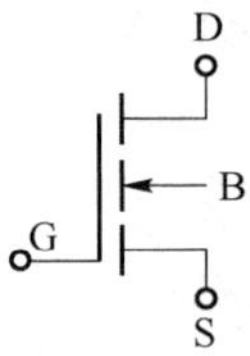	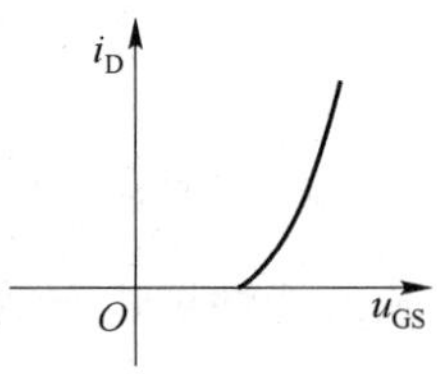	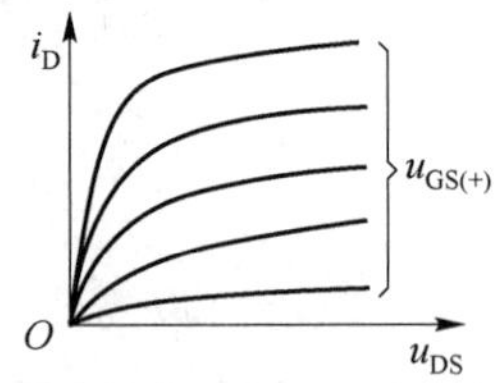
沟道耗尽型	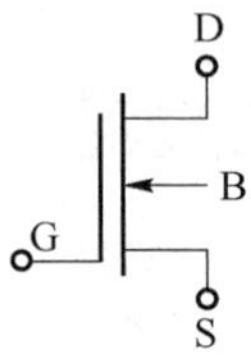	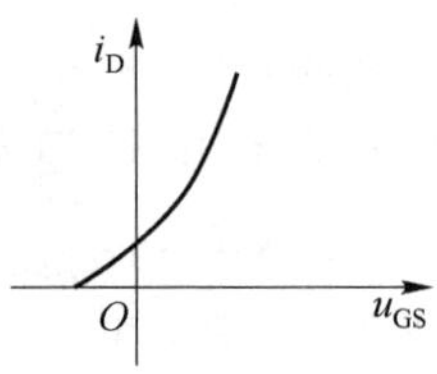	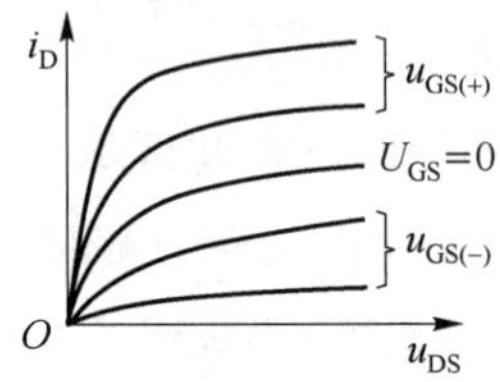
沟道增强型	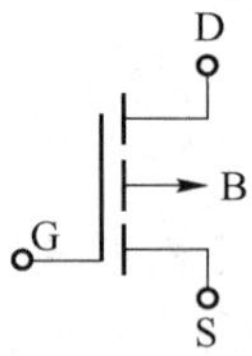	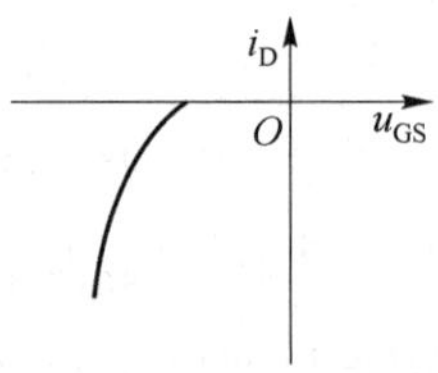	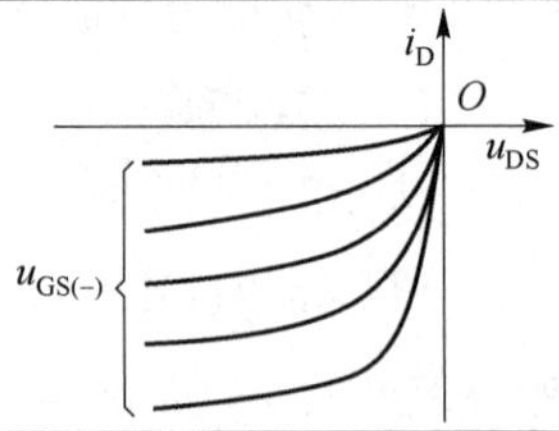
沟道耗尽型	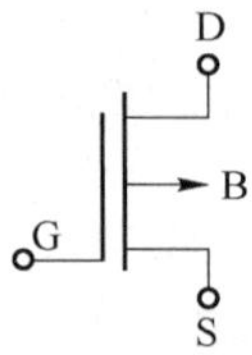	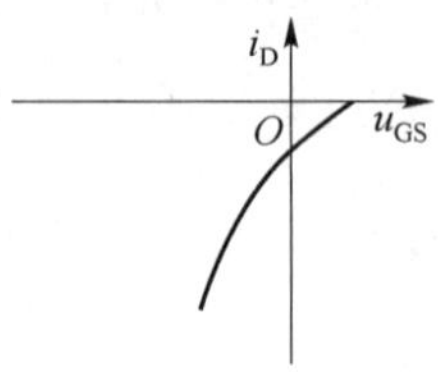	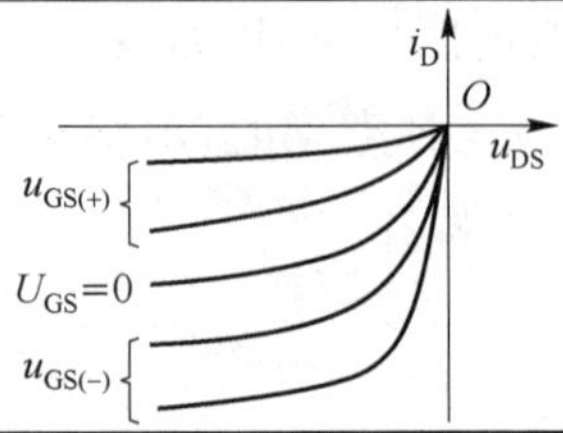

（4）MOS 管的开关特性：MOS 管和二极管、三极管一样，也可以当作“开关”来使用。下

面以 N 沟道增强型 MOS 管为例来说明。图 2-23 所示为 MOS 管作为开关使用时的原理图及其等效电路，图中电阻为负载电阻，它的取值一般为几百千欧姆。

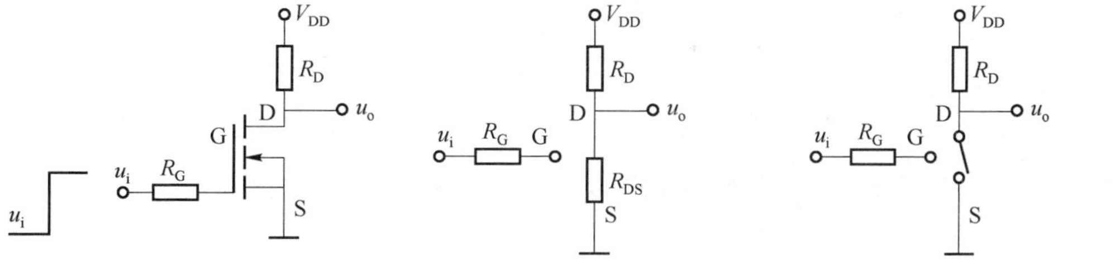

图 2-23　MOS 管开关电路的原理图及其等效电路

输入电压 u_i 为高电平时（大于开启电压 $U_{GS(th)}$），近似等于电源电压 V_{DD}，如图 2-23(b)所示，此时 NMOS 管导通，漏极 D 和源极 S 之间的导通电阻 R_{DS}很小，仅为几百欧姆，而 R_D 为几千欧姆，所以输出电压 $u_o \approx 0$，相当于开关闭合。当输入电压 u_i 为低电平时（小于开启电压 $U_{GS(th)}$），如图 2-23(c)所示，此时 NMOS 管截止，漏极 D 和源极 S 之间相当于开关断开，这时输出电压 $u_o \approx V_{DD}$。

对于 PMOS 管，只要输入电压的极性和大小满足开启电压要求，和 NMOS 管的工作过程类似，同样可以用作开关。

练习与思考

1. P 型半导体中的多数载流子是什么？P 型半导体带正电吗？N 型半导体的载流子是什么？N 型半导体带负电吗？

2. 半导体二极管的开关条件是什么？导能和截止时各有什么特点？

3. 为什么不宜将多个二极管门电路串联起来使用？

4. N 沟道增强型 MOS 管和 P 沟道增强型 MOS 管在导通状态下，u_{GS}和 u_{DS}的极性有何不同？

2.3　二极管门电路

2.3.1　二极管与门电路

能够实现基本逻辑关系与、或、非逻辑功能的电路称为基本逻辑门电路。最简单的能够实现与逻辑功能的门电路（二极管与门电路）如图 2-24 所示，其中 A、B 代表与门输入，Y 代表输出。图 2-25 所示为与门逻辑符号。假设二极管的正向压降 $V_D = 0.7$ V，输入端对地的高、低电平分别为 3 V 和 0 V，则根据电路可以得到表 2-3 所示的与门电路输入和输出的电平关系。

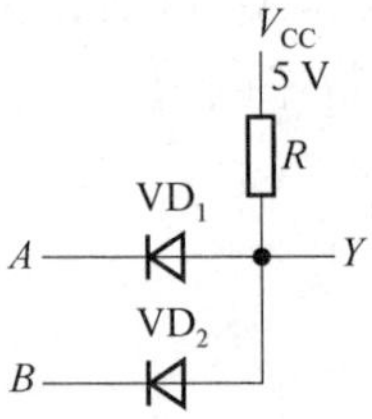

图 2-24　二极管与门电路

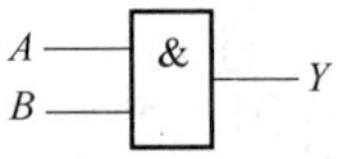

图 2-25　与门逻辑符号

表 2-3　二极管与门电路的电平关系

输　入		输　出
A/V	B/V	Y/V
0	0	0.7
0	3	0.7
3	0	0.7
3	3	3.7

按正逻辑定义相应的输入和输出电平，表 2-4 所示的是与逻辑真值表。

表 2-4　与逻辑的真值表

输　入		输　出
A	B	Y
0	0	0
0	1	0
1	0	0
1	1	1

由真值表写出与门的逻辑表达式为 $Y=AB$。

2.3.2　二极管或门电路

二极管或门电路，如图 2-26 所示，图 2-27 所示为其逻辑符号，其输入 A、B 和输出 Y 的电平关系及逻辑真值表，如表 2-5 和表 2-6 所示。

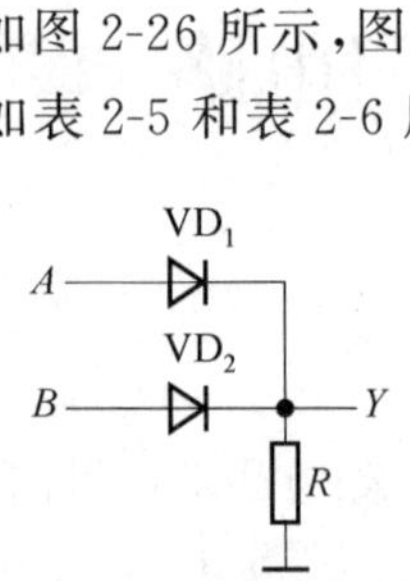

图 2-26　二极管或门电路

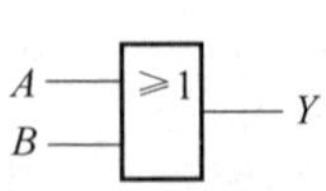

图 2-27　或门逻辑符号

表 2-5　二极管或门电路的电平关系

输　入		输　出
A/V	B/V	Y/V
0	0	0
0	3	2.3
3	0	2.3
3	3	2.3

表 2-6　或逻辑的真值表

输　入		输　出
A	B	Y
0	0	0
0	1	1
1	0	1
1	1	1

由真值表写出或门的逻辑表达式为 $Y=A+B$。

2.3.3　三极管非门电路

能够实现非逻辑功能的电路称为非门电路，非门电路也称为反相器，只有一个输入 A，输出为 Y。三极管非门电路，如图 2-28 所示，图 2-29 所示为其逻辑符号。

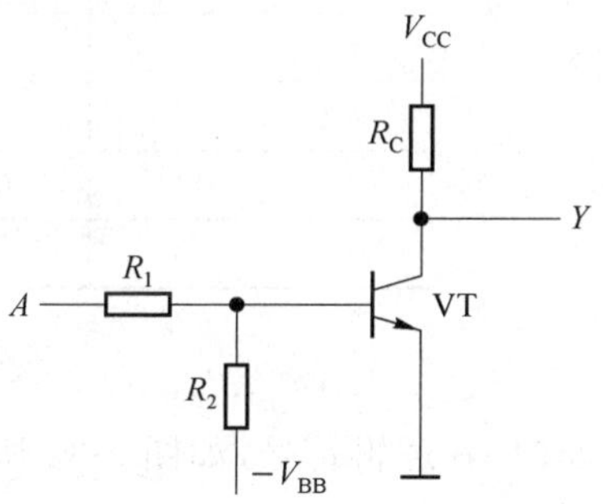

图 2-28　三极管非门电路

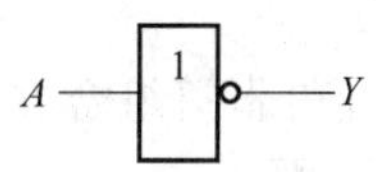

图 2-29　三极管非门逻辑符号

非门的工作原理：当输入 A 为低电平时，三极管基极电位小于零，即 $u_{BE}<0$ V，三极管截止，输出 Y 为高电平；当输入 A 为高电平时，只要合理配置 R_1 和 R_2，就能使三极管工作在饱和状态，输出 Y 为低电平，表 2-7 所示即为三极管非门真值表。

表 2-7　三极管非门真值表

输　入	输　出
A	Y
0	1
1	0

由真值表写出非门的逻辑表达式为 $Y=\overline{A}$。

2.3.4　基本逻辑门电路的组合

1. 与非门

与非门是最常用的门电路。在一片芯片上把一个与门和非门组合在一起，就构成了与非门。图 2-30 所示为与非门的逻辑符号，表 2-8 所示为其真值表，其逻辑表达式为$Y=\overline{AB}$。

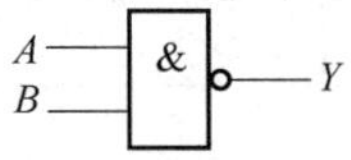

图 2-30　与非门的逻辑符号

表 2-8　与非门的逻辑真值表

输　入		输　出
A	B	Y
0	0	1
0	1	1
1	0	1
1	1	0

2. 或非门

在一块芯片上把一个或门和非门组合在一起，就构成了或非门。图 2-31 所示为或非门的逻辑符号，表 2-9 所示为其真值表，其逻辑表达式为 $Y=\overline{A+B}$。

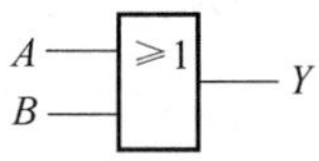

图 2-31　或非门的逻辑符号

表 2-9　或非门的逻辑真值表

输　入		输　出
A	B	Y
0	0	1
0	1	0
1	0	0
1	1	0

3. 与或非门

把与门、或门和非门组合在一起，就构成与或非门，其逻辑符号，如图 2-32 所示，其逻辑表达式为 $Y=\overline{AB+CD}$。

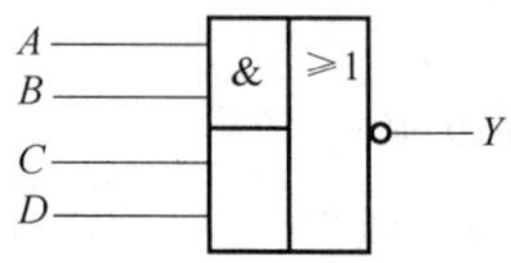

图 2-32　与或非门的逻辑符号

4. 异或门、同或门

异或门和同或门也是比较常用的复合逻辑门，异或门逻辑符号，如图 2-33(a)所示，同或门逻辑符号，如图 2-33(b)所示。

(a) 异或门的逻辑符号　　(b) 同或门的逻辑符号

图 2-33　异或门、同或门的逻辑符号

实际中所应用的集成电路并没有专门的同或门芯片，由于同或函数和异或函数在逻辑上互为反函数，所以在需要时可在异或门后面加上一个非门来实现。

练习与思考

1. 什么是正逻辑？什么是负逻辑？
2. 如何用与非门实现与门、或门、非门？并画出逻辑图。
3. 能否用异或门实现反相器？

2.4 TTL 集成门电路

晶体管-晶体管逻辑(Transistor Transistor Logic，TTL)集成门电路简称 TTL 集成门电路。由于 TTL 集成门电路功耗大，不宜制作成大规模集成门电路，因此被广泛用于中小规模集成门电路中。

2.4.1 TTL 与非门

1. TTL 与非门的工作原理

TTL 与非门的电路结构，如图 2-34 所示。

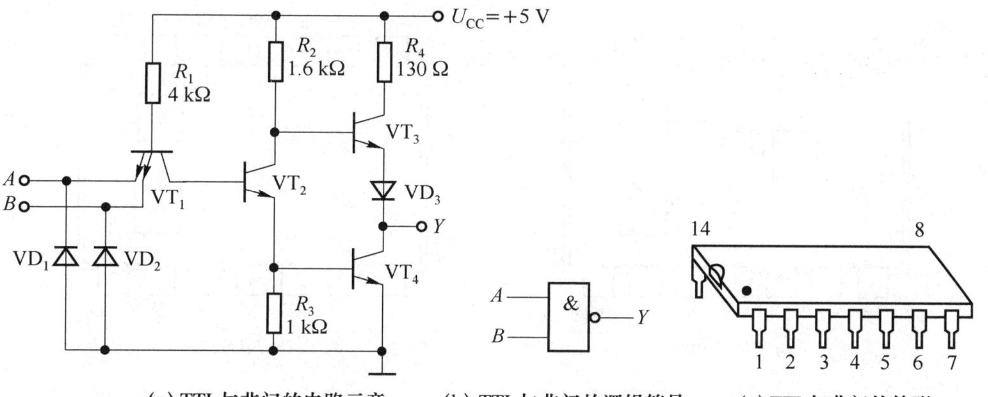

(a) TTL与非门的电路示意 (b) TTL与非门的逻辑符号 (c) TTL与非门的外形

图 2-34 典型的 TTL 与非门的电路、逻辑符号和外形

图 2-34 所示中的 VT_1 为多发射极晶体管。TTL 与非门的工作原理如下所述。

(1) 当输入端全为高电平时：当 A 和 B 全为 1 时，电源通过 R_1 和 VT_1 的集电极向 VT_2 提供足够的基极电流，使得 VT_2 饱和导通。VT_2 的发射极电流在 R_3 上产生的压降为 VT_4 提供足够的基极电流，使 VT_4 也饱和导通，所以输出端 $Y=0$。

(2) 当输入端不全为高电平时：当输入 A 或 B 有一个为 0 或均为 0 时，则 VT_1 的发射结反偏，基极电位为 1 V 左右，不足以向 VT_2 提供正向基极电流，所以 VT_2 截止，导致 VT_4 也截止。VT_2 的集电极电位接近于电源电压，VT_3 因而导通，所以输出端 $Y=1$。图 2-35 所示为常用的 TTL 集成门电路芯片。

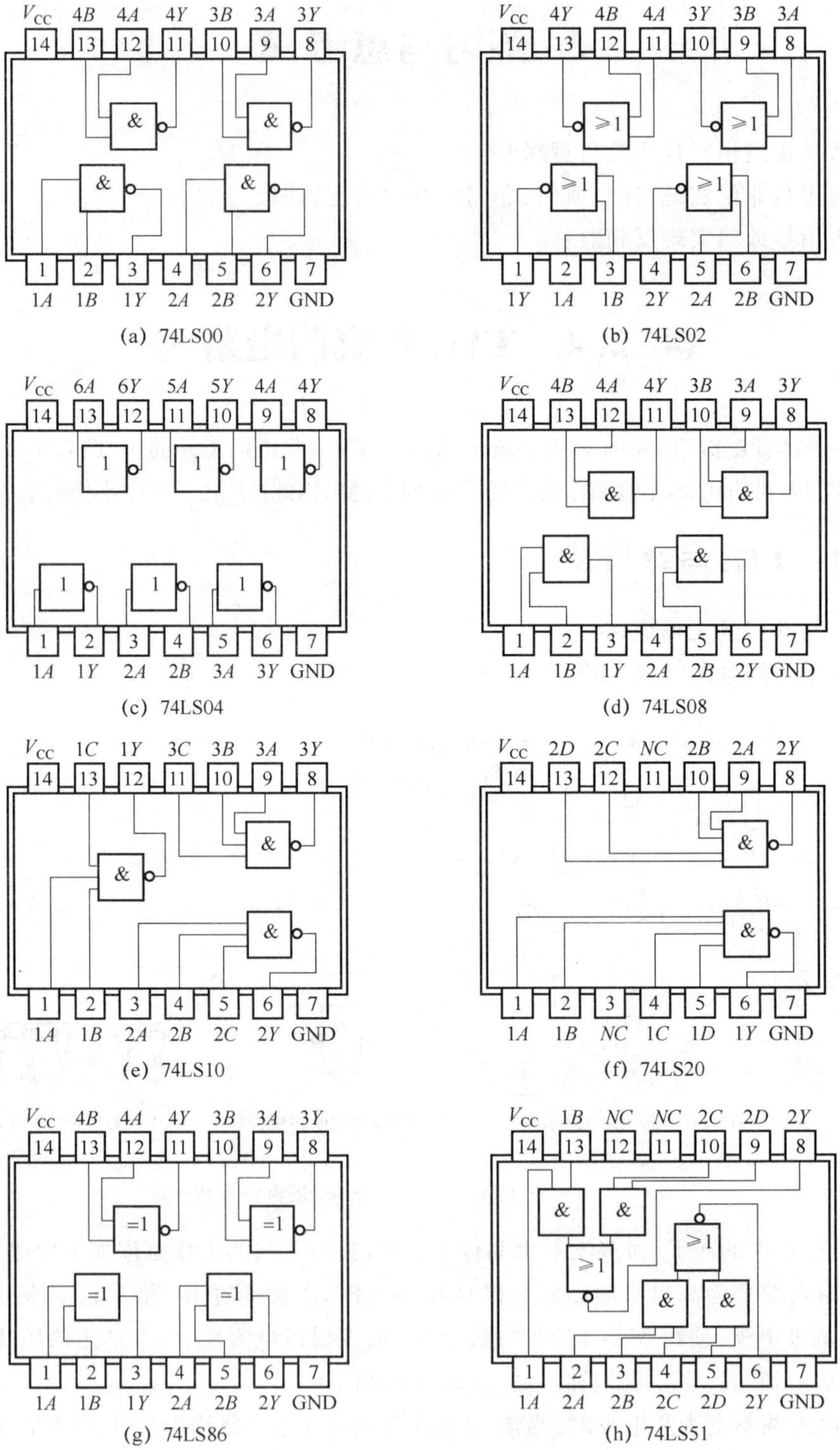

图 2-35　常用的 TTL 集成门电路芯片

2. TTL 与非门的主要外部特性参数

TTL 与非门有很多系列，参数也很多，在这里仅列出几个反映主要性能的参数。

(1) 输出高电平(U_{OH})和输出低电平(U_{OL})：输出端为高电平时的输出电压值称为输出高电平(U_{OH})。U_{OH}的典型值约为 3.4 V，产品规范值 $U_{OH} \geqslant 2.4$ V。

输出端为低电平时的输出电压值称为输出低电平(U_{OL})。U_{OL}的典型值约为 0.25 V，产品规范值 $U_{OL} \leqslant 0.4$ V。

(2) 开门电平 U_{ON} 和关门电平 U_{OFF}：实际门电路中，高电平或低电平都不可能是某一个数值，而是在一定的范围内。通常把最小输入高电平称为开门电平 U_{ON}；最大输入低电平称为关门电平 U_{OFF}。

开门电平 U_{ON} 和关门电平 U_{OFF} 在电路中是很重要的参数，它们反映了电路的抗干扰能力。实际传输的高电平电压值与开门电平之间的差值称为高电平噪声容量 U_{NH}，关门电平与实际传输的低电平电压值之间的差值称为低电平噪声容量 U_{NL}。一般地，TTL 集成门电路的高电平噪声容量比低电平噪声容量大。

(3) 扇出系数(N_O)：扇出系数(N_O)是指一个门电路的输出端所能连接的下一级同类门电路的最大数目，它表示带负载的能力。一般地，TTL 与非门的扇出系数为 8～10，驱动门的扇出系数可达 25。

(4) 平均传输延迟时间 t_{pd}：当在门电路的输入端加一变化信号时，需经过一定的时间间隔才能从输出端得到一个相应信号，这个时间间隔称为该门电路的延迟时间。通常，以信号的上升或下降沿的 50%处计时，开门时的延时称为开门延时 $t_{pd(ON)}$；关门时的延时称为关门延时 $t_{pd(OFF)}$。通常，两者不相等，平均传输延迟时间则定义为两者的平均值，即

$$t_{pd}=\frac{1}{2}(t_{pd(ON)}+t_{pd(OFF)})$$

可见，平均传输延迟时间越小，门电路的响应速度越快。

以上是以 TTL 集成门电路为例，对逻辑门电路的外部性能指标进行了介绍，至于每种实际 TTL 集成门电路的具体参数可查阅有关手册。

2.4.2　TTL 三态门

三态输出门简称三态门(Three-state Gate)，其输出状态有 3 种，分别为高电平、低电平和高阻态。在高阻态下，相当于开路，表示与其他电路无关，高阻态所表示的不是一种逻辑值。

图 2-36 所示的是三态与非门的电路结构和逻辑符号，该电路在一般与非门的基础上，附加了使能控制端和控制电路。

三态门主要应用于总线传送，它既可以用于单向数据传送，也可以用于双向数据传送。

当 $E=1$ 时，三态门的输出状态由输入端 A、B 的状态来决定，能够实现与非的功能。

当 $E=0$ 时，VT_2 和 VT_4 截止，同时 VT_3 也截止，这样与输出端相连的两个三极管 VT_3 和 VT_4 都截止(无论输入端 A、B 状态如何)，所以输出端处于开路状态，称为高阻态。逻辑状态如表 2-10 所示。

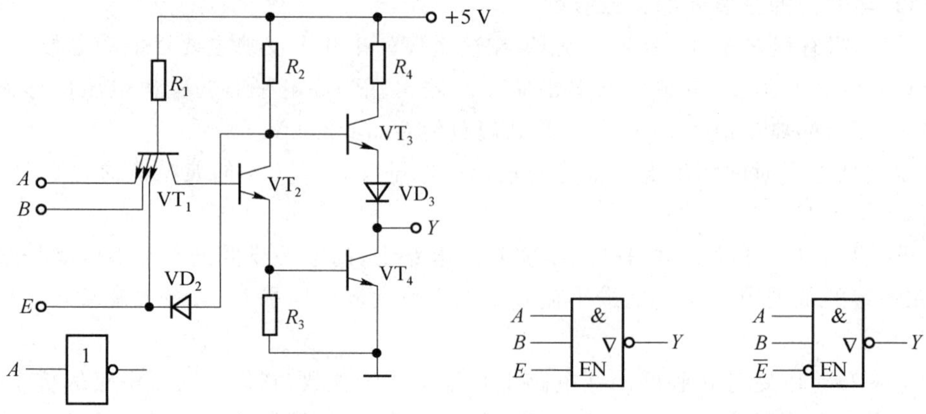

(a)TTL三态与非门电路结构示意　(b) TTL三态与非门　(c) 逻辑符号

图 2-36　TTL 三态与非门电路结构示意和逻辑符号

表 2-10　三态输出与非门的逻辑状态表

控制端 E	输入端		输出端 Y
	A	B	
1	0	0	1
	0	1	1
	1	0	1
	1	1	0
0	×	×	高阻态

2.4.3　集电极开路与非门

集电极开路与非门又称 OC（Open Collector）门。OC 门的内部电路及其逻辑符号，如图 2-37所示。

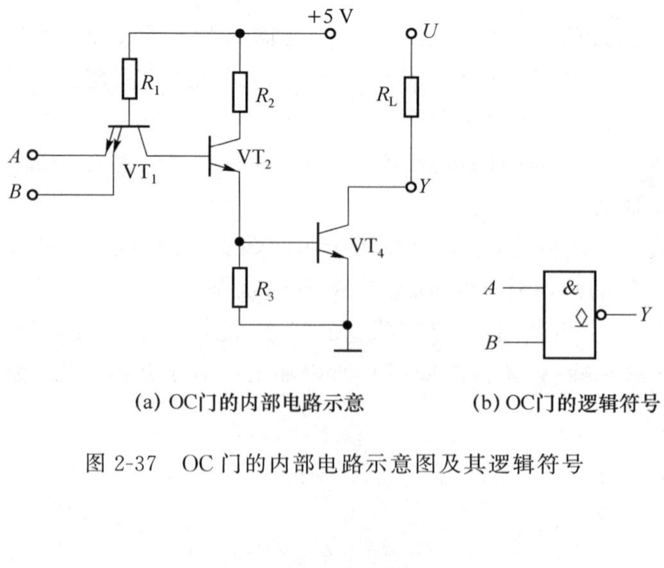

(a) OC门的内部电路示意　(b) OC门的逻辑符号

图 2-37　OC 门的内部电路示意图及其逻辑符号

OC 门能够实现与非的逻辑功能，但在工作时需要外接一个负载电阻 R_L（上拉电阻）和电源。其工作过程：当 A、B 全为高电平时，三极管 VT_2 和 VT_4 饱和导通，输出低电平；当 A、B 全为低电平时，三极管 VT_2 和 VT_4 截止，输出高电平。

OC 门常用于实现以下 3 种功能。

1. 实现线与

线与是指 OC 门电路的输出端并联使用，实现各输出端线与逻辑功能。一般地，TTL 门电路的输出端是不允许并联使用的，否则若某个输出端为低电平，则电流会全部流向这一端，可能会因电流过大而烧坏器件。OC 门工作时采用外接上拉电阻和电源的方式，因此多个 OC 门的输出端可以直接并联使用，实现线与的逻辑功能，如图 2-38 所示。

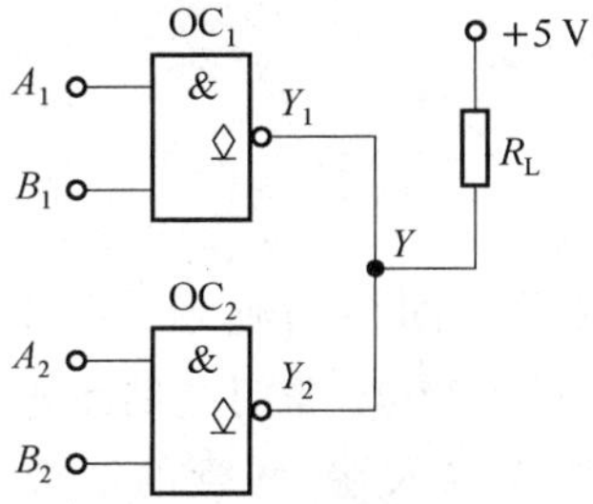

图 2-38　“线与”电路示意图

2. 驱动显示器及实现电平转换

由于 OC 门输出管的耐压一般较大，同时存在着上拉电阻，因此，外加电源的工作范围较宽，可驱动高电压、大电流负载，或者用于电平转换接口等电路，如图 2-39 所示。

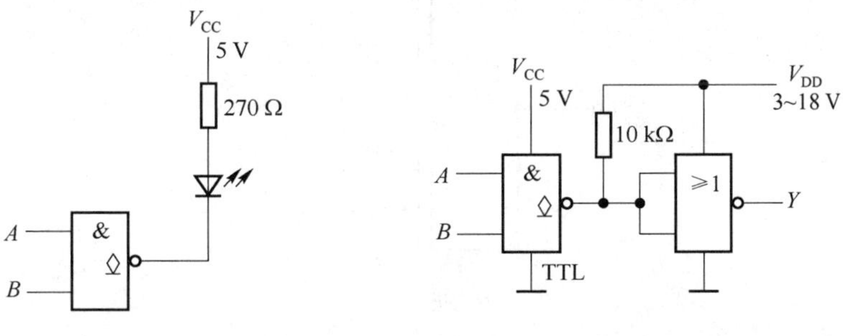

(a) OC门驱动发光二极管电路　　(b) OC门与CMOS 门接口电路

图 2-39　OC 门应用电路示意图

3. 与非门输出端直接相连

普通的与非门输出端是不允许直接相连的。如果相连，当一个门的 VT_4 管截止而输出高电平，而另一个门的 VT_4 管导通而输出低电平时，将有较大的电流从截止的门一端流入导通的门一端，由于电流过大，可能导致两个门烧坏。

练习与思考

1. TTL 门的输入端多余时，应如何处理？
2. 三态门与 OC 门的功能是什么？

2.5 MOS 门电路

以 MOS(Metal Oxide Semiconductor)管作为开关元件的门电路称为 MOS 门电路。MOS 门电路的特点是制造工艺简单、集成度高、功耗小以及抗干扰能力强等，在数字集成门电路中占有相当大的比例，它的工作速度比 TTL 电路略低。

MOS 门电路有 3 种类型：N 沟道管的 NMOS 门电路、P 沟道管的 PMOS 门电路，以及同时使用 PMOS 管和 NMOS 管的 CMOS 门电路。其中，CMOS 门电路的性能更加优越，因此 CMOS 门电路是应用较广泛的一种电路。

2.5.1 CMOS 非门

CMOS 非门也称为 CMOS 反相器。图 2-40 所示是一个 N 沟道增强型 MOS 管 VT_1 和一个 P 沟道增强型 MOS 管 VT_2 组成的 CMOS 非门电路示意，VT_1 与 VT_2 制作在同一块芯片上。VT_1 与 VT_2 两管的栅极相连作为输入端，两管的漏极相连作为输出端。VT_1 的源极接地，VT_2 的源极接电源。

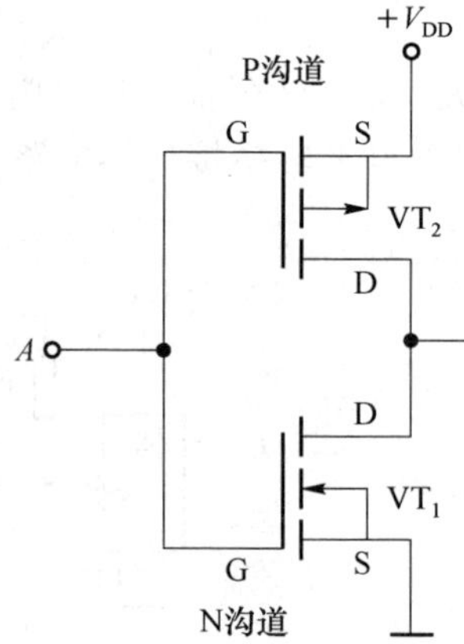

图 2-40　CMOS 非门电路示意图

当 $A=0$ 时，VT_1 截止，VT_2 导通，此时输出电压接近电源电压 V_{DD}，因此 $Y=1$；当 $A=1$ 时，VT_1 导通，VT_2 截止，此时输出电压接近 0 V，因此 $Y=0$。因此实现了非逻辑功能，得到 $Y=\overline{A}$。

CMOS 非门具有较好的动态特性，CMOS 非门的平均传输延迟时间约为 10 ns，电流极小，电路的静态功耗很低，一般为微瓦(μW)数量级。

2.5.2 CMOS 与非门

图 2-41 所示为一个两输入端的 CMOS 与非门电路，它由两个串联的 NMOS 管 VT_1、VT_2 构成，VT_1 和 VT_2 作为驱动管；两个并联的 PMOS 管 VT_3、VT_4 构成，VT_3 和 VT_4 作为负载管。每个输入端连到一个 PMOS 管和一个 NMOS 管的栅极。

当输入端 A、B 至少有一个为 0 时，VT_1 和 VT_2 至少有一个截止，VT_3 和 VT_4 至少有一

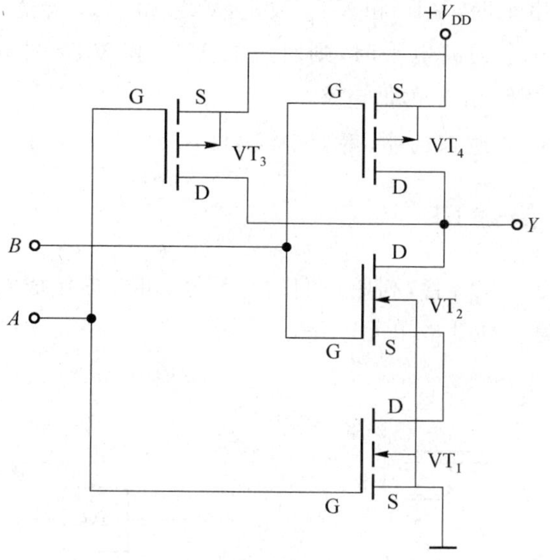

图 2-41　CMOS 与非门电路示意图

个导通，输出端为高电平，因此 $Y=1$。

当输入端 A、B 全为 1 时，VT_1 和 VT_2 导通，VT_3 和 VT_4 截止，这时输出端为低电平，因此 $Y=0$。

因此，该电路实现了与非逻辑功能，得到 $Y=\overline{AB}$。

2.5.3　CMOS 或非门

图 2-42 所示是两个输入端的 CMOS 或非门电路，它由两个并联的 NMOS 管 VT_1、VT_2 和两个串联的 PMOS 管 VT_3、VT_4 构成。每个输入端连接到一个 CMOS 管和一个 PMOS 管的栅极。

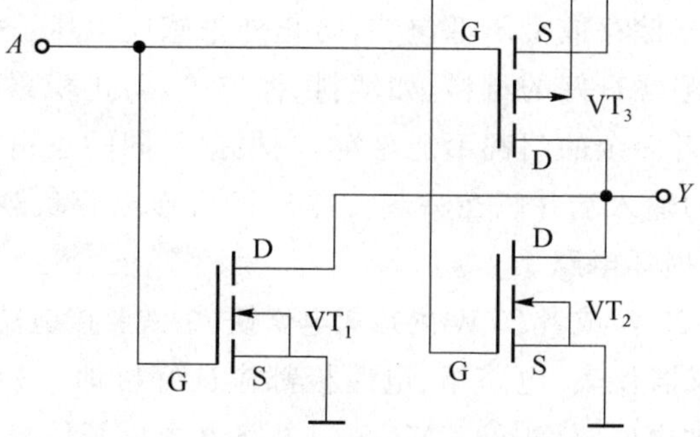

图 2-42　CMOS 或非门电路示意图

当输入 A、B 均为低电平时，VT_1 和 VT_2 截止，VT_3 和 VT_4 导通，输出 Y 为高电平。

当输入端 A、B 中有一个为高电平时，则对应的 VT_1 和 VT_2 中至少有一个导通，VT_3 和 VT_4 中至少有一个截止，使输出 Y 为低电平。

因此，该电路实现了或非逻辑功能，得到 $Y=\overline{A+B}$。

2.5.4 CMOS 传输门

采用 N 沟道和 P 沟道 MOS 管，利用它们的互补性，可以连接成 CMOS 传输门，如图 2-43 所示。CMOS 传输门也是一种基本单元电路。

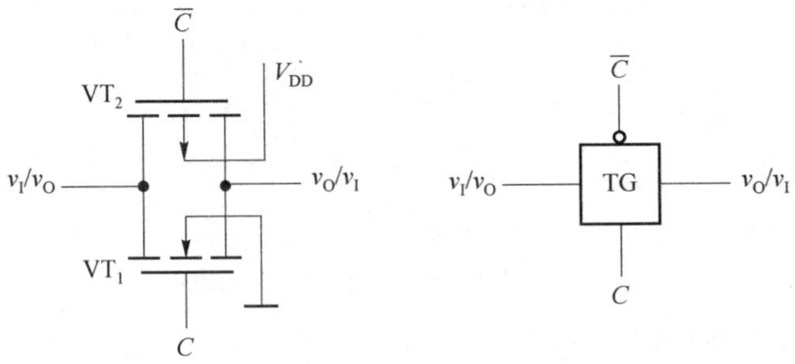

图 2-43 CMOS 传输门的电路结构和逻辑符号

图 2-43 中，C 和 $\overline{C}$ 是一对互补的控制信号。设控制信号 C 和 $\overline{C}$ 的高、低电平分别为 V_{DD} 和 0 V，那么当 $C=0$、$\overline{C}=1$ 时，只要输入信号的范围不超过 $0\sim V_{DD}$，则 VT_1 和 VT_2 管同时截止，输入和输出之间呈高阻态($10^9\ \Omega$)，传输门截止。

反之，如果 $C=1$、$\overline{C}=0$，只要输入信号在 $0\sim V_{DD}$ 之间，VT_1 和 VT_2 总有一个导通，使输出和输入之间呈低阻抗，传输门导通。

由于 VT_1 和 VT_2 管的结构形式是完全对称的，也就是说漏极和源极是可以互换使用的，因此，CMOS 传输门是双向传输器件，它的输入端和输出端是可以互易使用的。

2.5.5 CMOS 门电路使用时的注意事项

由于 CMOS 管集成电路具有很高的输入阻抗，所以很容易感应静电而被击穿。虽然在其内部每一个输入端都有双向保护电路，但在使用时还是要注意以下几点。

(1) 应采用金属屏蔽盒储存或金属纸包装，防止外来感应电压击穿器件。

(2) 工作台面不宜用绝缘良好的材料，如塑料、橡皮等，防止积累静电击穿器件。

(3) 不用的输入端或者多余的门都不能悬空，应根据不同的逻辑功能，分别与高电平或者低电平相连，或者与有用的输入端并联在一起。输出极所连电容负载不能大于 500 pF；否则，会因为输出极功率过大而损坏电路。

(4) 在焊接时，应采用 20 W 或者 25 W 内热式电烙铁，烙铁要接地良好，烙铁功率不能过大。

(5) 在调试时，所有仪器仪表、电路箱、电路板都应良好接地。如果 CMOS 门电路和信号源使用不同电源，那么在加电时，就先开 CMOS 门电路电源再开信号源，关闭时应先关信号源电源再关 CMOS 电源。

(6) 严禁带电插、拔器件或拆装电路板,以免瞬态电压损坏 CMOS 器件。

(7) 在 CMOS 门电路与 TTL 门电路混用时,要注意逻辑电平的匹配。

练习与思考

1. CMOS 门电路的优点是什么?
2. CMOS 门电路的多余端应如何处理?

2.6 各类逻辑门性能比较

1. TTL 门电路系列

TTL 门电路分为 54(军用)和 74(民用)两大系列,每一个系列又有若干子系列。以 74 系列为例,74 系列包含以下子系列。

74×× 标准系列

74L×× 低功耗系列

74H×× 高速系列

74S×× 肖特基系列

74LS×× 低功耗肖特基系列

74AS×× 高级肖特基系列

74ALS×× 高级低功耗肖特基系列

74F×× 快速系列

上面的××表示器件的功能编号,为数字。编号相同的各子系列器件的功能和引脚排列是完全相同的。不同子系列之间的差别主要在于功耗、抗干扰和传输延迟等方面,如表 2-11 所示。

表 2-11 TTL74 系列各子系列参数对比表

各子系列	传输延迟(纳秒·门$^{-1}$)	功耗(毫瓦·门$^{-1}$)	扇出系数
74××	10	10	10
74L××	33	1	10
74H××	6	22	10
74S××	3	19	10
74LS××	9	2	10
74AS××	1.5	8	40
74ALS××	4	1	20

54(军用)系列和 74(民用)系列有相同的子系列。功能编号相同的 54 系列芯片与 74 系列芯片的功能完全相同,只是电源和温度的适应范围不同。54 系列的工作温度范围为

−55～125 ℃，电源电压工作范围为 5 V±0.5 V；而 74 系列工作温度范围为 0～70 ℃，电源电压工作范围为 5 V±0.25 V。

2. CMOS 门电路系列

按照器件编号来分，CMOS 门电路可分为 4000 系列、74C××系列。4000 系列有若干个子系列，其中以采用硅栅工艺和双缓冲输出的 4000B 系列最常用。74C××系列的功能和引脚设置均与 TTL74 系列相同，也有若干个子系列。74C××系列为普通的 CMOS 系列，74HC/HCT××系列为高速的 CMOS 系列，74AC/ACT××系列为高级的 CMOS 系列，其中 74HCT××和 74ACT××系列可以直接与 TTL 系列兼容。

3. 各系列 CMOS 门电路的主要技术参数

表 2-12 所示为 CMOS 各系列的主要技术参数。其中测试条件为电源电压为 5 V，负载电容为 150 pF，工作频率为 1 MHz。

表 2-12　各系列 CMOS 门电路的主要技术参数

参数系列	电源电压/V	功耗(毫瓦·门$^{-1}$)	传输延迟(纳秒·门$^{-1}$)
4000B	3～18	2.5	75
74HC/HCT××	2～6	1.2	10
74AC/ACT××	2～6	0.9	5

本章小结

逻辑门电路是组成各种复杂数字电路的基本逻辑单元，掌握各种门电路的逻辑功能和电气特性，对于正确使用数字集成门电路是极其重要的。

本章重点讲述了目前广泛使用的 TTL 和 CMOS 这两大类集成门电路。学习使用这些集成门电路的重点应该放在外部特性上。外部特性包含两个内容：一个是输入与输出间的逻辑关系；另一个是外部的电气特性，包括电压传输特性、输入特性、输出特性和动态特性等。本章涉及集成门电路内部结构和工作原理等内容，其目的是帮助读者加深对外部特性的理解，以便更好地应用。

综合来看，在后续章节的学习中，只要是 TTL 电路，输入端和输出端的电路结构和本章所讲的 TTL 门电路相同；而只要是 CMOS 系统，它们的输入端和输出端电路结构和本章所讲的 CMOS 门电路相同。本章所讲的外部电气特性同样适用于这些电路。

在使用 CMOS 器件时，要注意这些器件的正确使用方法，避免造成器件等的损坏。

本章习题

2.1　如图 2-44 所示为 6 个 TTL 门电路，A、B 端输入如图 2-44(b)所示，请分别画出 Z_1、Z_2、Z_3、Z_4、Z_5、Z_6 的波形。

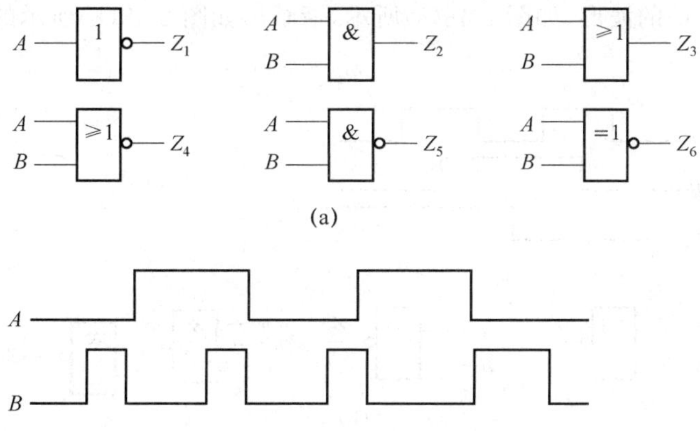

图 2-44 题 2.1 的图

2.2 逻辑电路如图 2-45 所示，请写出输出与输入的逻辑关系。

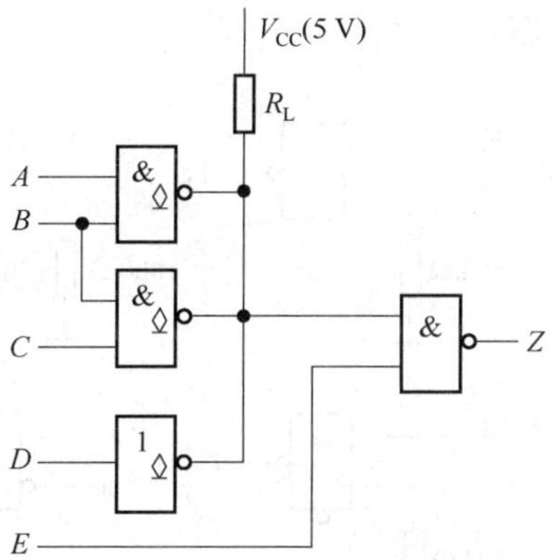

图 2-45 题 2.2 的图

2.3 三态门及其输入信号的波形如图 2-46 所示，试画出输出 Z 的波形。

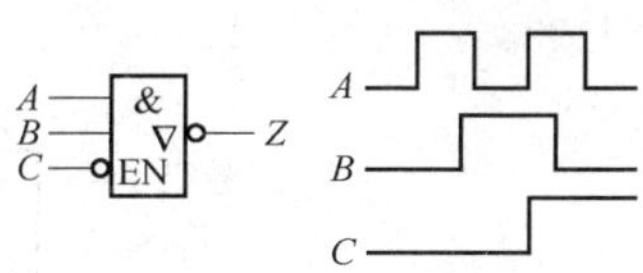

图 2-46 题 2.3 的图

2.4 如图 2-47 所示，TTL 与非门输入端的 1、2 是多余的，下面哪些接法是错误的？

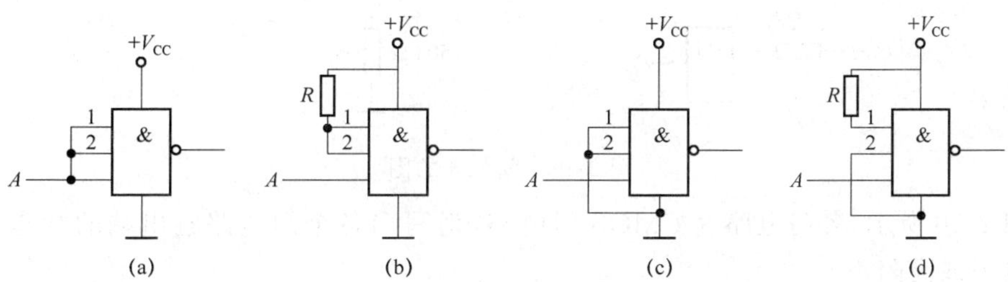

图 2-47 题 2.4 的图

2.5 输入信号 A、B、C 的波形，如图 2-48(a)所示，请画出如图 2-48(b)所示的各个门电路的输出波形。

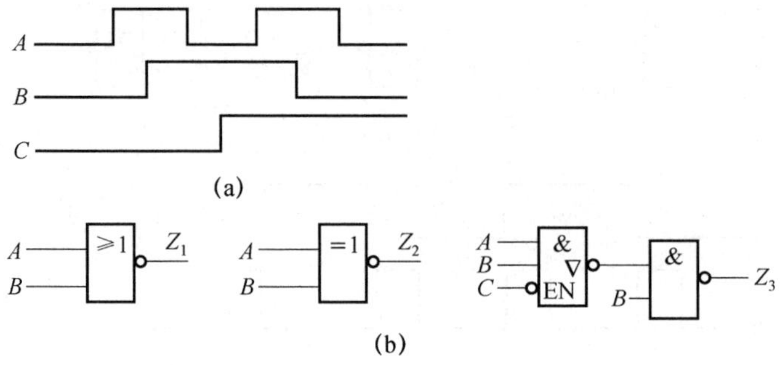

图 2-48 题 2.5 的图

2.6 如图 2-49 所示，各个门电路均为 74 系列的 TTL 电路。请分析各个门电路的输出端状态(高电平、低电平或高阻态)。

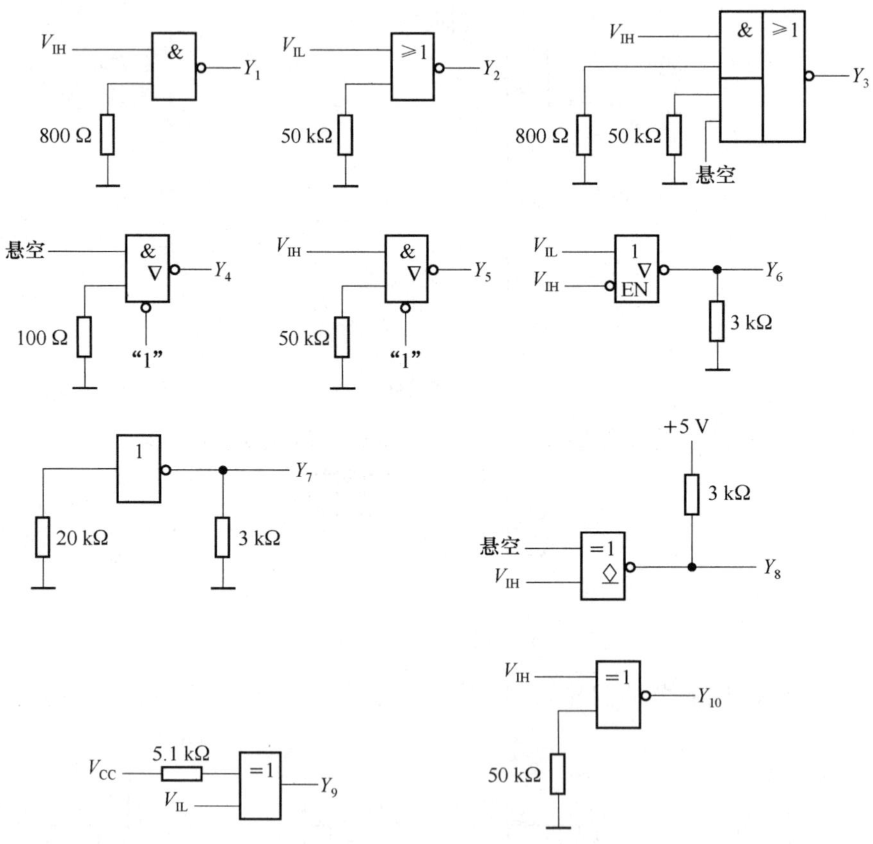

图 2-49 题 2.6 的图

2.7 如图 2-50 所示，各门电路为 CMOS 门电路，请写出各个门电路输出端的状态(高电平、低电平或高阻态)。

2.8 电路如图 2-51 所示，写出相对应的输出的逻辑函数表达式。

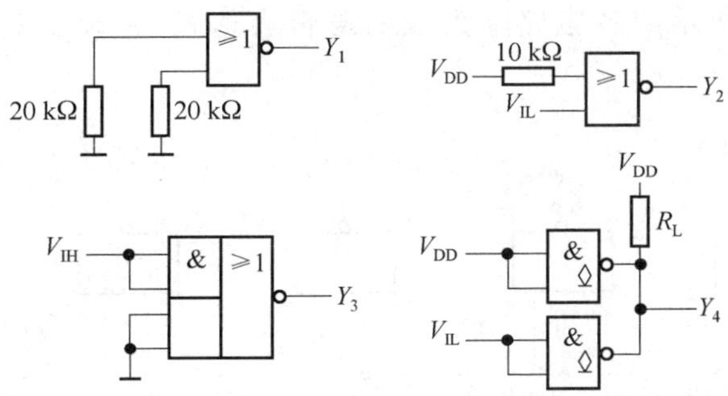

图 2-50　题 2.7 的图

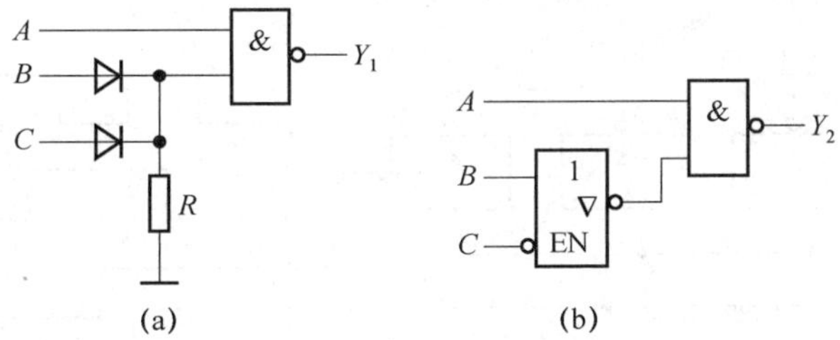

图 2-51　题 2.8 的图

2.9　指出如图 2-52 所示的 6 个电路输出与输入的逻辑关系是否正确，如果不正确，请给予改正。假设 $R_{OFF}=0.9\ k\Omega$，$R_{ON}=2\ k\Omega$。

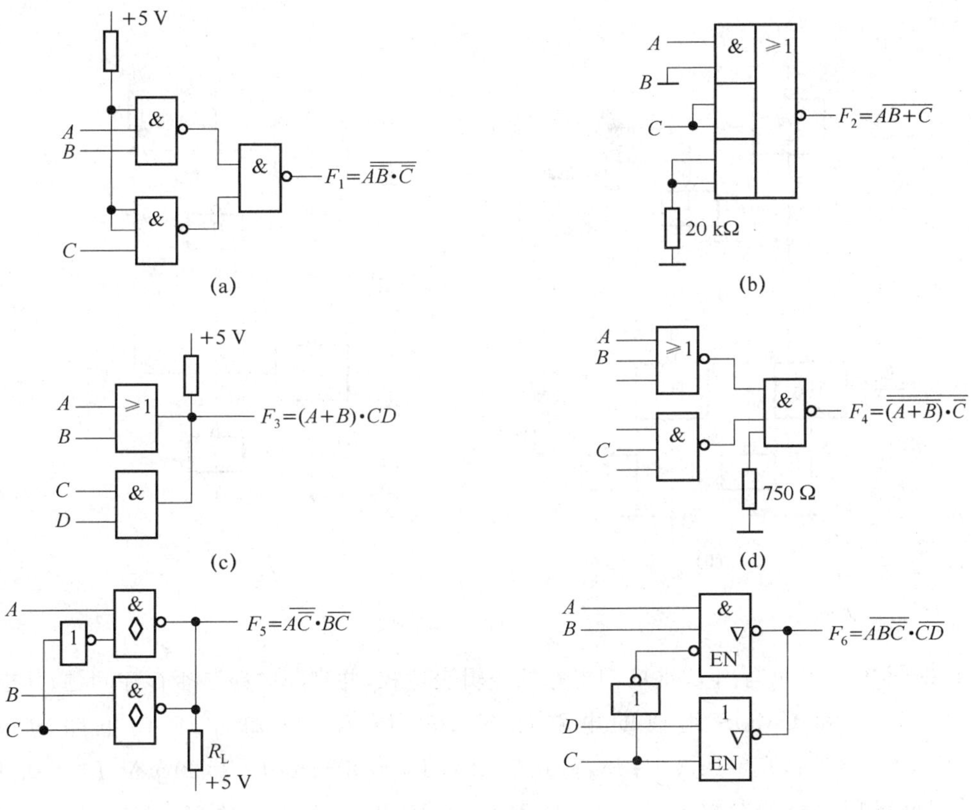

图 2-52　题 2.9 的图

2.10 写出如图 2-53 所示的各电路输出端的逻辑表达式，并画出对应输入信号的输出端波形。

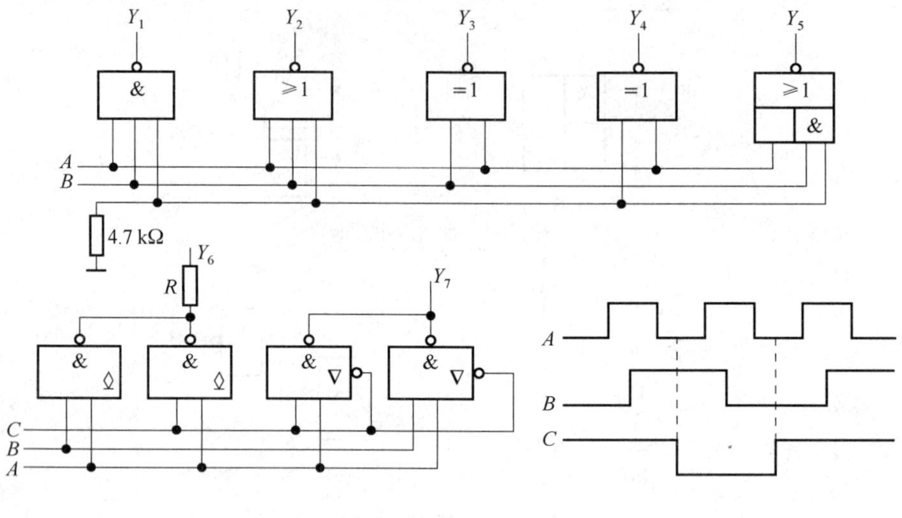

图 2-53 题 2.10 的图

2.11 图 2-54 所示均为 CMOS 门电路，分析各电路的工作情况，分别写出电路的逻辑表达式。

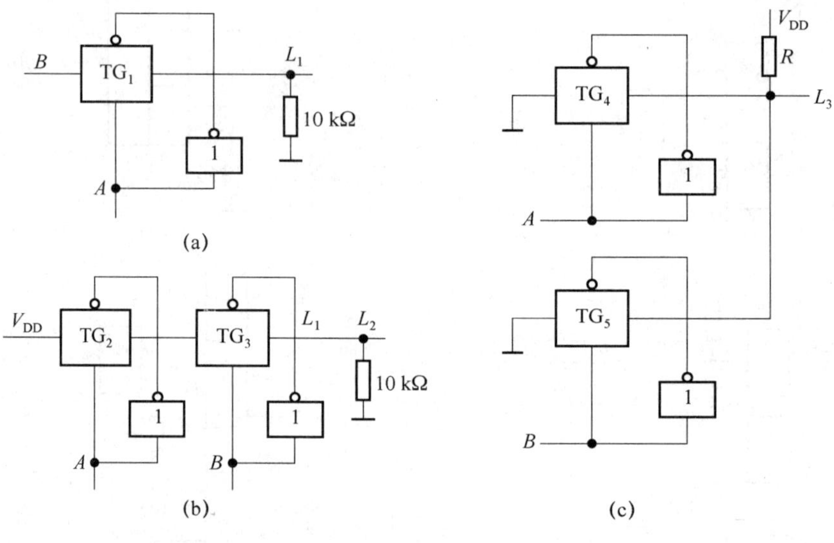

图 2-54 题 2.11 的图

2.12 根据图 2-55 所示写出 CMOS 门电路的逻辑表达式，并判断电路是否存在问题，并指出。

2.13 由 TTL 和 CMOS 组成的电路如图 2-56 所示。已知 TTL 门电路的参数为 $V_{OH}=3.6\ V$；$V_{OL}=0.3\ V$；$I_{OH}=0.5\ mA$；$I_{OL}=8\ mA$；$I_{IH}=20\ \mu A$；$I_{IL}=0.4\ mA$。CMOS 门电路的参数为 $V_{OH}=5\ V$；$V_{OL}=0\ V$；$I_{OH}=0.15\ mA$；$I_{OL}=0.51\ mA$；$I_{IH}=1\ \mu A$；$I_{IL}=1\ \mu A$。求各门电路的扇出系数。

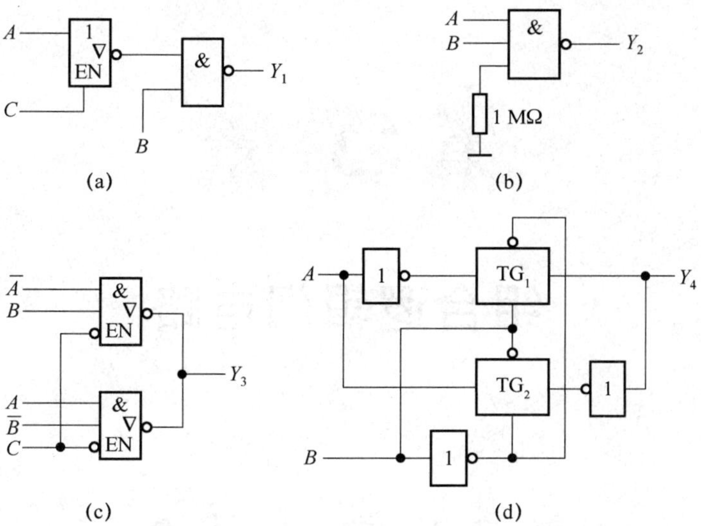

图 2-55 题 2.12 的图

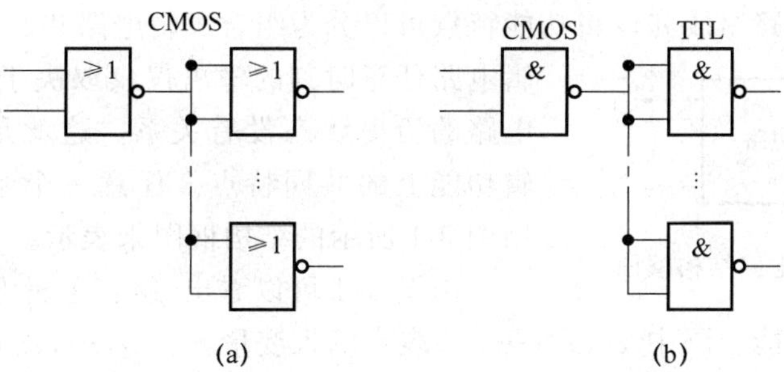

图 2-56 题 2.13 的图

第 3 章

组合逻辑门电路

3.1 概 述

数字电路按照电路组成和逻辑功能特点可以分为组合逻辑电路和时序逻辑电路。组合逻辑电路任意时刻的输出仅仅取决于该时刻的输入，而与电路的历史状态没有关系。这就是组合逻辑电路在逻辑功能上的共同特点。任意一个组合逻辑电路都可以用图 3-1 所示的结构框图来表示。

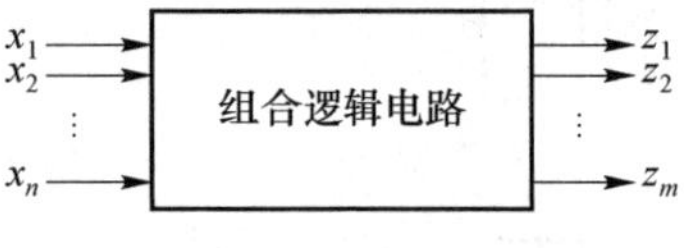

图 3-1 组合逻辑电路结构框图

由图 3-1 可以看出，组合逻辑电路内部无反馈环节，所以不具有“记忆”功能。图中 $x_1,x_2,\cdots,x_n$ 表示输入变量，$z_1,z_2,\cdots,z_m$ 表示输出变量。输入与输出之间的逻辑关系可以用一组逻辑函数表示：

$$\begin{cases} z_1=f_1(x_1,x_2,\cdots,x_n) \\ z_2=f_2(x_1,x_2,\cdots,x_n) \\ \quad\vdots \\ z_m=f_m(x_1,x_2,\cdots,x_n) \end{cases}$$

组合逻辑电路的最小单元结构是门电路。也可以说门电路是最简单的组合逻辑电路。图 3-2 所示就是一个组合逻辑电路的例子。

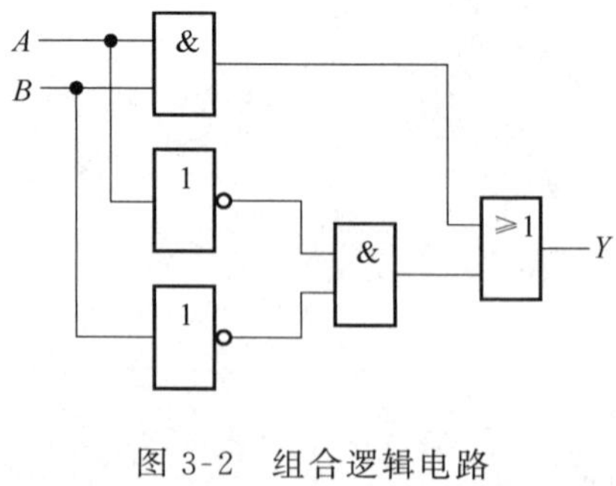

图 3-2 组合逻辑电路

由图 3-2 可以看出该电路有两个输入变量 A、B 和一个输出变量 Y。分析图 3-2 可知，只

要输入变量 A、B 的取值确定，输出变量 Y 的取值也随之确定，与电路历史状态并无关系。

描述组合逻辑电路功能的方法很多，常用的有逻辑函数表达式、真值表、逻辑图、卡诺图、波形图(用波形的形式表示输入和输出信号的关系)。这些方法各有特点，互相之间也可以进行转换。

3.2　组合逻辑电路的分析和设计

3.2.1　组合逻辑电路的分析

组合逻辑电路的分析即给定一个逻辑图，通过分析得出电路的逻辑功能。组合逻辑的分析一般可以按照以下步骤来完成。

(1) 根据逻辑电路，从电路的输入到输出逐级写出逻辑函数表达式。

(2) 根据逻辑函数表达式，通过一系列函数化简或者函数关系的变换，最后列写真值表。

(3) 根据真值表，分析该电路的逻辑功能。

【例 3-1】 分析如图 3-3 所示的逻辑电路的功能。

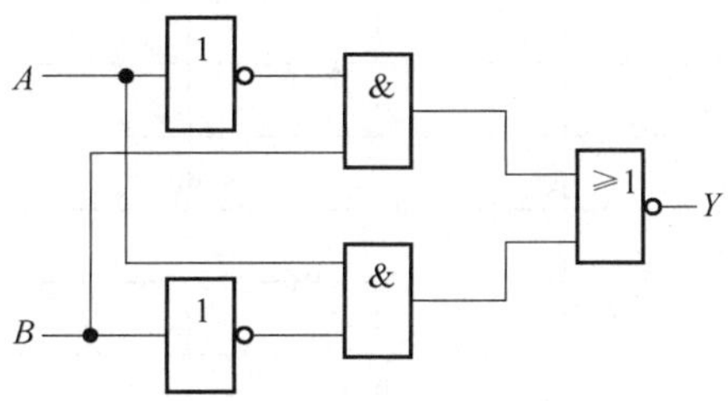

图 3-3　例 3-1 的逻辑电路图

解：(1) 根据给定的逻辑电路图，写出逻辑函数表达式：

$$Y = \overline{\overline{A}B + A\overline{B}}$$

(2) 表达式变换或化简：

$$Y = \overline{\overline{A}B} \cdot \overline{A\overline{B}}$$

$$= (A+\overline{B})(\overline{A}+B) = \overline{A}\,\overline{B} + AB$$

(3) 根据输出函数表达式列出真值表。该函数的真值表，如表 3-1 所示。

表 3-1　例 3-1 的真值表

输　入		输　出
A	B	Y
0	0	1
0	1	0
1	0	0
1	1	1

(4) 确定逻辑功能。由表 3-1 所示的真值表分析可知，该电路在输入 A、B 取值相同，即同时为 0 或同时为 1 时，输出 Y 的值为 1。所以该电路实现"同或"逻辑功能。

【例 3-2】 分析如图 3-4 所示电路的逻辑功能。

解：(1) 写出逻辑函数表达式：

$$Y = \overline{\overline{ABC} \cdot \overline{ABD} \cdot \overline{ACD} \cdot \overline{BCD}}$$

(2) 由逻辑函数表达式列出真值表，如表 3-2 所示。

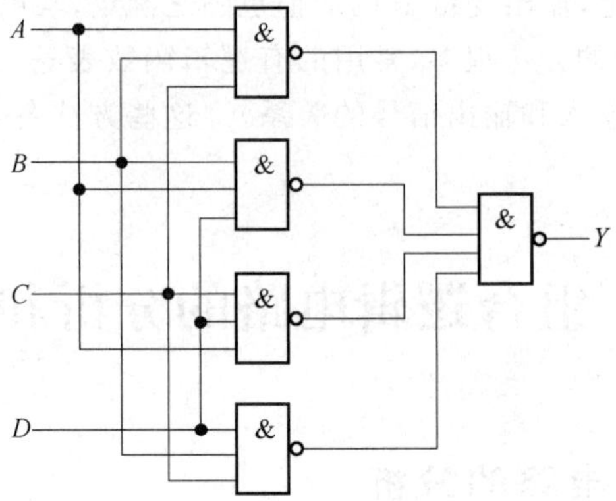

图 3-4　例 3-2 的逻辑电路图

表 3-2　例 3-2 的真值表

输　入				输　出
A	B	C	D	Y
0	0	0	0	0
0	0	0	1	0
0	0	1	0	0
0	0	1	1	0
0	1	0	0	0
0	1	0	1	0
0	1	1	0	0
0	1	1	1	1
1	0	0	0	0
1	0	0	1	0
1	0	1	0	0
1	0	1	1	1
1	1	0	0	0
1	1	0	1	1
1	1	1	0	1
1	1	1	1	1

(3) 确定逻辑功能。由表 3-2 所示的真值表可以看出，该电路为四变量多数表决器，当输入变量 A、B、C、D 有 3 个或 3 个以上为 1 时，输出为 1。

【例 3-3】 分析如图 3-5 所示逻辑电路的逻辑功能。

(1) 逐级写出电路输入与输出的逻辑关系表达式：

$$W = \overline{\overline{A\,\overline{AB}} \cdot \overline{\overline{AB}\,B}} = A \oplus B$$

$$X = \overline{\overline{W\,\overline{WC}} \cdot \overline{\overline{WC}\,C}} = W \oplus C$$

$$Y = \overline{\overline{X\,\overline{XD}} \cdot \overline{\overline{XD}D}} = X \oplus D$$

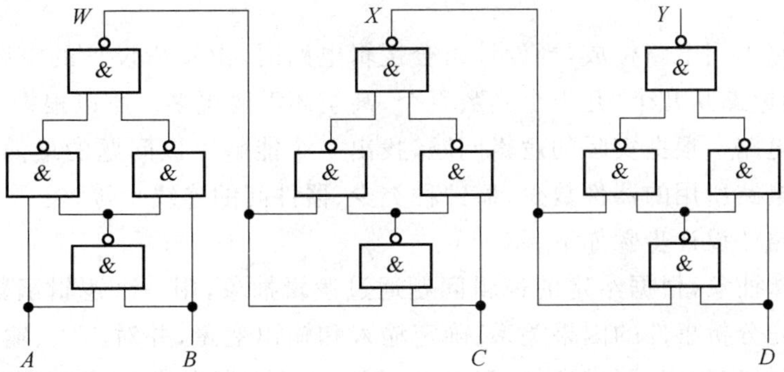

图 3-5　例 3-3 的逻辑电路图

(2) 化简：

$$Y = A \oplus B \oplus C \oplus D$$

(3) 列真值表，如表 3-3 所示。

表 3-3　例 3-3 的真值表

输　入				输　出
A	B	C	D	Y
0	0	0	0	0
0	0	0	1	1
0	0	1	0	1
0	0	1	1	0
0	1	0	0	1
0	1	0	1	0
0	1	1	0	0
0	1	1	1	1
1	0	0	0	1
1	0	0	1	0
1	0	1	0	0
1	0	1	1	1
1	1	0	0	0
1	1	0	1	1
1	1	1	0	1
1	1	1	1	0

(4) 功能说明。通过分析表 3-3 所示的真值表，可以得出结论：这是一个验证奇数的电路，当输入变量的 4 个二进制数码中有奇数个 1 时，输出为 1；否则输出为 0。

3.2.2 组合逻辑电路的设计

组合逻辑电路由门电路构成，当设计组合逻辑电路时，由于所设计的电路功能、复杂程度不同，所需要的门电路从几个、几十个到数百个，甚至还需要更多。所以根据实际的要求，选择不同规模的集成电路。根据实际的逻辑问题，找出一个能解决该问题的最简的逻辑电路。这里的“最简”是指电路所用的器件数少、器件种类少、器件间的连线少等。

组合逻辑电路的设计步骤如下。

(1) 进行逻辑抽象，根据给定的逻辑问题通过逻辑抽象，用一个逻辑函数表达式来描述。具体的做法是首先分析事件的因果关系，确定输入和输出变量，并对输入、输出变量进行逻辑赋值，然后再根据给定的实际逻辑问题列出真值表，最后根据真值表写出逻辑函数表达式。

(2) 选择器件种类。根据电路的具体要求和器件资源情况决定选用哪种器件。

(3) 对逻辑函数式进行化简并变换适当的形式。

(4) 根据化简后的逻辑函数式画出逻辑电路图。

【例 3-4】 设计一个裁判表决电路，有 3 个裁判参与表决，当 3 个裁判中有 2 个或者 2 个以上表示同意时，结果成立；否则，结果不成立。要求用与非门实现该电路。

解：(1) 进行逻辑抽象。

① 确定输入变量、输出变量，并赋值。

设 3 个裁判为输入变量 A、B、C，为 1 时表示同意，为 0 时表示不同意；表决结果为输出变量 Y，为 1 时，表示通过，为 0 时表示不通过。

② 根据要求列真值表，如表 3-4 所示。

表 3-4 例 3-4 的真值表

输入			输出
A	B	C	Y
0	0	0	0
0	0	1	0
0	1	0	0
0	1	1	1
1	0	0	0
1	0	1	1
1	1	0	1
1	1	1	1

③ 根据真值表写出逻辑函数表达式。

$$Y = \overline{A}BC + A\overline{B}C + AB\overline{C} + ABC$$

(2) 选定逻辑器件：用与非门集成器件。

① 化简变换逻辑函数得：

$$Y = \overline{A}BC + A\overline{B}C + AB\overline{C} + ABC = AB + BC + AC = \overline{\overline{AB + BC + AC}}$$
$$= \overline{\overline{AB} \cdot \overline{BC} \cdot \overline{AC}}$$

② 根据逻辑表达式画出逻辑电路图，如图 3-6 所示。

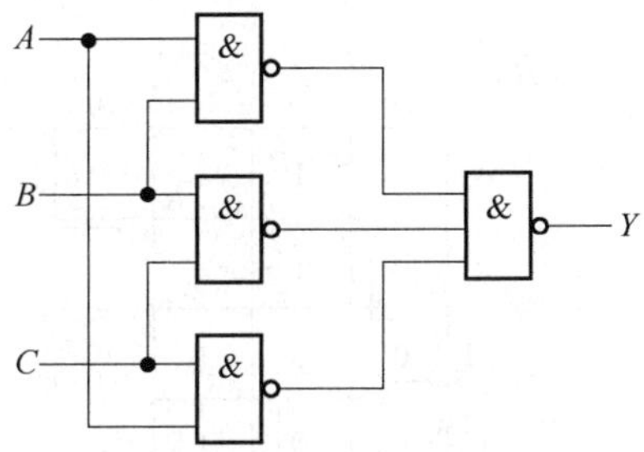

图 3-6　例 3-4 的逻辑电路图

【例 3-5】 设计一个验证能否输血的逻辑电路，要求当 4 种血型中有一对可以输送与接受血型时，给出相应的指示。4 种基本血型分别为 A 型、B 型、AB 型和 O 型。O 型血可以输给任意血型的人，而自己只能接受 O 型；AB 型可以接受任意血型，但只能输给 AB 型；A 型能输给 A 型或 AB 型，可接受 A 型或 O 型；B 型能输给 B 型或 AB 型，可以接受 B 型或 O 型。要求用与非门实现。

解：(1) 逻辑抽象。

① 选取 A、B 两个变量编码的 4 种组合，分别代表可能输送的 4 种血型，选取 C、D 两个变量编码的组合分别代表接受的 4 种血型，分别以 00 代表 O 型、01 代表 A 型、10 代表 B 型、11 代表 AB 型。选取 Y 为输出变量，当 $Y=1$ 时表示可以输血；当 $Y=0$ 时表示不能输血。

② 根据编码及题目的输血规则，列真值表，如表 3-5 所示。

表 3-5　例 3-5 的真值表

输　入				输　出
A	B	C	D	Y
0	0	0	0	1
0	0	0	1	1
0	0	1	0	1
0	0	1	1	1
0	1	0	0	0
0	1	0	1	1
0	1	1	0	0
0	1	1	1	1
1	0	0	0	0
1	0	0	1	0
1	0	1	0	1
1	0	1	1	1
1	1	0	0	0
1	1	0	1	0
1	1	1	0	0
1	1	1	1	1

卡诺图化简如图 3-7 所示，写出表达式为 $Y = A\overline{C} + B\overline{D}$。

(2) 选取与非门。

（3）变换逻辑函数：

$$Y=\overline{\overline{A\overline{C}}\cdot\overline{B\overline{D}}}$$

（4）画逻辑电路图，如图 3-8 所示。

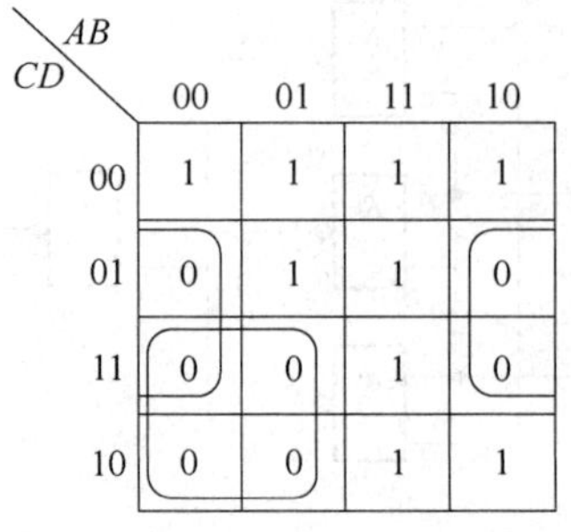

图 3-7　例 3-5 的卡诺图

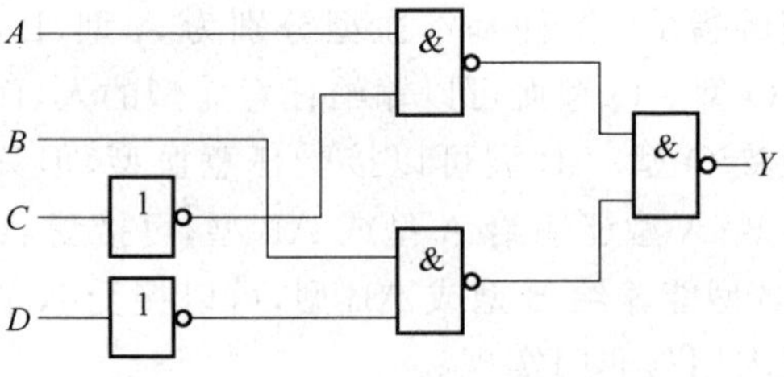

图 3-8　例 3-5 的逻辑电路图

【例 3-6】　有 3 个蓄水池和一个水泵房。由两台水泵 G_1 和 G_2 供水。G_1 的功率是 G_2 功率的两倍。当只有一个蓄水池需补充水时，由 G_2 供水；当两个蓄水池都需有注水时，由 G_1 供水；当 3 个蓄水池同时需要注水时，则 G_1 和 G_2 要同时工作。试设计一个控制两个水泵工作的逻辑电路。

解：（1）逻辑抽象。

① 设 A、B、C 分别表示 3 个蓄水池的状态，1 表示需注水，0 表示不需注水。G_1 和 G_2 表示两个水泵的工作状态，1 表示水泵工作，0 表示不工作。

② 根据要求列真值表，如表 3-6 所示。

表 3-6　例 3-6 的真值表

输　入			输　出	
A	B	C	G_1	G_2
0	0	0	0	0
0	0	1	0	1
0	1	0	0	1
0	1	1	1	0
1	0	0	0	1
1	0	1	1	0
1	1	0	1	0
1	1	1	1	1

（2）由真值表写表达式并化简得：

$$G_1=AB+BC+CA=\overline{\overline{AB}\cdot\overline{BC}\cdot\overline{CA}}$$

$$G_2=\overline{\overline{\overline{A}\,\overline{B}C}\cdot\overline{\overline{A}B\overline{C}}\cdot\overline{A\overline{B}\,\overline{C}}\cdot\overline{ABC}}$$

（3）选取与非门。

（4）画逻辑电路图，如图 3-9 所示。

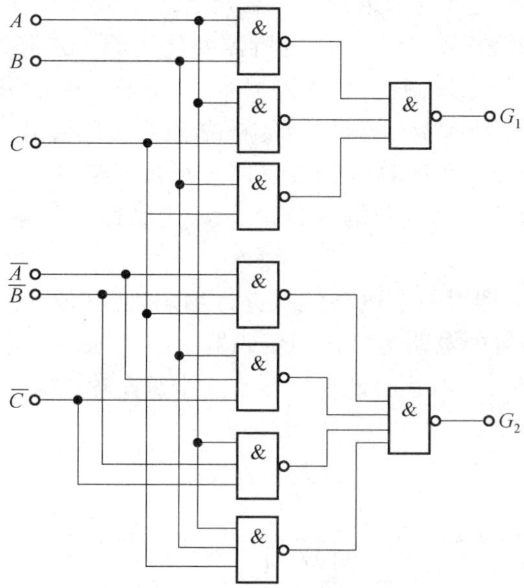

图 3-9　例 3-6 的逻辑电路图

练习与思考

1. 数字电路按照逻辑功能分类可以分成哪几类?
2. 组合逻辑电路在逻辑功能上的特点是什么?
3. 简述组合逻辑电路的分析方法和设计方法的一般步骤。

3.3　常用中规模集成组合逻辑电路

根据集成度来划分,可以将集成电路分为小规模集成电路(Small Scale Integration,SSI)、中规模集成电路(Medium Scale Integration, MSI)、大规模集成电路(Large Scale Integration, LSI)和超大规模集成电路(Very Large Scale Integration, VLSI)。小规模集成电路仅仅是基本器件的集成,中规模集成电路是逻辑部件的集成,如常用的编码器、译码器、显示译码器、加法器、数据选择器、数值比较器等。大规模和超大规模集成电路是一个数字子系统或整个数字系统的集成,如微处理器和存储器。本节主要讨论几种常用的中规模组合逻辑电路及其应用,同时进一步说明组合逻辑电路的分析与设计。

3.3.1　编码器

编码器是能实现编码功能的电路,它能够对具有特定含义的信息(如数字、文字、符号等)进行编码,编码器的输入是被编码的信号,编码器的输出是所要编码信息的二进制代码。这是一种多输入、多输出的组合逻辑电路。

n 位二进制代码有 2^n 个不同的取值组合，可以给 2^n 个或 2^n 个以下信息进行编码。对 m 个信号进行编码时，可以用公式 $2^n \geqslant m$ 来确定所需要使用的二进制代码的位数。例如，对 16 个信号进行编码，则需要 4 位二进制代码，编码器有 16 位输入端，4 位输出端；如果对 10 个信号进行编码，也需要 4 位二进制代码，编码器有 10 位输入，4 位输出。

按编码方式的不同，可以将编码器分为二进制普通编码器和优先编码器。按输出代码的种类不同，又可以将编码器分为二进制编码器和二-十进制编码器等。

1. 二进制普通编码器

普通编码器是指每次只能对一个电路状态进行编码，而其他状态为约束项。用 n 位二进制代码对 2^n 个信息进行编码的电路为二进制编码器。图 3-10 所示为 3 位二进制普通编码器的逻辑电路图，由逻辑电路图可以看出该编码器有 8 个编码输入端 $I_0 \sim I_7$，有 3 个二进制代码输出端 $Y_0 \sim Y_2$。

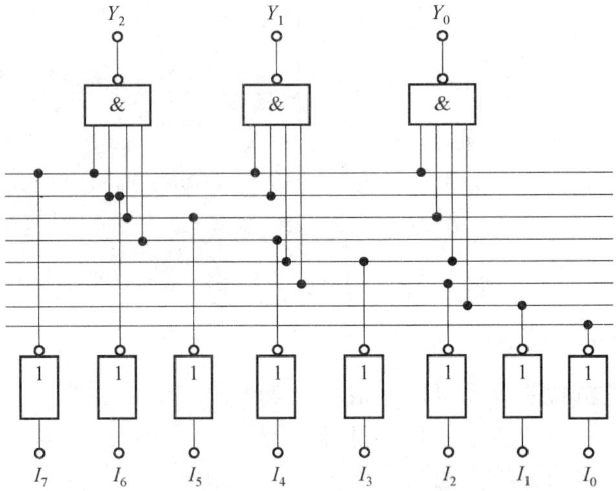

图 3-10 3 位二进制普通编码器的逻辑电路图

由图 3-10 可写出编码器各输出端的逻辑函数，利用无关项进行化简可以得到：

$$Y_2 = I_4 + I_5 + I_6 + I_7$$

$$Y_1 = I_2 + I_3 + I_6 + I_7$$

$$Y_0 = I_1 + I_3 + I_5 + I_7$$

由逻辑函数表达式可列出该编码器的功能表，如表 3-7 所示。

表 3-7 3 位二进制普通编码器的功能表

输入								输出		
I_0	I_1	I_2	I_3	I_4	I_5	I_6	I_7	Y_2	Y_1	Y_0
0	0	0	0	0	0	0	1	1	1	1
0	0	0	0	0	0	1	0	1	1	0
0	0	0	0	0	1	0	0	1	0	1
0	0	0	0	1	0	0	0	1	0	0
0	0	0	1	0	0	0	0	0	1	1

续 表

输　入								输　出		
I_0	I_1	I_2	I_3	I_4	I_5	I_6	I_7	Y_2	Y_1	Y_0
0	0	1	0	0	0	0	0	0	1	0
0	1	0	0	0	0	0	0	0	0	1
1	0	0	0	0	0	0	0	0	0	0

由逻辑表 3-7 可以看出，当 8 个输入端中有任一个高电平时表示有编码请求，可以编出相应的代码，输出也为高电平有效。

2．优先编码器

普通编码器要求输入信号是互相排斥的，即每次只能有一个信号输入，否则输出会出现混乱；而优先编码器中，允许同时输入两个以上编码信号。当同时有一个以上的信号输入编码电路时，电路只能对其中一个优先级别最高的信号进行编码，所以在设计时，需要预先将所有输入信号按优先顺序进行排序，当输入端有多个编码请求时，编码器只对其中优先级别最高的输入信号进行编码，而不考虑其他优先级别比较低的输入信号。

下面将介绍 3 位二进制优先编码器。

对于 8 个不同的输入信号进行编码，需要 3 位二进制代码来表示每一个输入信号。输入端假设 I_7 的优先级别最高，I_6 次之，依此类推，I_0 的优先级别最低，输入端为高电平有效，输出端为 Y_2、Y_1、Y_0，其真值表如表 3-8 所示。

表 3-8　3 位二进制优先编码器真值表

输　入								输　出		
I_7	I_6	I_5	I_4	I_3	I_2	I_1	I_0	Y_2	Y_1	Y_0
1	×	×	×	×	×	×	×	1	1	1
0	1	×	×	×	×	×	×	1	1	0
0	0	1	×	×	×	×	×	1	0	1
0	0	0	1	×	×	×	×	1	0	0
0	0	0	0	1	×	×	×	0	1	1
0	0	0	0	0	1	×	×	0	1	0
0	0	0	0	0	0	1	×	0	0	1
0	0	0	0	0	0	0	1	0	0	0

由真值表可以写出函数表达式为

$$Y_2 = I_7 + I_6 + I_5 + I_4$$

$$Y_1 = I_7 + I_6 + \overline{I_5}\ \overline{I_4} I_3 + \overline{I_5}\ \overline{I_4} I_2$$

$$Y_0 = I_7 + \overline{I}_6 + \overline{I_6}\ \overline{I_4} I_3 + \overline{I_6}\ \overline{I_4}\ \overline{I}_2 I_1$$

根据逻辑表达式，可以画出逻辑电路图，如图 3-11 所示。由于在输入端和输出端都加了反相器，所以输入端变成低电平有效，输出编码各位均取反。

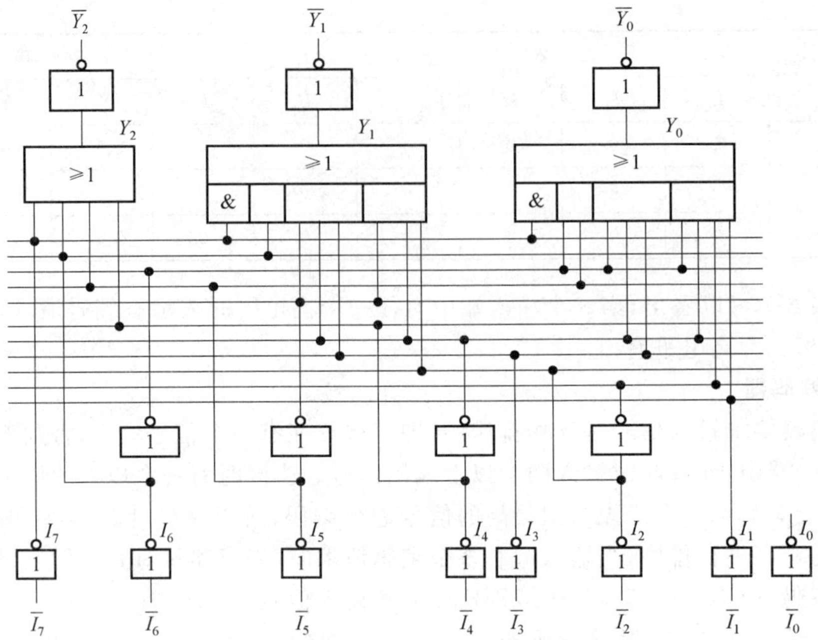

图 3-11　3 位二进制优先编码器逻辑电路图

将图 3-11 所示电路集成制作在一块半导体芯片上，即可得到集成 3 位二进制优先编码器。常见的 TTL 集成 3 位二进制优先编码器的型号有 74148、74LS148、74LS348 等。74148 的逻辑功能示意如图 3-12 所示。

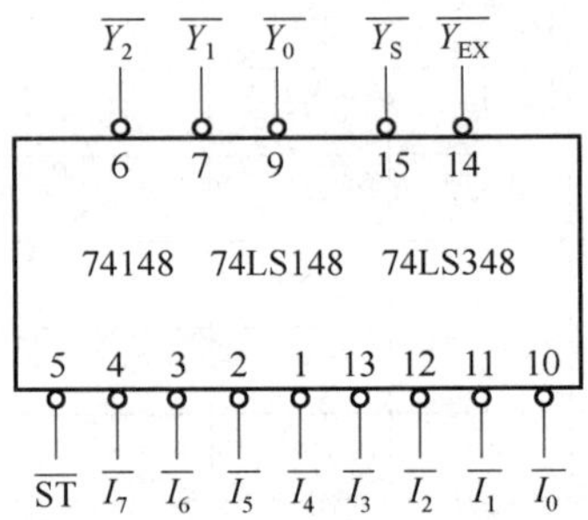

图 3-12　集成 3 位二进制优先编码器逻辑功能示意图

由图 3-12 可知，$\overline{I}_0 \sim \overline{I}_7$ 为编码输入端，输入低电平有效；$\overline{ST}$为高电平时，所有输入端被禁止，此时输出端为高阻态，扩展端$\overline{Y_{EX}}$和$\overline{Y_S}$都是高电平。$\overline{Y_{EX}}$为扩展输出端，当级联时可作输出端的扩展位使用。$\overline{Y_S}$为选能输出端，级联时低片的选通输入端$\overline{ST}$接到高位片的$\overline{Y_S}$。74LS148 等的功能如表 3-9 所示。

表 3-9　74LS148 功能表

输　入									输　出				
$\overline{ST}$	$\overline{I_0}$	$\overline{I_1}$	$\overline{I_2}$	$\overline{I_3}$	$\overline{I_4}$	$\overline{I_5}$	$\overline{I_6}$	$\overline{I_7}$	$\overline{Y_2}$	$\overline{Y_1}$	$\overline{Y_0}$	$\overline{Y_S}$	$\overline{Y_{EX}}$
1	×	×	×	×	×	×	×	×	1*	1*	1*	1	1
0	1	1	1	1	1	1	1	1	1*	1*	1*	0	1

续 表

输入									输出				
$\overline{ST}$	$\overline{I_0}$	$\overline{I_1}$	$\overline{I_2}$	$\overline{I_3}$	$\overline{I_4}$	$\overline{I_5}$	$\overline{I_6}$	$\overline{I_7}$	$\overline{Y_2}$	$\overline{Y_1}$	$\overline{Y_0}$	$\overline{Y_S}$	$\overline{Y_{EX}}$
0	×	×	×	×	×	×	×	0	0	0	0	1	0
0	×	×	×	×	×	×	0	1	0	0	1	1	0
0	×	×	×	×	×	0	1	1	0	1	0	1	0
0	×	×	×	×	0	1	1	1	0	1	1	1	0
0	×	×	×	0	1	1	1	1	1	0	0	1	0
0	×	×	0	1	1	1	1	1	1	0	1	1	0
0	×	0	1	1	1	1	1	1	1	1	0	1	0
0	0	1	1	1	1	1	1	1	1	1	1	1	0

注:1* 表示输出高阻态。

图 3-13 所示为利用 74148 的扩展功能实现 16 线-4 线优先编码器的接线图。

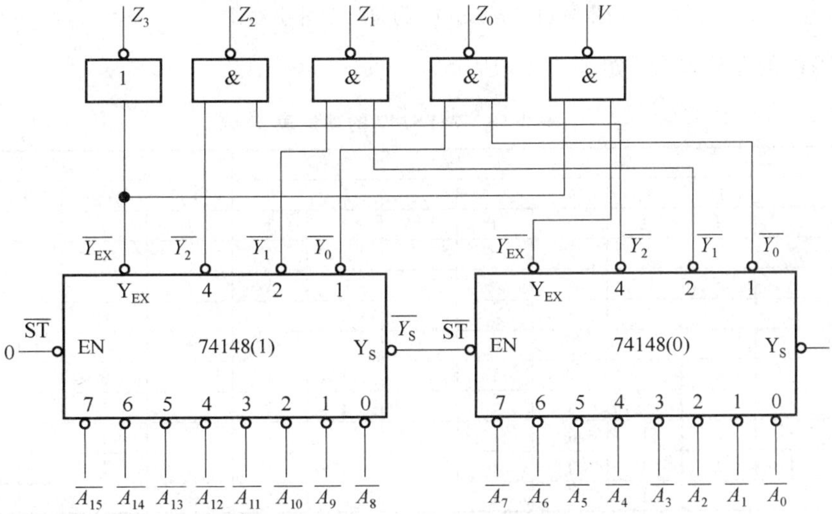

图 3-13 两片 74148 组成 16 线-4 线优先编码器的接线示意

图 3-13 中，$\overline{A_0}\sim\overline{A_{15}}$ 为编码输入。其中，$\overline{A_{15}}$ 优先级别最高，$\overline{A_0}$ 优先级别最低。所以 74148(1)号片的优先级别高于 74148(0)号片。当$\overline{A_{15}}\sim\overline{A_8}$有编码信号输入时，74148(1)的输出端$\overline{Y_S}=1$，$\overline{Y_{EX}}=0$，使得 74148(0)的选通输入端$\overline{ST}=1$，74148(0)号片不工作，其输出端$\overline{Y_2}\,\overline{Y_1}\,\overline{Y_0}=111$，不会对 74148(1)号片$\overline{A_{15}}\sim\overline{A_8}$的编码操作产生影响；当$\overline{A_{15}}\sim\overline{A_8}$均无编码请求时(即均为高电平时)，74148(0)对$\overline{A_7}\sim\overline{A_0}$进行优先编码操作。

例如，$\overline{A_{11}}=0$ 时，$\overline{Y_S}=1$，$\overline{Y_{EX}}=0$，输出$\overline{Y_2}\,\overline{Y_1}\,\overline{Y_0}=100$，此时 $Z_3Z_2Z_1Z_0=1011$，实现对$\overline{A_{11}}$的编码；当$\overline{A_{15}}\sim\overline{A_8}$全为高电平时，74148(1)号片的$\overline{Y_S}=0$，$\overline{Y_{EX}}=1$，其输出$\overline{Y_2}\,\overline{Y_1}\,\overline{Y_0}=111$，74148(0)号片可以进行编码，如果此时$\overline{A_4}=0$，则 74148(0)号片的输出$\overline{Y_2}\,\overline{Y_1}\,\overline{Y_0}=011$，$Z_3Z_2Z_1Z_0=0100$，实现了对$\overline{A_4}$ 的编码。图 3-13 所示中输出端 V 的作用是根据其高低电平来判断是否编码的标志。当 74148(1)和 74148(0)号片都无编码时，其输出端$\overline{Y_{EX}}$均为高电平，则 V 输出为低电平，表示无编码；只要 74148(1)或者 74148(0)中任何一个进行编码操作时，则对应的$\overline{Y_{EX}}$为低电平，V 输出即为高电平，此时标志有编码输出，该输出端也可以根据设计需求不进行设计。

3. 二-十进制编码器

下面以常用二-十进制优先编码器 74LS147 为例，分析优先编码器。图 3-14 所示为 74LS147 的符号及外引线。

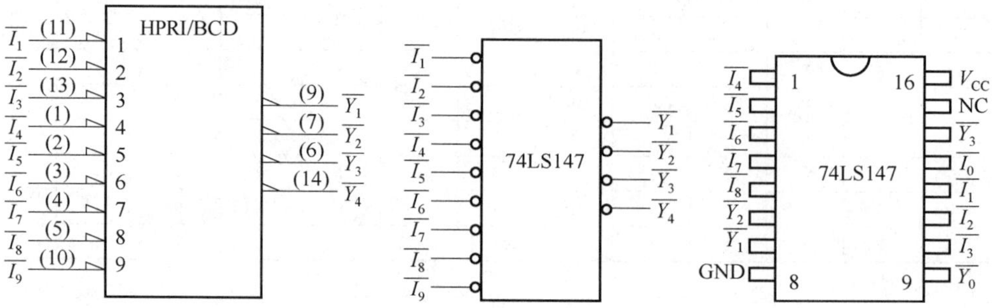

(a) 国标符号　　(b) 一般符号　　(c) 外引线图

图 3-14　74LS147 的符号及外引线图

优先编码器的逻辑功能，如表 3-10 所示。

表 3-10　74LS147 的功能表

输入										输出			
$\overline{I_0}$	$\overline{I_1}$	$\overline{I_2}$	$\overline{I_3}$	$\overline{I_4}$	$\overline{I_5}$	$\overline{I_6}$	$\overline{I_7}$	$\overline{I_8}$	$\overline{I_9}$	$\overline{Y_3}$	$\overline{Y_2}$	$\overline{Y_1}$	$\overline{Y_0}$
1	1	1	1	1	1	1	1	1	1	1	1	1	1
×	×	×	×	×	×	×	×	×	0	0	1	1	0
×	×	×	×	×	×	×	×	0	1	1	0	0	0
×	×	×	×	×	×	×	0	1	1	1	0	0	1
×	×	×	×	×	×	0	1	1	1	1	0	1	0
×	×	×	×	×	0	1	1	1	1	1	0	1	1
×	×	×	×	0	1	1	1	1	1	1	1	0	0
×	×	×	0	1	1	1	1	1	1	1	1	0	1
×	0	1	1	1	1	1	1	1	1	1	1	1	0
0	1	1	1	1	1	1	1	1	1	1	1	1	1

由表 3-10 所示可知 74LS147 具有如下逻辑功能。

① $\overline{I_1}$～$\overline{I_9}$为 9 个编码输入端，低电平有效。

优先级别最高的是$\overline{I_9}$，依次降低，$\overline{I_1}$优先级最低。当$\overline{I_1}$～$\overline{I_9}$全为高电平即无编码请求时，输出端$\overline{Y_0}$～$\overline{Y_3}$全为高电平，此时相当于对$\overline{I_0}$进行编码。

② $\overline{Y_0}$～$\overline{Y_3}$为 4 个 BCD 码的输出端，低电平有效。4 位二进制代码从高位到低位的顺序为$\overline{Y_3}$、$\overline{Y_2}$、$\overline{Y_1}$、$\overline{Y_0}$，输出为 8421BCD 的反码。

74LS147 没有使能端，因此不利于扩展功能。

4. 集成优先编码器简介

常用的集成编码器多为优先编码器，产品型号及名称，如表 3-11 所示。

表 3-11　常用集成编码器型号及名称表

名　称	型　号
8 线-3 线优先编码器	74148、74LS148、74F148、74HC148、4532
10 线-4 线优先编码器	74147、74LS147、74HC147、40147
8 线-8 线优先编码器	74HC149

3.3.2　译码器和数字显示译码器

译码和编码是一对逆过程，能实现译码功能的电路为译码器。译码器是将输入的二进制代码转换成输出，其是与输入代码对应的高、低电平信号。常用的译码器有二进制译码器、二-十进制译码器和显示译码器 3 类。

1. 二进制译码器 74LS138

二进制译码器的输入是一组二进制代码，输出是一组与输入代码对应的高、低电平信号。图 3-15给出了二进制译码器 74LS138 的符号及外引线图和逻辑电路图。由于 74LS138 有 3 个二进制代码输入端 $A_2 \sim A_0$，8 个输出端$\overline{Y_7} \sim \overline{Y_0}$，因此它被称为 3 线-8 线译码器。

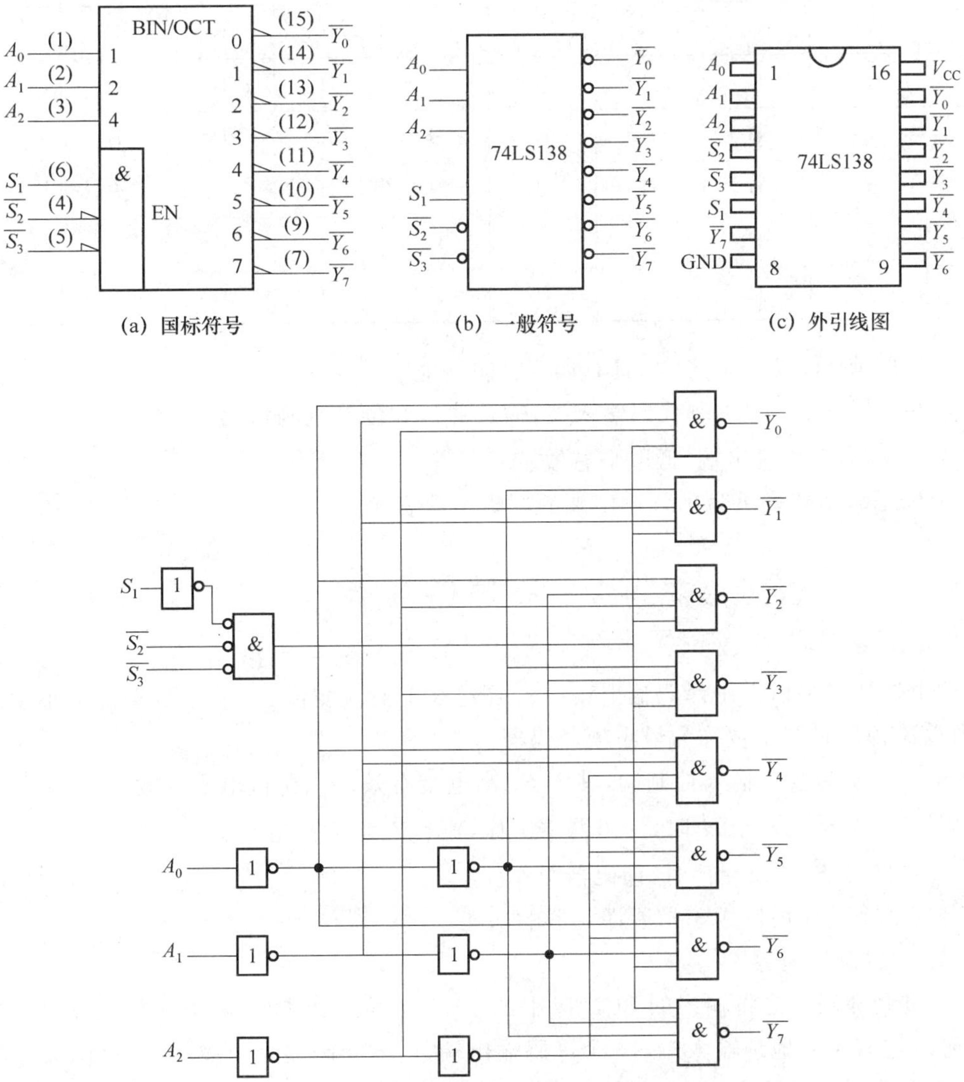

(a) 国标符号　(b) 一般符号　(c) 外引线图

(d) 逻辑电路图

图 3-15　74LS138 的符号、外引线图及逻辑电路图

74LS138 的逻辑功能，如表 3-12 所示。

表 3-12　74LS138 的功能表

输　入		输　出							
S_1	$\overline{S_2}+\overline{S_3}$	$\overline{Y_0}$	$\overline{Y_1}$	$\overline{Y_2}$	$\overline{Y_3}$	$\overline{Y_4}$	$\overline{Y_5}$	$\overline{Y_6}$	$\overline{Y_7}$
×	H	H	H	H	H	H	H	H	H
L	×	H	H	H	H	H	H	H	H
H	L	L	H	H	H	H	H	H	H
H	L	H	L	H	H	H	H	H	H
H	L	H	H	L	H	H	H	H	H
H	L	H	H	H	L	H	H	H	H
H	L	H	H	H	H	L	H	H	H
H	L	H	H	H	H	H	L	H	H
H	L	H	H	H	H	H	H	L	H
H	L	H	H	H	H	H	H	H	L

由表 3-12 所示可知 74LS138 具有如下逻辑功能。

① $A_2 \sim A_0$ 为 3 个二进制代码输入端，输入的是 3 位二进制代码。

② $\overline{Y_7} \sim \overline{Y_0}$为 8 个输出端，低电平有效。

由 74LS138 功能表可写出各输出端的逻辑函数表达式为

$$\overline{Y_0}=\overline{\overline{A_2}\,\overline{A_1}\,\overline{A_0}}=\overline{m_0} \qquad \overline{Y_1}=\overline{\overline{A_2}\,\overline{A_1}A_0}=\overline{m_1} \qquad \overline{Y_2}=\overline{\overline{A_2}A_1\,\overline{A_0}}=\overline{m_2}$$

$$\overline{Y_3}=\overline{\overline{A_2}A_1A_0}=\overline{m_3} \qquad \overline{Y_4}=\overline{A_2\,\overline{A_1}\,\overline{A_0}}=\overline{m_4} \qquad \overline{Y_5}=\overline{A_2\,\overline{A_1}A_0}=\overline{m_5}$$

$$\overline{Y_6}=\overline{A_2A_1\,\overline{A_0}}=\overline{m_6} \qquad \overline{Y_7}=\overline{A_2A_1A_0}=\overline{m_7}$$

由逻辑表达式可以得出译码输出$\overline{Y_7} \sim \overline{Y_0}$是这 3 个输入变量 $A_2 \sim A_0$ 的全部最小项的译码输出，所以这种译码器也被称为最小项译码器。

③ S_1、$\overline{S_2}$、$\overline{S_3}$为 3 个输入控制端，其中 S_1 高电平有效，$\overline{S_2}$、$\overline{S_3}$低电平有效。

当 $S_1=L$ 或 $\overline{S_2}+\overline{S_3}=H$ 时，译码器不工作，$\overline{Y_7} \sim \overline{Y_0}$均为高电平。

当 $S_1=H$ 或 $\overline{S_2}+\overline{S_3}=L$ 时，译码器工作。

此外这 3 个端还可以用于扩展译码器的功能。

2. 二-十进制译码器

二-十进制译码器是将输入的 BCD 码中的 10 个 4 位二进制代码译成 10 个高、低电平的输出信号。它有 4 个地址输入端，10 个译码输出端，这种译码器为 4 线-10 线译码器。图 3-16 所示为二-十进制译码器 74LS42 的符号、外引线图和逻辑电路图。

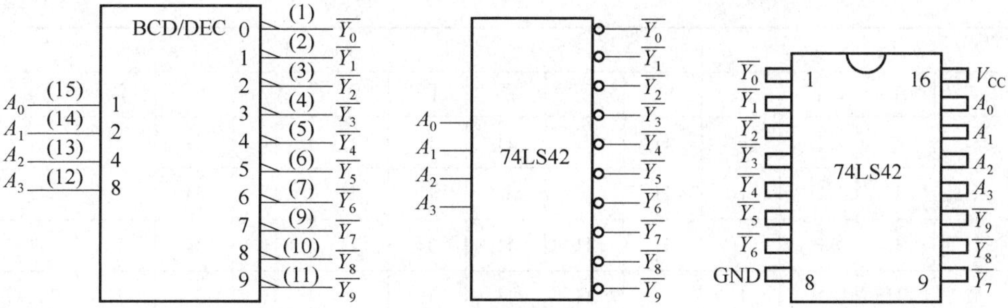

(a) 国标符号　　(b) 一般符号　　(c) 外引线图

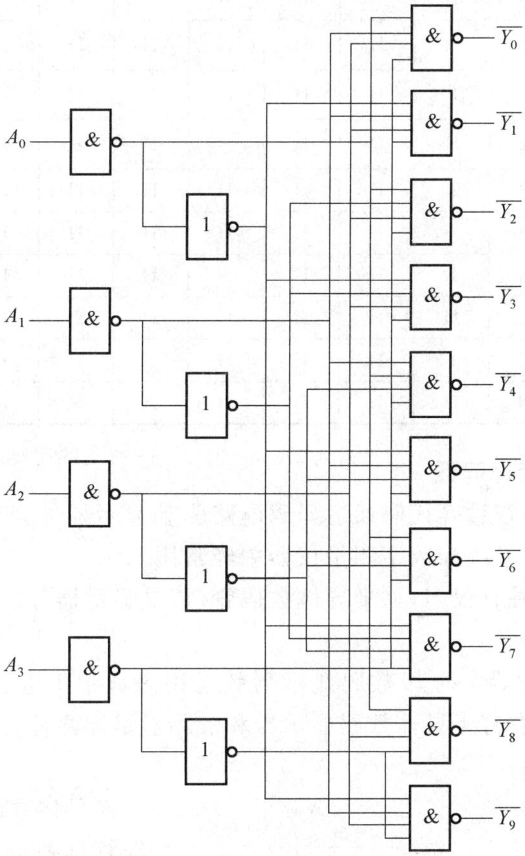

(d) 逻辑电路图

图 3-16　74LS42 的符号、外引线图和逻辑电路图

74LS42 的功能表，如表 3-13 所示。

表 3-13　74LS42 的功能表

十进制数码	输入				输出									
	A_3	A_2	A_1	A_0	$\overline{Y_0}$	$\overline{Y_1}$	$\overline{Y_2}$	$\overline{Y_3}$	$\overline{Y_4}$	$\overline{Y_5}$	$\overline{Y_6}$	$\overline{Y_7}$	$\overline{Y_8}$	$\overline{Y_9}$
0	L	L	L	L	L	H	H	H	H	H	H	H	H	H

续表

十进制数码	输入				输出									
	A_3	A_2	A_1	A_0	$\overline{Y_0}$	$\overline{Y_1}$	$\overline{Y_2}$	$\overline{Y_3}$	$\overline{Y_4}$	$\overline{Y_5}$	$\overline{Y_6}$	$\overline{Y_7}$	$\overline{Y_8}$	$\overline{Y_9}$
1	L	L	L	H	H	L	H	H	H	H	H	H	H	H
2	L	L	H	L	H	H	L	H	H	H	H	H	H	H
3	L	L	H	H	H	H	H	L	H	H	H	H	H	H
4	L	H	L	L	H	H	H	H	L	H	H	H	H	H
5	L	H	L	H	H	H	H	H	H	L	H	H	H	H
6	L	H	H	L	H	H	H	H	H	H	L	H	H	H
7	L	H	H	H	H	H	H	H	H	H	H	L	H	H
8	H	L	L	L	H	H	H	H	H	H	H	H	L	H
9	H	L	L	H	H	H	H	H	H	H	H	H	H	L
伪码	H	L	H	L	H	H	H	H	H	H	H	H	H	H
伪码	H	L	H	H	H	H	H	H	H	H	H	H	H	H
伪码	H	H	L	L	H	H	H	H	H	H	H	H	H	H
伪码	H	H	L	H	H	H	H	H	H	H	H	H	H	H
伪码	H	H	H	L	H	H	H	H	H	H	H	H	H	H
伪码	H	H	H	H	H	H	H	H	H	H	H	H	H	H

3. 二-十进制显示译码器

将数字、文字或者符号等代码通过译码电路驱动显示器件，将其显示出来，即为显示译码器，显示译码器在数字系统和数字测量仪器中经常用到。

数码显示器的品种有很多，如半导体数码管、液晶显示器等。常用的显示器件为七段半导体数码显示器。

（1）七段数码显示器。七段数码显示器就是用来显示十进制数 0～9 十个数码的器件。常见的七段数码显示器有半导体数码显示器和液晶显示器两种。下面介绍常用的七段半导体数码显示器。

半导体数码管大多由 7 个条形的发光二极管排列成七段组合字形，以分段显示方式显示数字，其驱动电路如图 3-17所示，其字形结构如图 3-18 所示。

发光二极管数码显示管的内部有两种接法，分别为共阳极接法和共阴极接法，如图 3-19(a)、图 3-19(b)所示。

（2）BCD 码七段显示译码器。

74LS48 七段显示器显示十进制数字，需要在其输入端加驱动信号，BCD 码七段

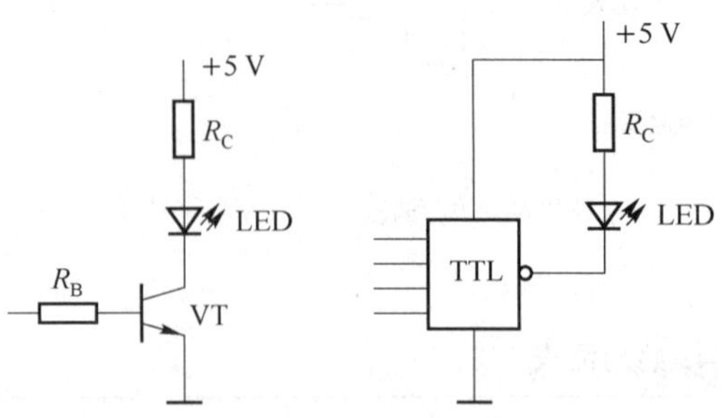

(a) 三级管驱动　　(b) TTL门驱动

图 3-17　发光二极管驱动电路

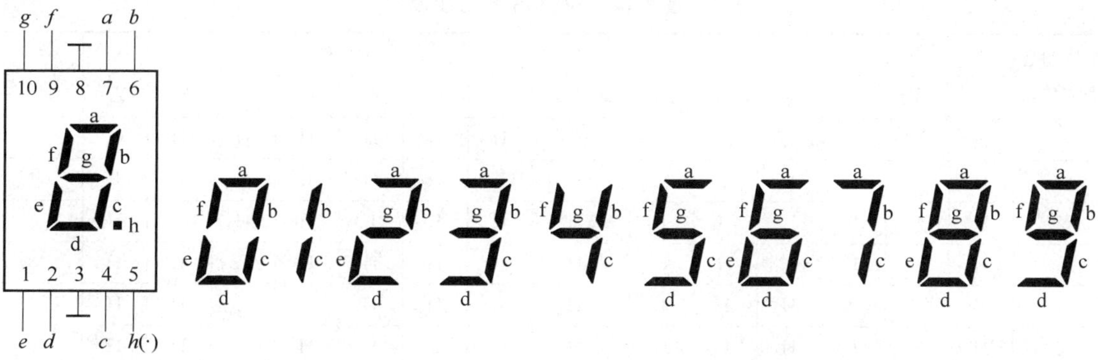

(a) 七段译码器　　(b) 显示的数字

图 3-18　七段半导体数码显示器外形图及显示的数字

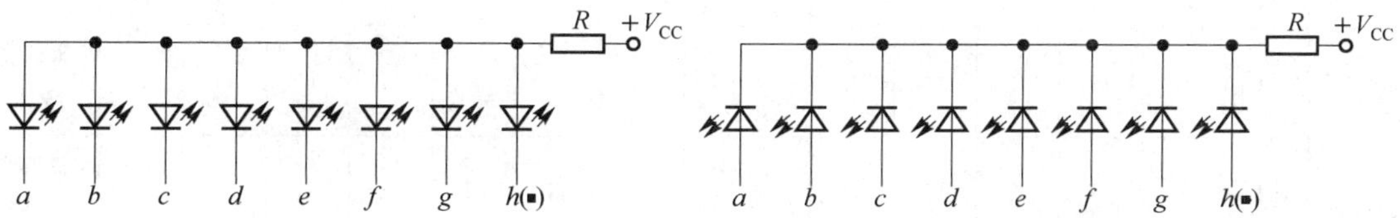

(a) 共阳极接法　　(b) 共阴极接法

图 3-19　七段半导体数码显示器的内部接法

显示译码器就是一种能将 BCD 代码转换成七段半导体数码显示所需要的驱动信号的逻辑电路，它输入的是 BCD 码，输出的则是与七段显示器相对应的 7 位二进制代码。根据七段显示器内部接法的不同，或者低电平有效或者高电平有效。图 3-20 所示为七段显示译码器 74LS48 的符号及外引线图，74LS48 输出高电平有效，因此可与共阴极七段显示器配合使用。如果七段显示译码器为输出低电平有效，则应与共阳极七段显示器配合使用。

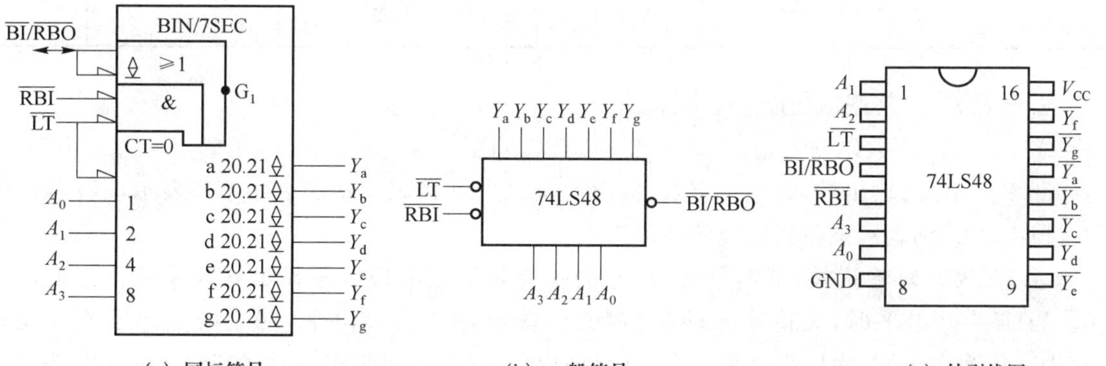

(a) 国标符号　　(b) 一般符号　　(c) 外引线图

图 3-20　七段半导体数码显示译码器 74LS48 的符号及外引线图

74LS48 的功能表如表 3-14 所示。

表 3-14　74LS48 的功能表

十进制数字或功能	输入						输入/输出	输出							字形
	$\overline{LT}$	$\overline{RBI}$	A_3	A_2	A_1	A_0	$\overline{BI}/\overline{RBO}$	Y_a	Y_b	Y_c	Y_d	Y_e	Y_f	Y_g	
0	H	H	L	L	L	L	/H	H	H	H	H	H	H	L	0
1	H	×	L	L	L	H	/H	L	H	H	L	L	L	L	1
2	H	×	L	L	H	L	/H	H	H	L	H	H	L	H	2
3	H	×	L	L	H	H	/H	H	H	H	H	L	L	H	3
4	H	×	L	H	L	L	/H	L	H	H	L	L	H	H	4
5	H	×	L	H	L	H	/H	H	L	H	H	L	H	H	5
6	H	×	L	H	H	L	/H	L	L	H	H	H	H	H	6
7	H	×	L	H	H	H	/H	H	H	H	L	L	L	L	7
8	H	×	H	L	L	L	/H	H	H	H	H	H	H	H	8
9	H	×	H	L	L	H	/H	H	H	H	H	L	H	H	9
10	H	×	H	L	H	L	/H	H	L	L	H	H	H	L	非正常字形
11	H	×	H	L	H	H	/H	H	H	H	H	L	L	L	非正常字形
12	H	×	H	H	L	L	/H	L	H	H	H	H	H	L	非正常字形
13	H	×	H	H	L	H	/H	H	L	L	H	L	H	H	非正常字形
14	H	×	H	H	H	L	/H	L	L	L	H	H	H	H	非正常字形
15	H	×	H	H	H	H	/H	L	L	L	L	L	L	L	全暗
灭灯	×	×	×	×	×	×	/H	L	L	L	L	L	L	L	全暗
灭零	H	L	L	L	L	L	/H	L	L	L	L	L	L	L	全暗
灯测试	L	×	×	×	×	×	/H	H	H	H	H	H	H	H	8

根据表 3-14，其逻辑功能总结如下。

① $A_3 \sim A_0$ 为数码输入端，其输入为 8421BCD 码。

② $Y_a \sim Y_g$ 为输出端，高电平有效，输出 7 位二进制代码。功能表中“H”表示该段所对应的线段亮，“L”则表示该段所对应的线段不亮。

③ $\overline{LT}$为试灯输入端，低电平有效，它的功能是检查七段数码显示器各段是否能正常工作。当$\overline{LT}$为低电平时，无论输入端是何状态，输出端均为高电平，即七段全部发光。此时$\overline{BI}/\overline{RBO}$作为输出端，输出高电平。当七段数码显示译码器正常工作时，需将$\overline{LT}$置高电平。

④ $\overline{RBI}$为灭零输入，低电平有效。

当七段显示译码器应该显示“0”时，如果此时将$\overline{RBI}$置为低电平，则这个零就熄灭，不会显示出来。$\overline{RBI}$的作用就是将多余的零熄灭。此时$\overline{BI}/\overline{RBO}$作为输出端，输出为低电平。

例如，有一个 8 位数码显示器，当显示“1.8”时，出现“0001.8000”字样，这时便可将不需要的 0 所对应的七段数码显示器的$\overline{RBI}$端加低电平，则多余的 0 灭掉，七段数码显示器显示出“1.8”字样。此时，$\overline{BI}/\overline{RBO}$作为输出端，输出低电平。

⑤$\overline{BI}/\overline{RBO}$为灭灯输入/灭零输出端，低电平有效，这个端有两个功能：一可为输入端，二可为输出端。

$\overline{BI}/\overline{RBO}$作为输入端使用时，称为灭灯输入控制端。其作用为当$\overline{BI}$为低电平时，无论其余端为何状态，七段数码显示器各段同时被熄灭。如果需显示器正常工作，应将$\overline{BI}$置高电平。

$\overline{BI}/\overline{RBO}$作为输出端使用时，为灭零输出端。即 4 位输入代码 $A_3 \sim A_0$ 全为低电平，此端输出为低电平，此时置$\overline{LT}$为高电平，$\overline{RBI}$为低电平时，$\overline{RBO}$则会输出低电平。

4. 常用的集成译码器的应用

常用的集成译码器芯片，如表 3-15 所示，可以根据设计需要进行选择。

表 3-15　常用的集成译码器芯片表

名　称	型　号
双 2 线-4 线译码器	74139、74155/156、74239
3 线-8 线译码器	74137(带地址锁存)、74138、74237(带地址锁存)、74239
4 线(BCD)-10 线译码器	74141、74145(OC)、7442、74445(OC)、74537(三态)、4028、4055(液晶显示驱动)、4056(液晶显示驱动)
4 线(余 3 码)-10 线译码器	7443A、74L43
4 线(余 3 格雷码)-10 线译码器	7444A、74L44
4 线-16 线译码器	74154、74159(OC)、4514(4 位锁存)、4515(4 位锁存)
BCD-7 段数码显示译码器	74246(30 V)、74247(15 V)、74248、74249(OC)、74347、7446(OC、15 V)、7447(OC、15 V)、7448、7449、74447、4543(BCD 锁存)、4544(BCD 锁存)、4547(大电流驱动)、4558

中规模集成译码器可以用来进行级联扩展、地址译码、数据分配以及实现组合逻辑函数。

(1) 级联扩展应用。应用两片 74LS138 构成 4 线-16 线译码器。图 3-21 所示为其连线图，X_0、X_1、X_2、X_3 分别为译码输入端。当 $X_3=0$ 时，74LS138(1)号片执行译码功能，74LS138(2)被禁止，译码器输出$\overline{Y_0}\ \overline{Y_1}\,\overline{Y_2}\,\overline{Y_3}\,\overline{Y_4}\,\overline{Y_5}\,\overline{Y_6}\,\overline{Y_7}$与译码器输入 $X_3X_2X_1X_0$ 的 0000～0111 的 8 种状态一一对应，$\overline{Y_8}\,\overline{Y_9}\,\overline{Y_{10}}\,\overline{Y_{11}}\,\overline{Y_{12}}\,\overline{Y_{13}}\,\overline{Y_{14}}\,\overline{Y_{15}}$ 端没有输出；当 $X_3=1$ 时，74LS138(1)号片被禁止，74LS138(2)执行译码功能，$\overline{Y_8}\,\overline{Y_9}\,\overline{Y_{10}}\,\overline{Y_{11}}\,\overline{Y_{12}}\,\overline{Y_{13}}\,\overline{Y_{14}}\,\overline{Y_{15}}$对应 $X_3X_2X_1X_0$ 的 1000～1111 的状态组合输出。所以 2 片 3 线-8 线译码器完成了 4 线-16 线译码功能。

(2) 地址译码。在计算机中，常用二进制译码器作为地址译码器，即把地址信号送入译码器的译码输入端 $A_0A_1\cdots$，将译码器输出端 $Y_0Y_1\cdots$连接相应的地址外设的使能端，即对应地址信号 $A_0A_1\cdots$的一组代码，可以选中一个地址外设。

(3) 数据分配器。在数字系统中，经常需要将一路数据输入，按要求从不同的通道输出，能够实现这种功能的数字逻辑电路称为数据分配器，也称为多路数据分配器。图 3-22 所示为四路数据分配器的示意图和逻辑电路图。

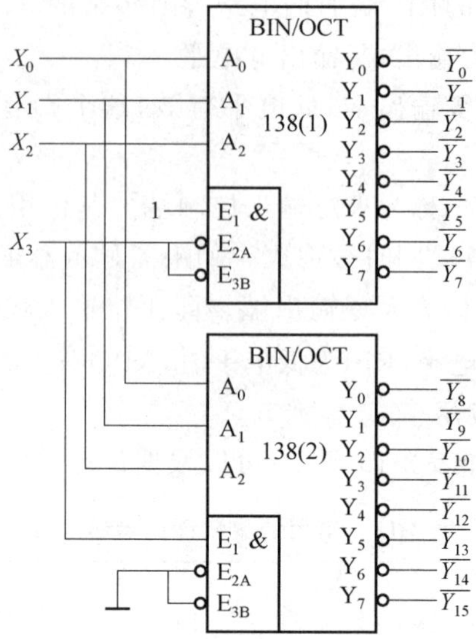

图 3-21　两片 74LS138 连成 4 线-16 线译码器

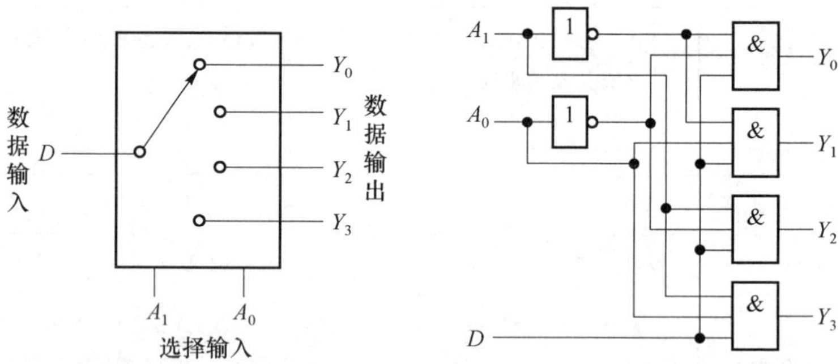

(a) 四路数据分配器示意图　　(b) 逻辑电路图

图 3-22　四路数据分配器示意图和逻辑电路图

由图 3-22 所示可以写出四路数据分配器的输出函数表达式，分别为

$$Y_0=\overline{A_1}\,\overline{A_0}D \qquad Y_1=\overline{A_1}A_0D \qquad Y_2=A_1\,\overline{A_0}D \qquad Y_3=A_1A_0D$$

其真值表如表 3-16 所示。

图 3-23 所示为由两片 2 线-4 线译码器 74LS139 构成的四路数据分配器。

表 3-16　四路数据分配器真值表

输　入		输　出
A_1	A_0	数据 D 输出通道
0	0	Y_0
0	1	Y_1
1	0	Y_2
1	1	Y_3

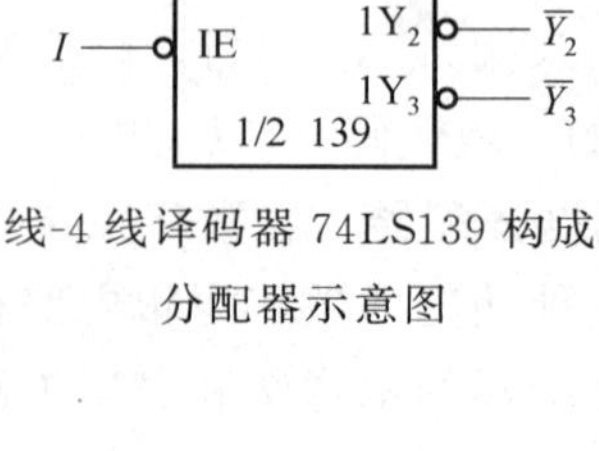

图 3-23　2 线-4 线译码器 74LS139 构成的四路数据分配器示意图

74LS139 的使能端$\overline{IE}$作为数据输入端 I，$1A_0$、$1A_1$ 作为地址输入端 X_0、X_1，X_1、X_0 的状态组合决定了选择哪个通道，当 X_1、X_0 分别取 00、01、10、11 时，被选择的通道依次为$\overline{Y_0}$、$\overline{Y_1}$、$\overline{Y_2}$、$\overline{Y_3}$，此时 I 的数据被依次送到 4 个输出端。

(4) 实现组合逻辑函数。若将二进制译码器的译码输入端作为变量输入端，则其各输出端的输出就是输入变量组合的各个最小项。若利用附加的门电路将这些最小项适当地组合起来，便可以产生任何形式的三变量组合逻辑函数。

【例 3-7】 试用 74LS138 和门电路实现逻辑函数 $Y=\overline{A}\,\overline{B}\,\overline{C}+AB\overline{C}+BC$。

解：(1) 设输入变量 $A=A_2$、$B=A_1$、$C=A_0$。

(2) 逻辑函数的最小项表达式为

$$\begin{aligned}Y&=\overline{A}\,\overline{B}\,\overline{C}+AB\overline{C}+BC=\overline{A}\,\overline{B}\,\overline{C}+AB\overline{C}+BC(A+\overline{A})\\&=\overline{A}\,\overline{B}\,\overline{C}+AB\overline{C}+\overline{A}BC+ABC\\&=m_0+m_3+m_6+m_7\\&=\overline{\overline{m_0}\cdot\overline{m_3}\cdot\overline{m_6}\cdot\overline{m_7}}\\&=\overline{\overline{Y_0}\cdot\overline{Y_3}\cdot\overline{Y_6}\cdot\overline{Y_7}}\end{aligned}$$

(3) 根据变换后的逻辑函数式画连线图。

使译码器处于译码工作状态，即 $S_1=1$，$\overline{S_2}=\overline{S_3}=0$，其连线图如图 3-24 所示。

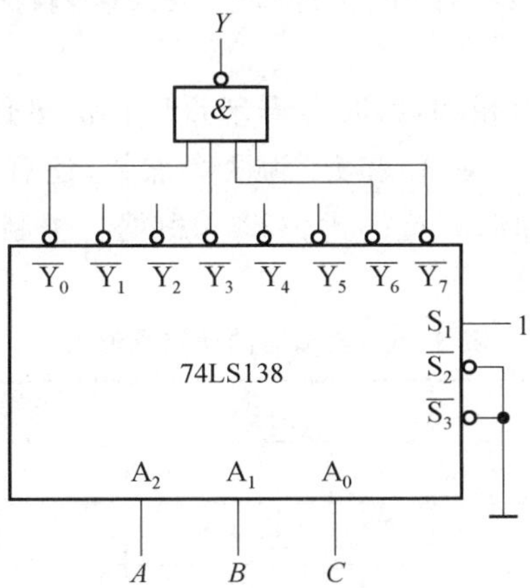

图 3-24　例 3-7 的连线图

3.3.3　加法器

在数字系统中，加法运算是算术运算中最基本的运算，其他的运算都可以转化成加法运算来实现。能实现加法运算的电路称为加法器。加法器按加数位数的不同可分为一位加法器和多位加法器。

本节只讲述一位加法器。一位加法器又可分为半加器和全加器。

1. 半加器

两个一位二进制数相加，而不考虑来自低位进位数的运算称为半加，能实现半加运算的电路称为半加器。

设 A 和 B 为两个加数，S 为本位的和，C 为向高位的进位。根据二进制数加法的运算规则，可以得出半加器的逻辑真值表，如表 3-17所示。

表 3-17　半加器的逻辑真值表

输　入		输　出	
A	B	S	C
0	0	0	0
0	1	1	0
1	0	1	0
1	1	0	1

由逻辑状态写出逻辑表达式：

$$S=\overline{A}B+A\overline{B}=A\oplus B$$

$$C=AB$$

由逻辑式得到的逻辑电路图和逻辑符号如图 3-25所示。

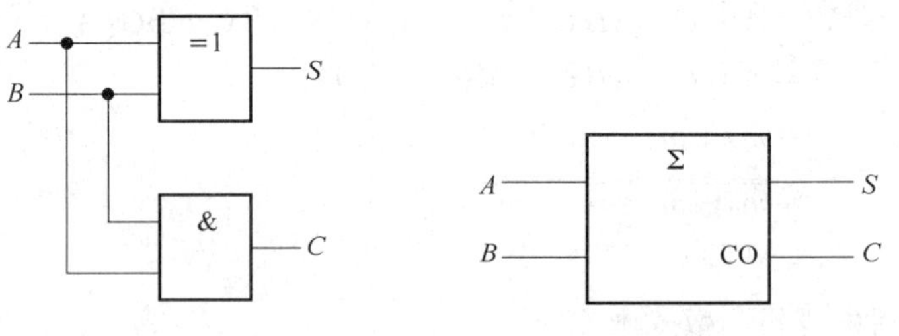

(a) 逻辑电路图　　(b) 逻辑符号

图 3-25　半加器的逻辑电路图及其逻辑符号

2. 全加器

能对两个一位二进制数进行相加，同时考虑来自低位的进位的加法运算称为全加。能实现全加运算的电路称为全加器。设 A_i 和 B_i 为两个加数，还有一个来自低位的进位数 C_{i-1}。这 3 个数相加，得出本位和 S_i 和向高位的进位 C_i。根据二进制加法的运算规则，可列出全加器的逻辑真值表，如表 3-18 所示。

表 3-18　全加器的逻辑真值表

A_i	B_i	C_{i-1}	S_i	C_i
0	0	0	0	0
0	0	1	1	0
0	1	0	1	0
0	1	1	0	1
1	0	0	1	0
1	0	1	0	1
1	1	0	0	1
1	1	1	1	1

由全加器的真值表可以写出全加器的逻辑函数表达式：

$$\begin{aligned}S_i&=\overline{A_i}\,\overline{B_i}C_{i-1}+\overline{A_i}B_i\overline{C_{i-1}}+A_i\overline{B_i}\,\overline{C_{i-1}}+A_iB_iC_{i-1}\\&=\overline{A_i}(B_i\oplus C_{i-1})+A_i\left(\overline{B_i\oplus C_{i-1}}\right)\\&=A_i\oplus B_i\oplus C_{i-1}\end{aligned}$$

$$
\begin{aligned}
C_i &= \overline{A_i}B_iC_{i-1} + A_i\overline{B_i}C_{i-1} + A_iB_i\overline{C}_{i-1} + A_iB_iC_{i-1} \\
&= A_iB_i + A_iC_{i-1} + B_iC_{i-1}
\end{aligned}
$$

由表达式得到逻辑电路图，如图 3-26 所示。例如，集成器件 74LS183 即为由图 3-26 所示的逻辑图构成的双全加器。

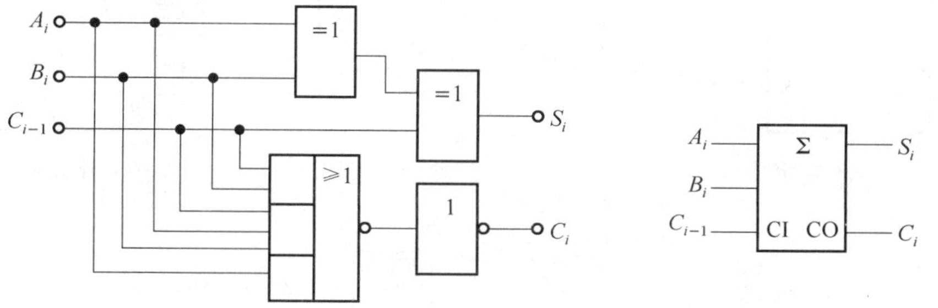

(a) 逻辑电路图　　(b) 逻辑符号

图 3-26　全加器逻辑电路图及其逻辑符号

能实现多位加法运算的电路称为多位加法器。多个一位二进制全加器级联就可以实现多位加法运算。根据级联方式的不同，多位加法可分为串行进位加法器和超前进位加法器两种。图 3-27 所示是由 4 个全加器组成的 4 位串行进位加法器。

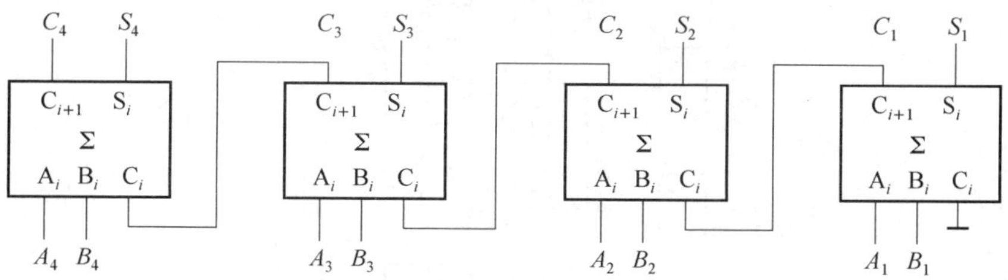

图 3-27　4 位串行进位加法器

4 位串行进位加法器的特点是：低位全加器输出的进位信号 C_{i+1} 加到相邻的高位全加器的进位输入端 C_i，最低位的进位输入端 C_i 接地。每一位的相加结果需等到低一位的进位信号产生后才能建立起来。因此串行加法器的运算速度比较慢，这是它的主要缺点，但它的电路比较简单。

当对运算速度要求较高时，可采用超前进位加法器。超前进位加法器根据加到第 i 位的进位输入信号 C_i 是由 A_i、B_i 两个加数之前各位加数 $A_1,\cdots,A_{i-1}$ 和 $B_1,\cdots,B_{i-1}$ 决定的原理，通过逻辑电路事先得出每一位全加器的进位输入信号，而无须再从最低位开始向高位逐位传递进位信号了，因而有效地提高了运算速度。例如，74LS283 就是一个 4 位二进制超前进位全加器，可进行 4 位二进制的加法运算。图 3-28是它的符号、外引线图和逻辑电路图。

【例 3-8】 用 74LS283 实现将 8421BCD 码转换成余 3 码的电路。

解：设输入的 8421BCD 码为 $DCBA$，输出余 3 码为 $Y_4Y_3Y_2Y_1$。

由 8421BCD 码和余 3 码的关系可知：$Y_4Y_3Y_2Y_1 = DCBA + 0011$。

选用一片 74LS283 便可实现两种代码的转换，连接方法如图 3-29 所示。

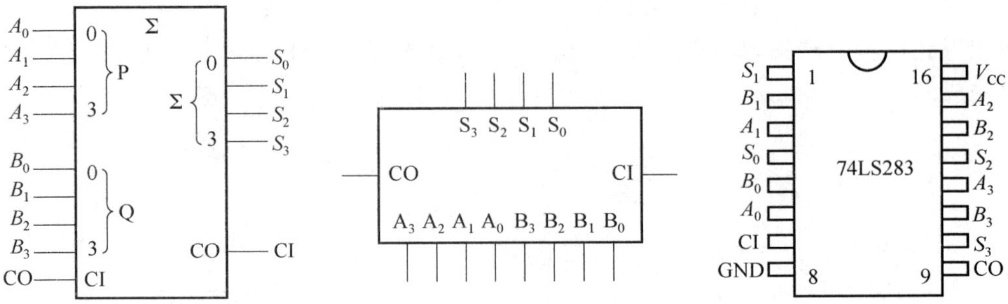

(a) 国标符号　　(b) 一般符号　　(c) 外引线图

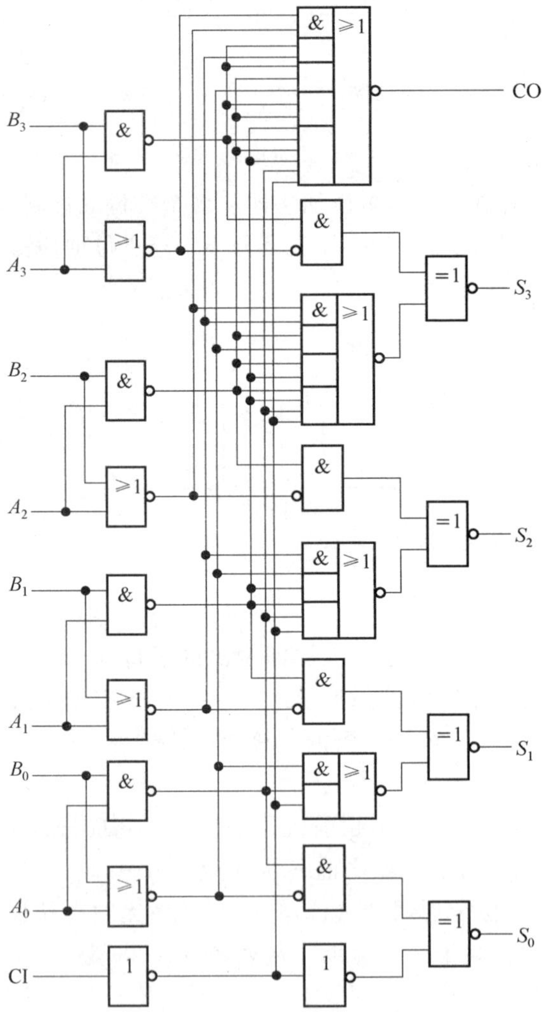

(d) 逻辑电路图

图 3-28　74LS283 的符号、外引线图以及逻辑电路图

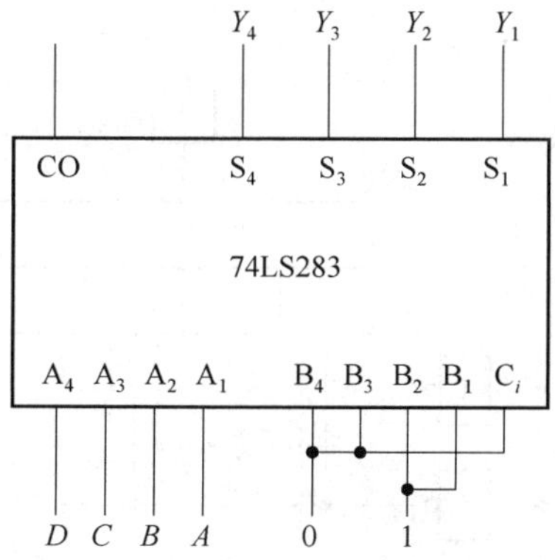

图 3-29　例 3-8 的连线图

3.3.4　数据选择器

在数字系统中，经常需要把多路通道的数据传到公共数据总线上，需要在地址信号的控制下，从若干输入数据中选择一路送到输出端，完成这一逻辑功能称为数据选择器，也称为多路选择器、多路开关等。数据选择器的结构框图，如图 3-30 所示。

1. 4 选 1 数据选择器

4 选 1 数据选择器有 4 路输入信号，在地址信号也就是选择控制输入信号的作用下，将其中一路的信号选择出来，送到输出端。其中 $D_3 \sim D_0$ 为数据输入端，A_1 和 A_0 是数据选择器的选择控制端，也称为地址输入端。4 选 1 数据选择器的真值表，如表 3-19 所示。

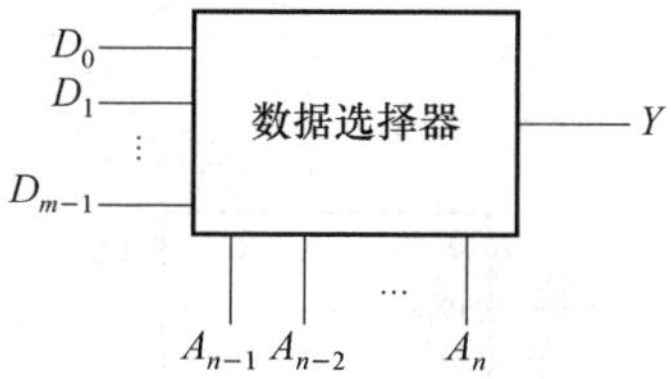

图 3-30　数据选择器框图

表 3-19　4 选 1 数据选择器的真值表

输　入		输　出
A_1	A_0	Y
0	0	D_0
0	1	D_1
1	0	D_2
1	1	D_3

由表 3-19 所示可以得出数据选择器的输出表达式为

$$Y = \overline{A_1}\ \overline{A_0} D_0 + \overline{A_1} A_0 D_1 + A_1 \overline{A_0} D_2 + A_1 A_0 D_3$$

或者

$$Y = m_0 D_0 + m_1 D_1 + m_2 D_2 + m_3 D_3 = \sum m_i D_i$$

4 选 1 数据选择器的逻辑电路图如图 3-31 所示。

2. 集成数据选择器

将图 3-31 所示的电路集成制作在一块半导体芯片上，便制成了集成 4 选 1 数据选择器，74LS153 是常见的型号，它是双 4 选 1 数据选择器。74LS153 的逻辑电路图和逻辑符号如图 3-32所示，其中 A_1、A_0 为公用的选择输入端，数据输入端和数据输出端是各自独立的，附加的控制端 $\overline{S_1}$、$\overline{S_2}$ 分别用来控制电路的工作状态和扩展功能。在低电平时，对应的数据选择器工作；高电平时，对应的数据选择器被禁止，输出恒为低电平。

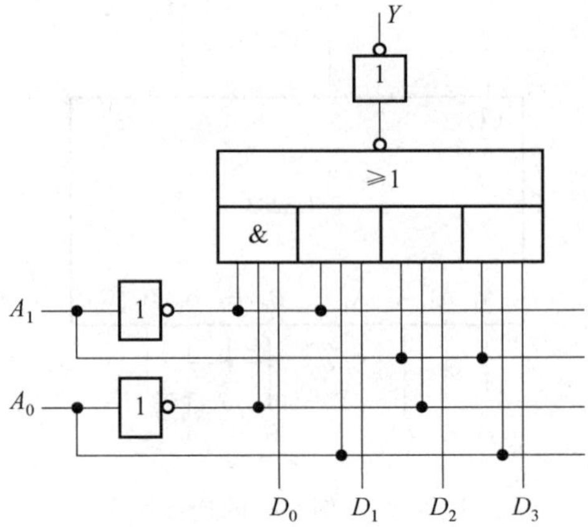

图 3-31　4 选 1 数据选择器的逻辑电路图

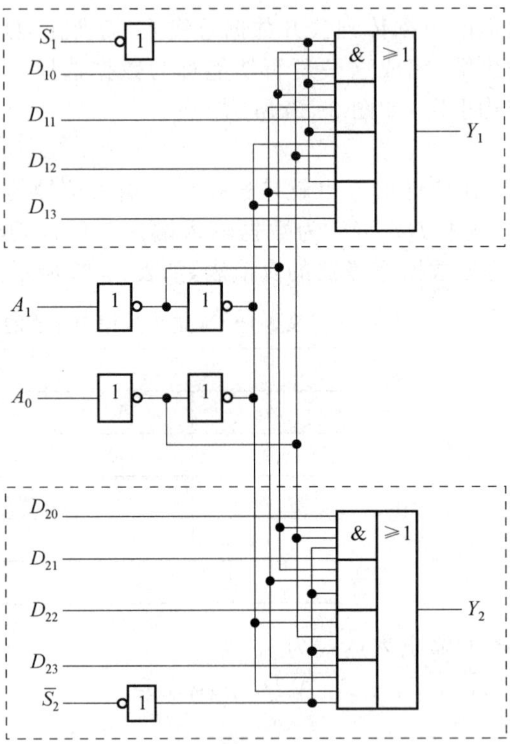

(a) 逻辑电路图

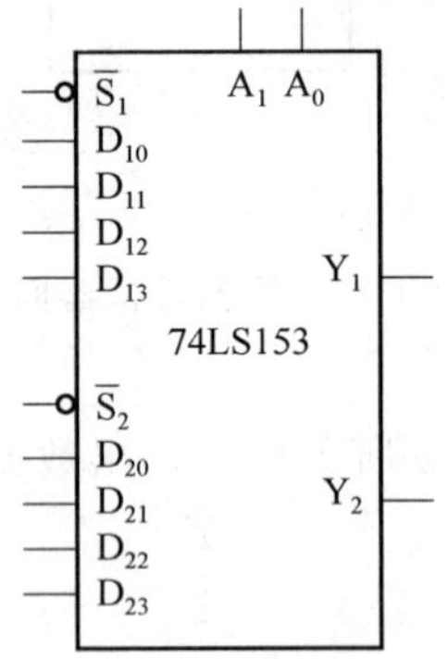

(b) 逻辑符号

图 3-32　双 4 选 1 数据选择器 74LS153 的逻辑电路图和逻辑符号

74LS153 的输出表达式可写成：

$$Y_1=(\overline{A_1}\ \overline{A_0}D_{10}+\overline{A_1}A_0D_{11}+A_1\overline{A_0}D_{12}+A_1A_0D_{13})S_1$$

除此之外，数据选择器还有集成 8 选 1 数据选择器，型号有 74LS151、74LS152。以 74LS151 为例，它的引脚图如图 3-33 所示。

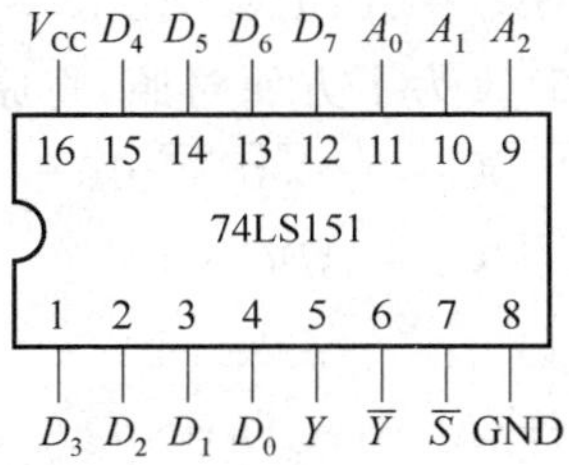

图 3-33　74LS151 外引脚图

若需要从更多的输入数据中选出 1 路送到输出端，则需要集成数据选择器的级联方法来实现，如两片 8 选 1 数据选择器级联可以得到 16 选 1 数据选择器，其电路图如图 3-34 所示。

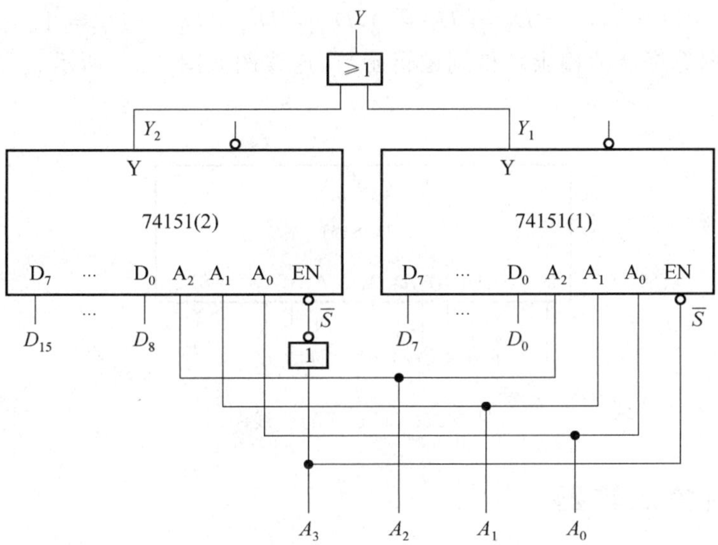

图 3-34　两片 8 选 1 数据选择器级联连线图

3. 数据选择器的应用

利用数据选择器可以方便地实现单个输出函数的逻辑电路。数据选择器的数据输入端的取值组合构成最小项，而输出是这些最小项与对应的输入信号的乘积之和。任何函数都可以写成最小项标准形式。所以适当选择输入端及 D 的状态，就可以利用数据选择器实现单个输出的逻辑函数。

利用数据选择器实现逻辑函数的基本步骤如下。

① 将逻辑函数化为最小项之和的形式；

② 将逻辑函数的输入变量按顺序接到数据选择器的选择控制端，也就是把逻辑函数的最小项和数据选择器的数据输入端进行一一对应；

③ 当逻辑变量的数目多于数据选择器控制端的数目时，应分离出多余的变量，然后将余下的变量与数据选择器的选择控制端一一对应，将分离出来的变量根据函数表达式以该变量的原或者反变量的形式接到数据输入端，数据选择器的输出便是此逻辑函数的输出。

【例 3-9】 用数据选择器实现逻辑函数 $F = AB + BC + CA$，并画出连线图。

解：写出逻辑函数的最小项形式：

$$F=\overline{A}BC+A\overline{B}C+AB\overline{C}+ABC$$

选用 8 选 1 数据选择器 74LS151。为了方便对照，将原函数写成如下形式：

$$F=\overline{A}\,\overline{B}\,\overline{C}\cdot 0+\overline{A}\,\overline{B}C\cdot 0+\overline{A}B\overline{C}\cdot 0+\overline{A}BC\cdot 1+A\overline{B}\,\overline{C}\cdot 0+$$
$$A\overline{B}C\cdot 1+AB\overline{C}\cdot 1+ABC\cdot 1$$

74LS151 输出端的表达式：

$$\mathrm{Y}=\overline{A_2}\,\overline{A_1}\,\overline{A_0}D_0+\overline{A_2}\,\overline{A_1}A_0D_1+\overline{A_2}A_1\overline{A_0}D_2+\overline{A_2}A_1A_0D_3+$$
$$A_2\overline{A_1}\,\overline{A_0}D_4+A_2\overline{A_1}A_0D_5+A_2A_1\overline{A_0}D_6+A_2A_1A_0D_7$$

对上述两个式子进行比对，若令数据选择器的地址输入端：

$$A_2=A,A_1=B,A_0=C$$

则数据选择器的数据输入端：

$$D_0=D_1=D_2=D_4=0,D_3=D_5=D_6=D_7=1$$

则 Y=F，即在数据选择器的输出端得到逻辑函数，连线图如图 3-35 所示。

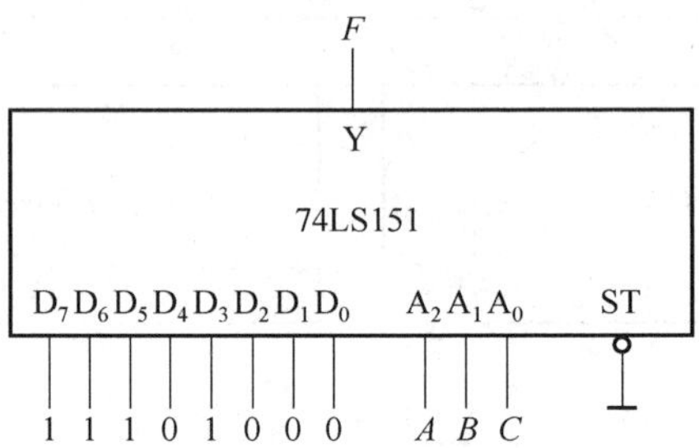

图 3-35　例 3-9 的连线图

3.3.5　数值比较器

在数字系统中，常常需要对两个数的大小进行比较，数值比较器就是完成这一功能的电路。在进行两个数的大小的比较时，首先需要进行一位数的大小比较，所以先重点讲解 1 位数值比较器，如下所述。

1. 1 位数值比较器

两个 1 位数进行比较时，假设两个要比较的数分别为输入 A、B，通过 3 个输出端 $Y_{(A>B)}$、$Y_{(A<B)}$、$Y_{(A=B)}$ 分别表示比较结果（大于、小于和等于）。根据要求列真值表，如表 3-20 所示。

表 3-20　1 位数值比较器的真值表

输　入		输　出		
A	B	$Y_{(A>B)}$	$Y_{(A<B)}$	$Y_{(A=B)}$
0	0	0	0	1
0	1	0	1	0
1	0	1	0	0
1	1	0	0	1

由真值表可以写出 1 位数值比较器的输出表达式为

$$\begin{cases} Y_{(A>B)} = A\overline{B} \\ Y_{(A<B)} = \overline{A}B \\ Y_{(A=B)} = \overline{A}\ \overline{B} + AB \end{cases}$$

1 位数值比较器的逻辑电路图，如图 3-36 所示。

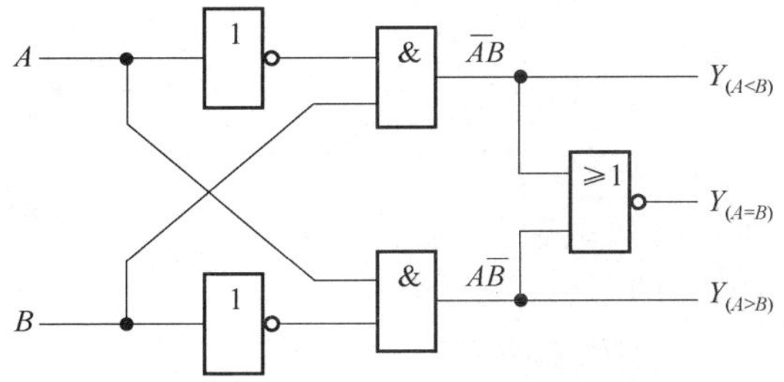

图 3-36　1 位数值比较器的逻辑电路图

2. 多位数值比较器

两个多位二进制进行比较时，应该从高位到低位依次比较，只有当从高到低所有位数都相等时，两个数才相等，所以多位数的比较本质上也是 1 位数的比较。

以 4 位数值比较器为例来讲解多位数值比较器。表 3-21 所示为 4 位数值比较器的功能表，由表 3-21 所示可以看出，首先从高位开始比较，若高位比较有大小，则不需要比较后面的位数，否则继续比较次高位，依此类推，直到比较出结果。如果 4 位数均相等，则看级联输入端 $I_{A>B}$、$I_{A<B}$、$I_{A=B}$。

由表 3-21 所示可以写出表达式：

$$\begin{aligned} Y_{(A>B)} = & A_3\overline{B_3} + \overline{(A_3 \oplus B_3)}A_2\overline{B_2} + \overline{(A_3 \oplus B_3)}\,\overline{(A_2 \oplus B_2)}A_1\overline{B_1} + \\ & \overline{(A_3 \oplus B_3)}\,\overline{(A_2 \oplus B_2)}\,\overline{(A_1 \oplus B_1)}A_0\overline{B_0} + \overline{(A_3 \oplus B_3)} \cdot \\ & \overline{(A_2 \oplus B_2)}\,\overline{(A_1 \oplus B_1)}\,\overline{(A_0 \oplus B_0)}I_{(A>B)} \end{aligned}$$

$$Y_{(A=B)} = \overline{(A_3 \oplus B_3)}\,\overline{(A_2 \oplus B_2)}\,\overline{(A_1 \oplus B_1)}\,\overline{(A_0 \oplus B_0)}I_{(A=B)}$$

$$\begin{aligned} Y_{(A<B)} = & \overline{A_3}B_3 + \overline{(A_3 \oplus B_3)}\,\overline{A_2}B_2 + \overline{(A_3 \oplus B_3)}\,\overline{(A_2 \oplus B_2)}\,\overline{A_1}B_1 + \\ & \overline{(A_3 \oplus B_3)}\,\overline{(A_2 \oplus B_2)}\,\overline{(A_1 \oplus B_1)}\,\overline{A_0}B_0 + \overline{(A_3 \oplus B_3)} \cdot \\ & \overline{(A_2 \oplus B_2)}\,\overline{(A_1 \oplus B_1)}\,\overline{(A_0 \oplus B_0)}I_{(A<B)} \end{aligned}$$

表 3-21　4 位数值比较器的功能表

输　入				级联输入			输　出		
$A_3\ B_3$	A_2B_2	A_1B_1	A_0B_0	$I_{(A>B)}$	$I_{(A=B)}$	$I_{(A<B)}$	$Y_{(A>B)}$	$Y_{(A=B)}$	$Y_{(A<B)}$
$A_3>B_3$	×　×	×　×	×　×	×	×	×	1	0	0
$A_3<B_3$	×　×	×　×	×　×	×	×	×	0	0	1
$A_3=B_3$	$A_2>B_2$	×　×	×　×	×	×	×	1	0	0
$A_3=B_3$	$A_2<B_2$	×　×	×　×	×	×	×	0	0	1
$A_3=B_3$	$A_2=B_2$	$A_1>B_1$	×　×	×	×	×	1	0	0
$A_3=B_3$	$A_2=B_2$	$A_1<B_1$	×　×	×	×	×	0	0	1

续 表

输 入				级联输入			输 出		
$A_3\ B_3$	$A_2 B_2$	$A_1 B_1$	$A_0 B_0$	$I_{(A>B)}$	$I_{(A=B)}$	$I_{(A<B)}$	$Y_{(A>B)}$	$Y_{(A=B)}$	$Y_{(A<B)}$
$A_3=B_3$	$A_2=B_2$	$A_1=B_1$	$A_0>B_0$	×	×	×	1	0	0
$A_3=B_3$	$A_2=B_2$	$A_1=B_1$	$A_0<B_0$	×	×	×	0	0	1
$A_3=B_3$	$A_2=B_2$	$A_1=B_1$	$A_0=B_0$	1	0	0	1	0	0
$A_3=B_3$	$A_2=B_2$	$A_1=B_1$	$A_0=B_0$	0	1	0	0	1	0
$A_3=B_3$	$A_2=B_2$	$A_1=B_1$	$A_0=B_0$	0	0	1	0	0	1

将上述的逻辑表达式画出逻辑电路图即为4位数值比较器的逻辑电路图。图3-37所示为4位数值比较器集成块74LS85的逻辑符号。常用的集成数值比较器有74LS85、CC14585等。

为了实现更多位数值的比较，可采用多个集成数值比较器的级联，所以集成4位数值比较器74LS85设有级联输入端。图3-38所示为两片74LS85组成的8位数值比较器，用于比较两个8位二进制数 $C_7 \sim C_0$ 和 $D_7 \sim D_0$ 的大小。

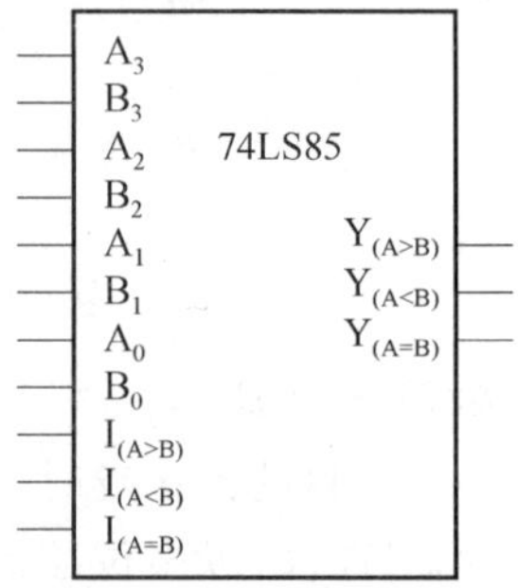

图3-37 4位数值比较器74LS85的逻辑符号

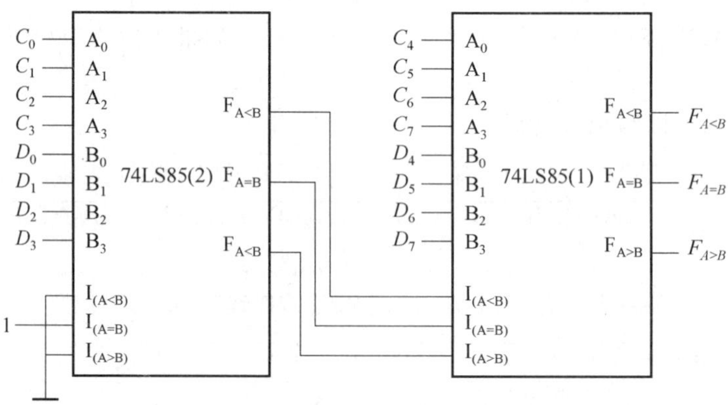

图3-38 两片74LS85组成的8位数值比较器

3.4 组合逻辑电路中的竞争-冒险现象

3.4.1 竞争-冒险现象

在讨论组合逻辑电路的分析和设计的过程中，将所有的逻辑门看作理想的开关器件，而忽略了信号通过逻辑门所需要的传输时间，即以往的设计和分析中将传输时间视为零。而现实中，逻辑门存在一定的传输延迟时间，因此，对于输入到同一个门的一组信号，由于路径不同，每个信号到达时所经过的门的个数不同，使得它们到达的时间也会不同，这种现象称为“竞争”。而由于在门的输入端的竞争导致在输出端产生干扰信号，则称为“冒险”。

例如，有两个输入端的与门电路中，如图 3-39(a)所示，当输入 $AB=10$ 或 01 时，与门的输出 Y 应该为 0；但如果 A、B 两个输入信号同时向相反方向变化，即 AB 由 10 变为 01 或者由 01 变为 10，理想情况下，输出端应该为 0 不变。但如果 A、B 信号变化到达时间不完全同时，则会产生竞争。如果 A 由 0 到 1 的变化超前于 B 由 1 到 0 的变化时间，就会在与门的输出端产生一个干扰脉冲，引起错误的输出，如图 3-39(b)所示。如果 A 的变化滞后于 B，则不产生干扰，如图 3-39(c)所示。

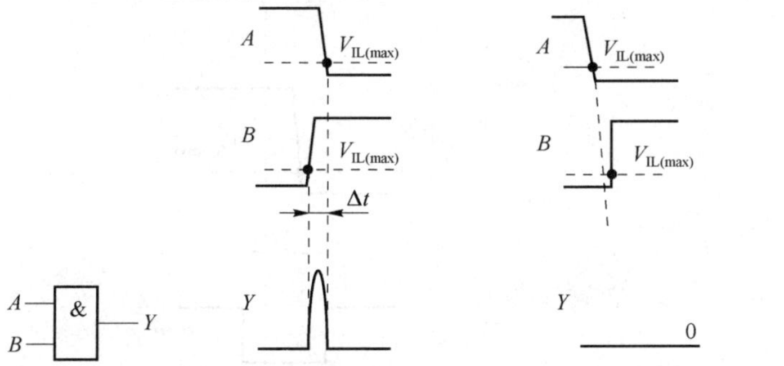

(a) 与门　(b) 产生尖峰脉冲的情况　(c) 没有产生尖峰脉冲的情况

图 3-39　与门电路中的竞争-冒险现象

图 3-40 所示为或门电路出现竞争-冒险现象示意图，请读者自行分析。

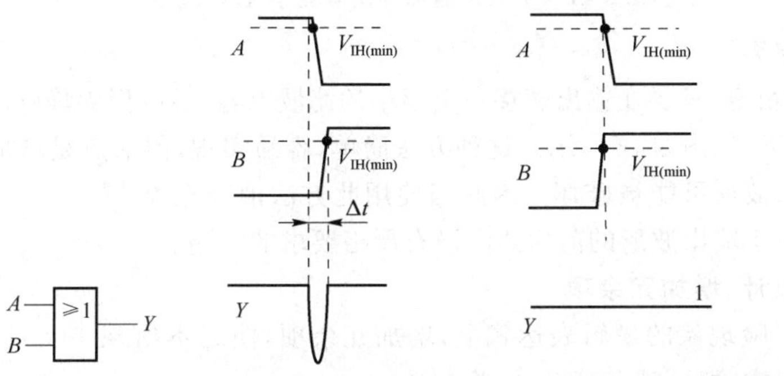

(a) 或门　(b) 产生尖峰脉冲的情况　(c) 没有产生尖峰脉冲的情况

图 3-40　或门电路中的竞争-冒险现象

3.4.2　竞争-冒险现象的判别方法

组合逻辑电路的设计完成后，需要对竞争-冒险现象进行检查。竞争和冒险产生的原因是由于两个输入信号 A 和 $\overline{A}$ 是输入变量 A 经过两个不同的传输途径而来的，那么当输入变量 A 的状态发生改变时，输出端便可能产生尖峰脉冲。因此，若输出端的逻辑函数在一定条件下能简化成 $Y=A+\overline{A}$ 或 $Y=A\cdot\overline{A}$，则可以判定存在竞争-冒险现象。

例如，逻辑函数 $Y=AB+\overline{A}CD$，当 $B=C=D=1$ 时，函数变为 $Y=A+\overline{A}$，所以该逻辑函数存在竞争-冒险现象。

3.4.3 竞争-冒险现象的消除方法

1. 引入选通脉冲

由于尖峰脉冲是在瞬间产生的，所以如果在这段时间内将门用脉冲信号封锁，这样可以输出正确的结果。图 3-41 所示为引入选通脉冲消除竞争-冒险现象的图示。

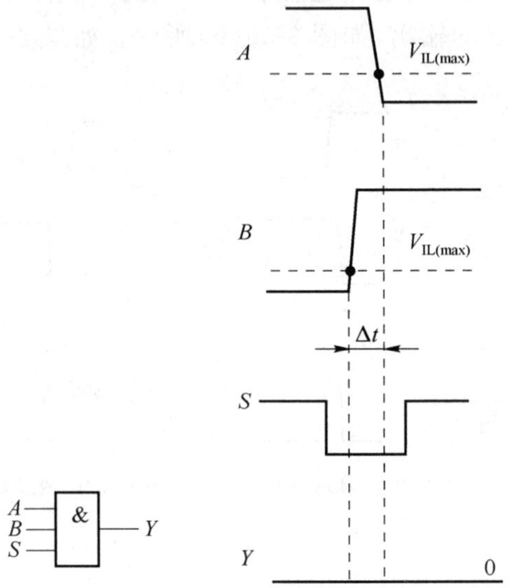

图 3-41 引入选通脉冲消除竞争-冒险现象

2. 接入滤波电容

由于尖峰脉冲很窄，只要在输出端接一个很小的滤波电容，足以把尖峰脉冲的幅度削弱至门电路的阈值电压以下，如图 3-42 所示。这种方法简单，容易实现，但缺点是增加了输出波形的上升时间和下降时间，波形可能被破坏。因此当使用此方法消除竞争-冒险现象时，要选择对于输出波形的前后边沿没有严格要求的电路。

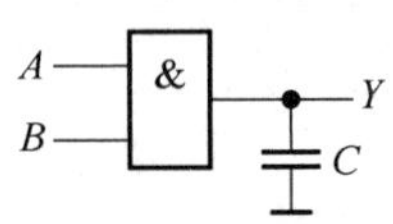

图 3-42 接入滤波电容消除竞争-冒险现象

3. 修改逻辑设计，增加冗余项

在产生竞争-冒险现象的逻辑表达式上，增加冗余项，使之不出现 $A+\overline{A}$ 或 $A\cdot\overline{A}$ 的形式，即可消除竞争-冒险现象。

例如，逻辑函数 $Y=AB+\overline{A}C$ 在 $B=C=1$ 的情况下，会出现竞争-冒险现象；如果将逻辑函数修改为 $Y=AB+\overline{A}C+BC$，就可以消除竞争-冒险现象。

比较以上 3 种消除竞争-冒险现象的方法，可以得出，3 种方法各有利弊。选通脉冲的方法应用简单，且不需要增加器件数目，但是必须先找到选通脉冲，而且对脉冲宽度和时间要求严格。接入滤波电容方法也简单，缺点是容易导致波形边沿被破坏。如果采用修改逻辑设计的方法，可以得到满意的结果，但是增加的器件的数目提高了电路成本。

本章小结

本章主要介绍了组合逻辑电路的特点、组合逻辑电路的分析方法和设计方法以及若干常用的组合逻辑电路的工作原理和使用方法，并介绍了组合逻辑电路中竞争-冒险现象的概念、判断方法以及消除办法。

组合逻辑电路在逻辑功能上的特点是：任意时刻的输出仅仅取决于此时的输入，而与电路的历史状态没有关系。它的最小单元结构是门电路，没有记忆单元。符合上述特点的组合逻辑电路举不胜举。

由于某些组合逻辑电路使用非常频繁，为了方便使用，制成了许多标准化的中规模集成电路产品，根据使用需求，可以直接取用。本章介绍了编码器、译码器、数据选择器、加法器、数值比较器等器件。为了增加灵活性，扩展功能，在多数中规模组合逻辑电路上设置了附加控制端（或称为使能端、选通输入端、片选端、禁止端等），这些控制端既可以控制电路的状态，也可用作输出信号的选通输入端，还能用作输入信号的一个输入端，以便扩展电路功能。

组合逻辑电路的功能千差万别，但是分析方法和设计方法是一致的。掌握了分析和设计的一般步骤，则可以分析和设计任意的组合逻辑电路。

本章习题

3.1　分析如图 3-43 所示电路的功能，图中 S 为控制端，A、B 为数据输入端。

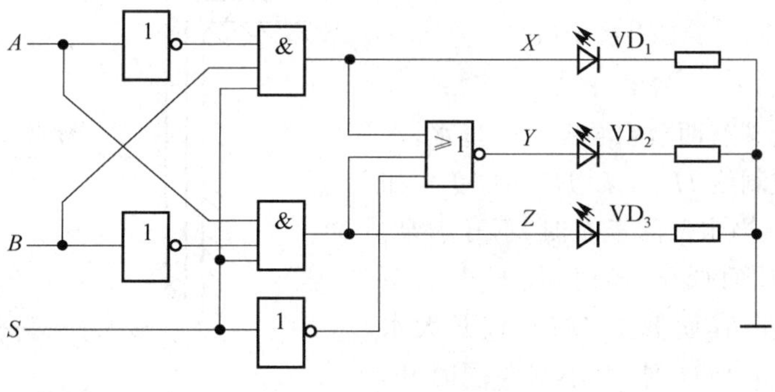

图 3-43　题 3.1 的图

3.2　分析图 3-44 所示电路的逻辑功能。

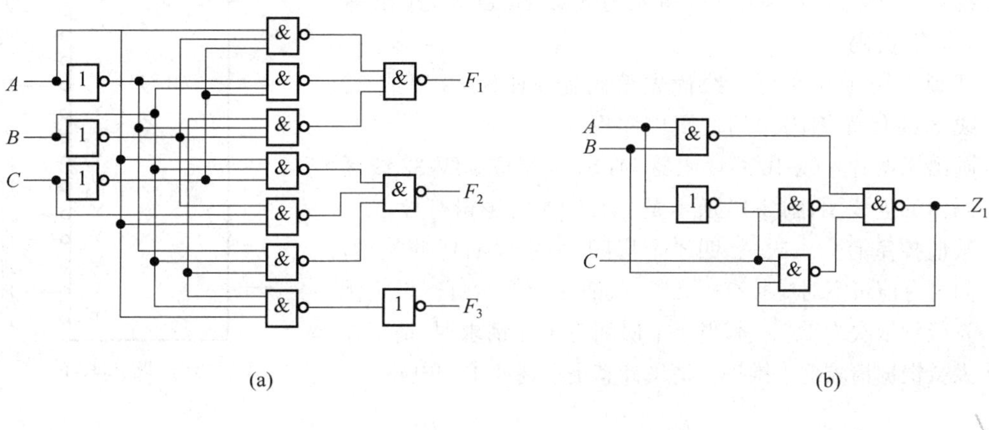

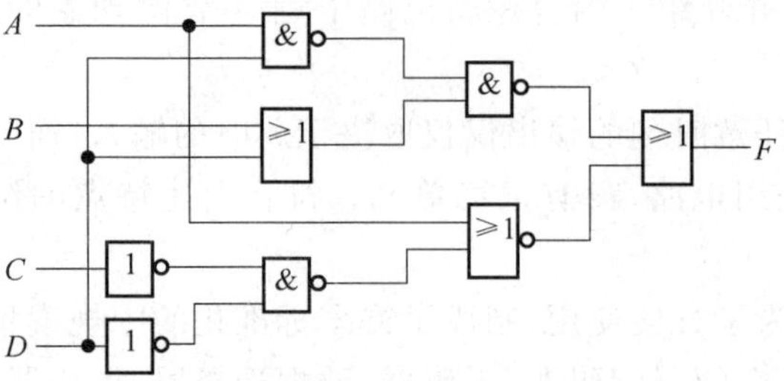

(c)

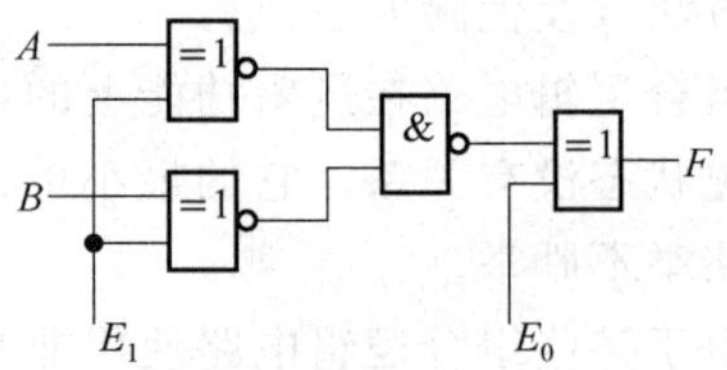

(d)

图 3-44　题 3.2 的图

3.3　试用门电路设计一个两位二进制乘法电路。

3.4　有 4 台电动机的额定功率分别为 10 kW、15 kW、25 kW、30 kW。电源设备的额定容量为 50 kW。电动机随机运行，请用与非门设计一个电源过载时的报警电路。

3.5　用门电路设计一个 4 位验奇电路。当 4 个输入中有奇数个"1"时，输出为"1"；当 4 个输入中有偶数个"1"时，输出为"0"。

3.6　用 74LS138 设计一个交通灯监测控制电路。每一组交通信号用红、黄、绿 3 盏灯设计，要求是任一时刻只允许有一盏灯亮，否则认为故障，应输出故障信号。

3.7　用 3 线-8 线译码器 74LS138 和门电路实现下列逻辑函数。

$$Y_1 = A\overline{B}C + \overline{A}BC + AB\overline{C}$$

$$Y_2 = A\overline{B}\,\overline{C} + \overline{A}BC + \overline{A}C$$

3.8　某矿井下水仓装有两台水泵 F_1、F_2 排水，水仓设有水位控制线 H、M、L（$H>M>L$），如图 3-45 所示。当水位低于 L 时，不开水泵；当水位高于 L 而低于 M 时，仅开小水泵 F_2；当水位高于 M 而低于 H 时，仅开大水泵 F_1；当水位高于 H 时，大小水泵同时开，试用与非门设计控制水泵的工作电路。

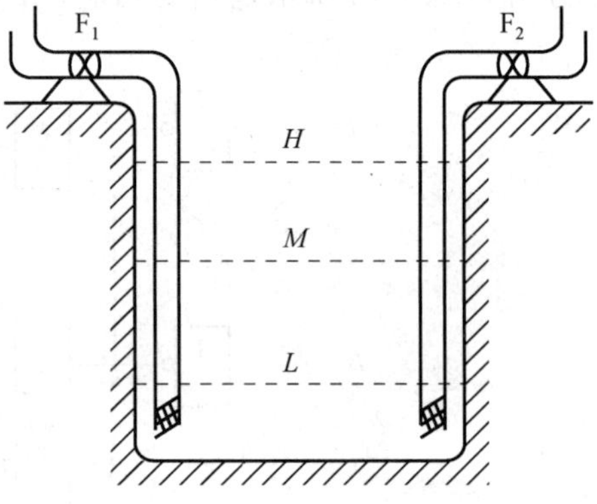

图 3-45　题 3.8 的图

3.9　试设计代码检测电路，当输入代码为 8421BCD 码时，输出为 1，否则输出为 0。

3.10　设计一个代码转换电路，输入为 8421BCD 码，输出为 4 位格雷码。

3.11　试画出用 4 片 8 线-3 线优先编码器 74LS148 组成 32 线-5 线优先编码器的逻辑电路图。

3.12　画出用两片 4 线-16 线译码器 74LS154 组成 5 线-32 线译码器的连线图，图 3-46 所示是 74LS154 的逻辑符号。

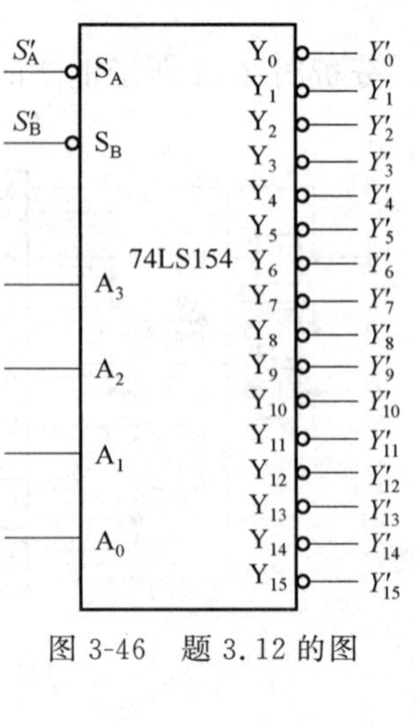

图 3-46　题 3.12 的图

3.13　某监控室有一、二、三、四 4 个房间，每室设有呼叫按键，同时有值班室对应装有一、二、三、四 4 个指示灯。设定优先级别依次为 1、2、3、4，当 4 个房间有工作请求时，请工作人员根据请求前去维护。请设计满足上述要求的电路。

3.14　试用 3 线-8 线译码器 74LS138 和门电路产生如下多输出逻辑函数的逻辑电路图。

$$\begin{cases} Y_1 = AB \\ Y_2 = A\overline{B}C + \overline{A}BC + B\overline{C} \\ Y_3 = \overline{B}\,\overline{C} + ABC \end{cases}$$

3.15　用 3 线-8 线译码器 74LS138 和门电路设计 1 位全减器电路。

3.16　分析如图 3-47 所示的电路，写出 Z 的逻辑函数表达式。其中 74LS151 为 8 选 1 数据选择器。

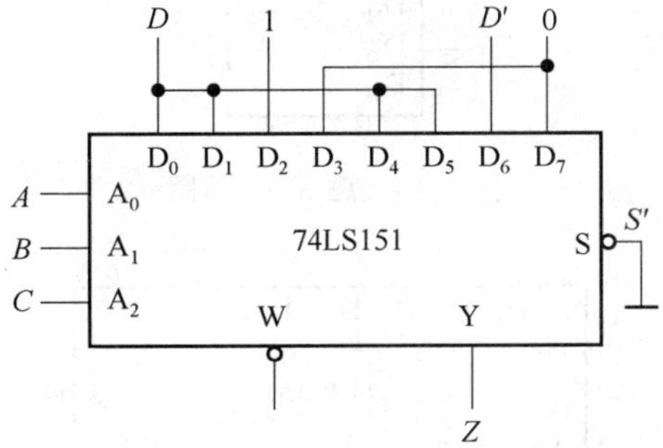

图 3-47　题 3.16 的图

3.17　图 3-48 是两个 4 选 1 数据选择器组成的逻辑电路图，试写出输出 Y 与输入 D、C、B、A 之间的逻辑函数式。

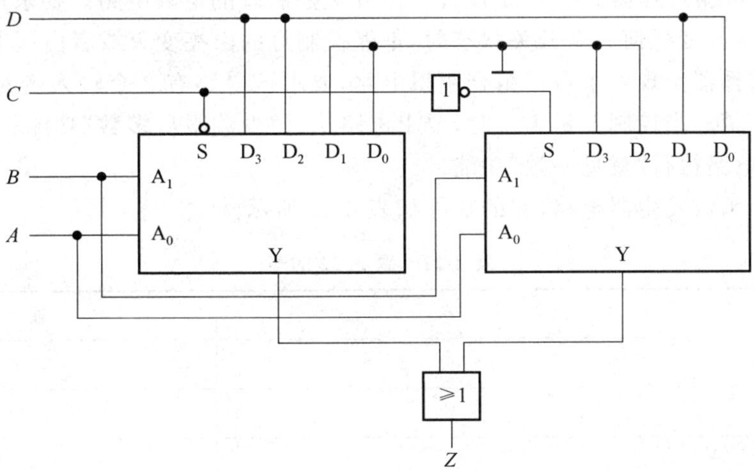

图 3-48　题 3.17 的图

3.18　试用 4 选 1 数据选择器 74HC153 实现逻辑函数：

$$Y = A\overline{B}\,\overline{C} + \overline{A}\,\overline{C} + BC$$

74HC153 的逻辑符号如图 3-49 所示，74HC153 为双 4 选 1 数据选择器，共用选择输入端 A_1 和 A_0。

3.19　用 8 选 1 数据选择器 74HC151 实现逻辑函数 $Y = A\overline{B}D + \overline{A}\,\overline{B}C\overline{D} + BC + \overline{A}BD$。74HC151 的逻辑符号如图 3-50 所示。

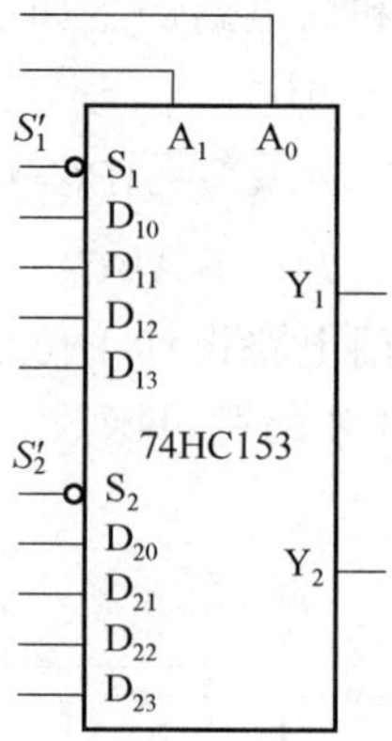

图 3-49　题 3.18 的图

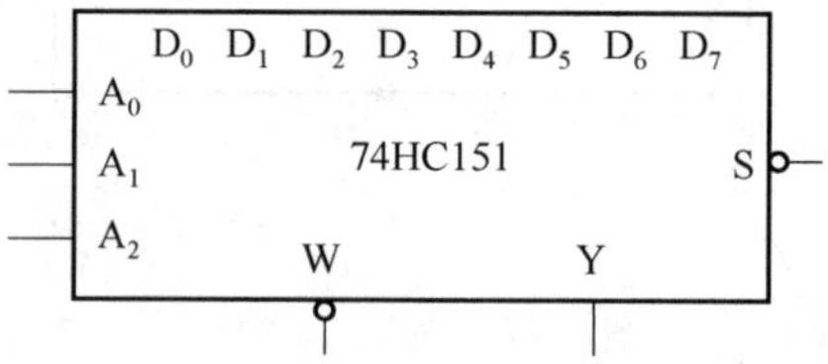

图 3-50　题 3.19 的图

3.20　用 8 选 1 数据选择器 74LS151 设计一个开关控制灯的逻辑电路。要求用 3 个开关控制一个灯，当改变任何一个开关状态时，都能控制灯的由亮变灭或者由灭变亮。

3.21　用数据选择器实现一个可控组合逻辑电路，要求该电路有 3 个输入变量和 1 个工作状态控制变量。当控制变量为 1 时，要求电路执行“少数服从多数”功能；当控制变量为 0 时，要求电路执行“意见一致”功能。

3.22　设计一个函数发生器电路，它的功能如表 3-22 所示。

表 3-22　题 3.22 的表

输入		输出
S_1	S_0	Y
0	0	AB
0	1	$A+B$
1	0	$A\oplus B$
1	1	A'

3.23　试用 4 位并行加法器 74LS283 设计一个加、减运算电路。要求当控制信号为 0 时，实现两个无符号数相加；当控制信号为 1 时，实现两个无符号数相减。两数相加的绝对值不大于 15，可以附加必要的门电路。

3.24　试用 4 位数值比较器 74LS85 组成十位数值比较器。74LS85 的逻辑符号如图 3-51 所示。

3.25　试用显示译码器 7448 设计一个显示电路，要求显示字符：HOPEFUL。7448 的逻辑符号如图 3-52 所示。

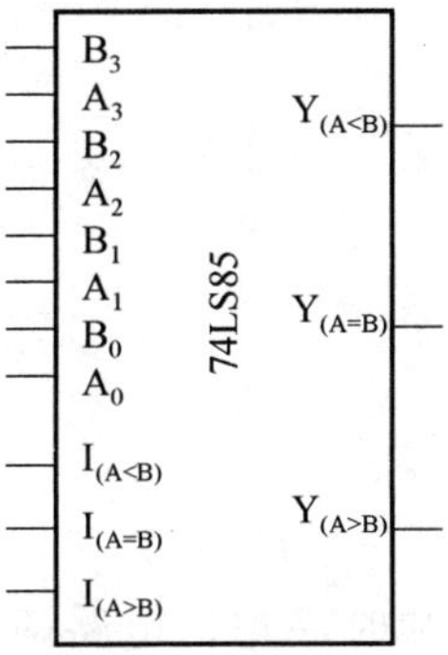

图 3-51　题 3.24 的图

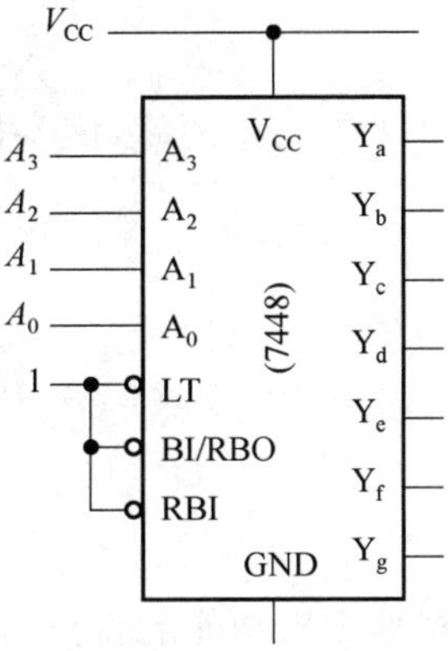

图 3-52　题 3.25 的图

第 4 章

触 发 器

数字电路根据逻辑功能的特点，可以分为组合逻辑电路和时序逻辑电路两大类。第 3 章所介绍的组合逻辑电路的特点是该电路的输出仅仅取决于当时的输入，与电路的历史状态无关，也就是说组合逻辑电路没有存储和记忆功能。能够实现存储和记忆功能的电路——时序逻辑电路的特点是它的输出不仅仅取决于当时的输入，还与电路的历史状态有关，而能够实现存储和记忆功能的基本单元电路就是触发器。

本章主要介绍触发器，包括各种类型触发器的电路结构及基本工作原理、触发器的逻辑功能表示方法及各种类型触发器之间的转换。

4.1 概　　述

在数字电路中，不仅需要对二值信号进行算术和逻辑运算，有时还需要把这些信息存储起来。因此就需要有记忆功能的基本单元电路。能够存储一位二值信号的基本单元电路统称为触发器。触发器具有两个能够自行保持的稳定状态 Q 和$\overline{Q}$，Q 和$\overline{Q}$可以根据不同的输入信号置成 1 或者 0 状态，其中用 Q 的状态代表整个触发器的状态。例如，若某触发器的 $Q=0$，则可以说该触发器的状态为 0。根据电路结构的不同，触发器的触发方式可以分为电平触发、脉冲触发和边沿触发等，在不同的触发方式下，当触发信号到达时，触发器状态转换过程具有不同的动作特点，需要根据动作特点正确使用触发器。根据逻辑功能的不同，触发器又可以分为 RS 触发器、JK 触发器、D 触发器、T 触发器等几种类型。

4.2 *RS* 触发器

4.2.1 基本 *RS* 触发器

基本 RS 触发器是其他各类触发器的基本构成部分，它是各类触发器中结构最简单的。图 4-1 所示的是由与非门组成的基本 RS 触发器的逻辑电路图和逻辑符号。基本 RS 触发器是各种类型触发器的基本结构。由图 4-1 所示可知，这是由两个与非门交叉耦合构成的基本

RS 触发器，Q 和 $\overline{Q}$ 为两个互补输出端。$\overline{R_D}$和$\overline{S_D}$为两个输入端。其中$\overline{R_D}$为置 0 端，$\overline{S_D}$为置 1 端。$\overline{R_D}$和$\overline{S_D}$是低电平有效的，低电平有效的表示方法可以用变量上带非号来表示。触发器在正常工作情况下，有两个有效的输出状态：$Q=0,\overline{Q}=1$，称为触发器 0 态；$Q=1,\overline{Q}=0$，称为触发器 1 态。

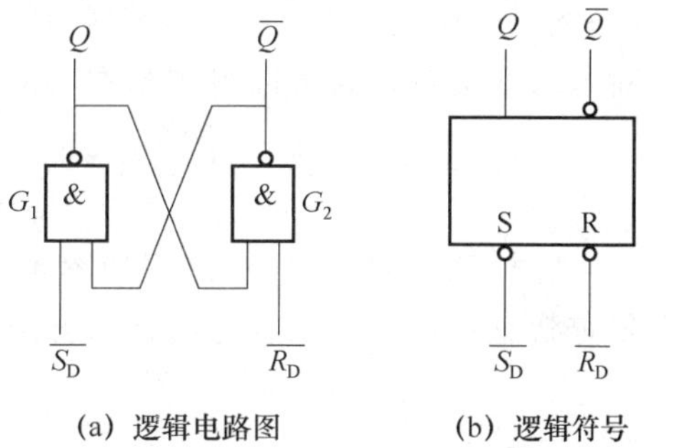

图 4-1 基本 RS 触发器的逻辑图和逻辑符号

通常用 Q^n 表示变化前的状态，称为初态（也称为现态）；Q^{n+1} 表示变化后的状态，称为次态。下面简要说明基本 RS 触发器的功能。

（1）当$\overline{S_D}=0,\overline{R_D}=1$时，无论触发器初态 Q^n 是 0 还是 1，次态 Q^{n+1} 均为 1，所以称触发器被置 1。

（2）当$\overline{R_D}=0,\overline{S_D}=1$时，无论触发器初态 Q^n 是 0 还是 1，次态 Q^{n+1} 均为 0，所以称触发器被置 0。

（3）当$\overline{R_D}=1,\overline{S_D}=1$时，触发器的状态不变，即若 Q^n 是 0，则次态 $Q^{n+1}=0$；若 Q^n 是 1，则次态 $Q^{n+1}=1$，即触发器保持了原来的状态，可以说触发器具有存储功能，当输入无效信号时，可以保持前一时刻的数据。

（4）当$\overline{R_D}=0,\overline{S_D}=0$时，无论 $Q^{n+1}=0$，还是 $Q^{n+1}=1$，次态 $Q^{n+1}=\overline{Q^{n+1}}=1$，这与触发器正常工作状态下两个输出互补是矛盾的，同时，当输入信号同时由 0 变为 1 时，由于两个与非门的延迟时间不同，触发器的次态$\overline{Q^{n+1}}$就无法确定，所以对这种情况进行了约束。

归纳以上功能，可以得出基本 RS 触发器具有 3 个功能：置 0、置 1 以及保持。输入信号$\overline{R_D}$和$\overline{S_D}$为低电平有效，所以在图 4-1(b)所示的逻辑符号中，$\overline{R_D}$和$\overline{S_D}$端画有小圆圈，小圆圈表示的是“非”或者低电平有效。

描述触发器功能的方法有：逻辑功能表（也称为逻辑状态表）、卡诺图及特征方程、状态图和波形图。下面逐一介绍这些描述方法。

（1）基本 RS 触发器的逻辑功能，如表 4-1 所示。

表 4-1 由与非门组成的基本 RS 触发器的逻辑功能表

$\overline{S_D}$	$\overline{R_D}$	Q^n	Q^{n+1}	功 能
1	1	0 1	0 1 } Q^n	保持
1	0	0 1	0 0 } 0	置 0
0	1	0 1	1 1 } 1	置 1
0	0	0 1	× × } ×	禁用

(2) 根据功能表，画出基本 RS 触发器的卡诺图，如图 4-2 所示。

对卡诺图进行化简可以得到基本 RS 触发器的特征方程：

$$\begin{cases} Q^{n+1}=S_D+\overline{R_D}Q^n \\ R_D S_D=0 \quad (\text{约束条件}) \end{cases}$$

(3) 基本 RS 触发器的状态图如图 4-3 所示，图中两个圆圈内的 0 和 1 分别表示触发器的两个稳定状态。箭头表示状态的转移方向，箭头旁边的$\overline{R_D}$和$\overline{S_D}$的取值表示状态转换的条件。

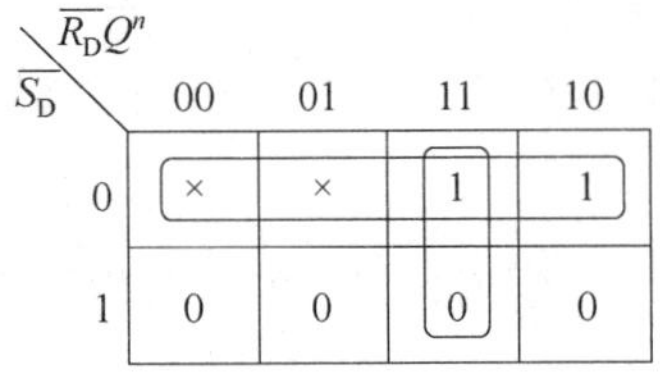

图 4-2　与非门基本 RS 触发器的卡诺图

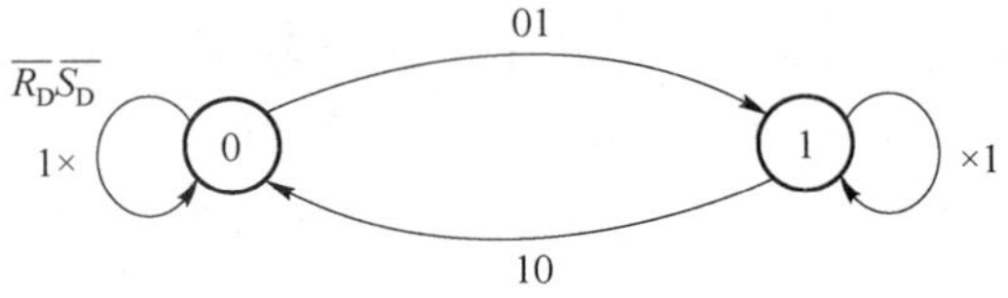

图 4-3　基本 RS 触发器的状态图

(4) 根据给定的输入信号$\overline{R_D}$和$\overline{S_D}$的波形图，画出基本触发器的输出 Q 和$\overline{Q}$的波形图，如图 4-4所示。

基本 RS 触发器也可以由两个或非门构成，其电路如图 4-5 所示。

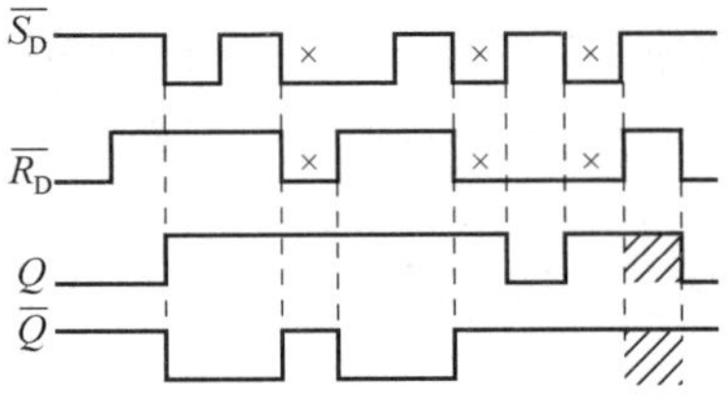

图 4-4　基本 RS 触发器的波形图

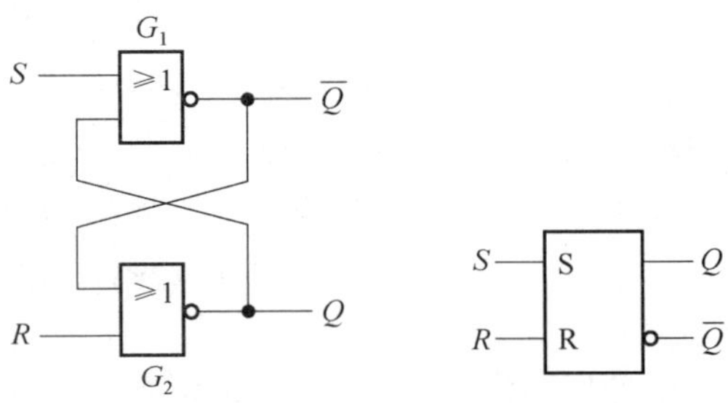

(a) 电路结构　　(b) 逻辑符号

图 4-5　或非门构成的基本 RS 触发器

或非门构成的基本 RS 触发器的特性，如表 4-2 所示。

表 4-2　或非门构成的基本 *RS* 触发器的特性表

S	R	Q^n	Q^{n+1}	备　注
0	0	0	0	状态保持
0	0	1	1	
1	0	0	1	置 1
1	0	1	1	
0	1	0	0	置 0
0	1	1	0	
1	1	0	0	状态不定
1	1	1	0	

由或非门构成的基本 RS 触发器请读者自行分析。

4.2.2 同步 *RS* 触发器

如果要求各个触发器在同一个脉冲作用下共同动作，基本 *RS* 触发器就不能实现这一要求，为此，必须给系统中的这些触发器引入时钟控制端，即 CP 端，把这种受时钟信号控制的触发器称为同步触发器。

图 4-6 所示为在基本 *RS* 触发器的基础上，增加两个控制门 G_3 和 G_4，并加入时钟脉冲 CP (Clock Pulse)所构成的同步 *RS* 触发器的逻辑电路图和逻辑符号。如图 4-6 所示，*R* 和 *S* 为同步 *RS* 触发器的两个输入端，*Q* 和$\overline{Q}$为两个互补输出端。其中，*R* 为置 0 端，*S* 为置 1 端。*R* 和 *S* 的输入信号是高电平有效的。

同步 *RS* 触发器的工作原理如下。

(1) 当 CP＝0 时，输入控制门 G_3 和 G_4 的输出为 1，对于由 G_1 和 G_2 构成的基本 *RS* 触发器，相当于$\overline{R_D}=\overline{S_D}=1$，可知触发器的状态不变。

(2) 当 CP＝1 时，G_3、G_4 门被打开，G_1、G_2 门所接收的信号为$\overline{S}$和$\overline{R}$，相当于基本 *RS* 触发器的$\overline{R_D}$和$\overline{S_D}$。当 $S=1$，$R=0$ 时，触发器置 1；当 $S=0$，$R=1$ 时，触发器置 0；当 $S=0$，$R=0$ 时，触发器保持状态不变。仍然存在 *R* 和 *S* 不能同时为 1 的约束条件，因此同步 *RS* 触发器必须满足 $RS=0$。

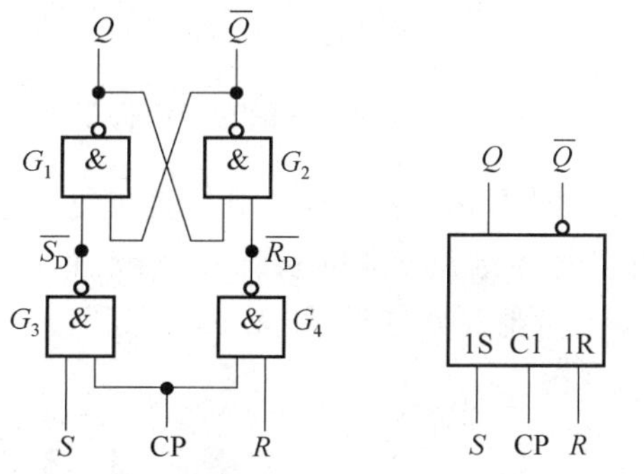

(a) 逻辑电路图　　(b) 逻辑符号

图 4-6 同步 *RS* 触发器的逻辑电路图和逻辑符号

通过以上的分析可将同步 *RS* 触发器的功能按逻辑功能表、特征方程、状态图及波形图表述如下。

(1) 同步 *RS* 触发器的逻辑功能，如表 4-3 所示。

表 4-3 同步 *RS* 触发器的逻辑功能表

S	R	Q^n	Q^{n+1}	功 能
0	0	0 1	0 1 } Q^n	保持
0	1	0 1	0 0 } 0	置 0
1	0	0 1	1 1 } 1	置 1
1	1	0 1	× × } ×	禁用

(2) 同步 *RS* 触发器的特征方程式：

$$\begin{cases} Q^{n+1}=S+\overline{R}Q^{n} \\ RS=0 \quad (\text{约束条件}) \end{cases}$$

(3) 状态图如图 4-7 所示。

(4) 根据给定的输入信号 R 和 S 的波形，画出相应的输出 Q 和$\overline{Q}$的波形图，如图 4-8 所示。

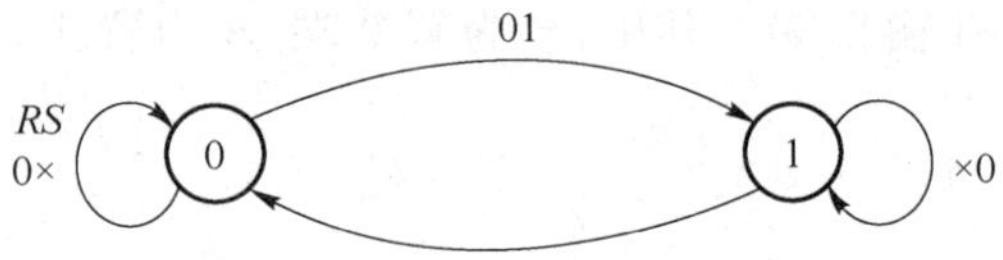

图 4-7 同步 RS 触发器的状态图

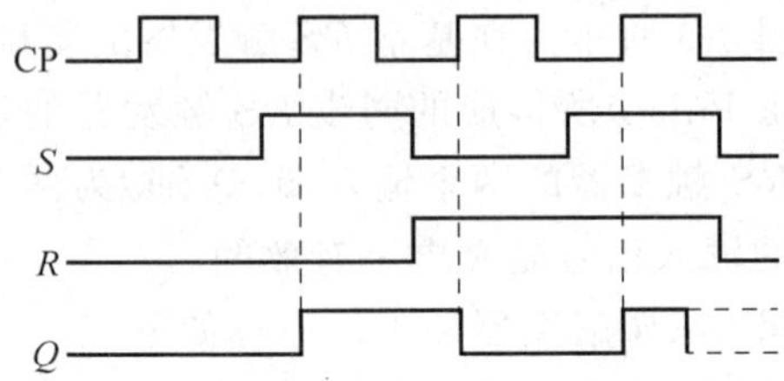

图 4-8 同步 RS 触发器的波形图

可在同步 RS 触发器上附加直接复位端$\overline{R_D}$和直接置位端$\overline{S_D}$，$\overline{R_D}$和$\overline{S_D}$不由时钟信号 CP 控制，可以直接对触发器的状态置 0 或置 1，而将触发器预先设定一个状态。触发器正常工作时，$\overline{R_D}$和$\overline{S_D}$要置高电平，即无效状态。

4.3 D 触发器

4.3.1 同步 D 触发器

为了避免同步 RS 触发器同时出现 R 和 S 都为 1 的情况，可在 R 和 S 之间接入非门 G_5，如图 4-9(a)所示，这种单输入的触发器称为 D 触发器。图 4-9(b)为其逻辑符号。D 为信号输入端。

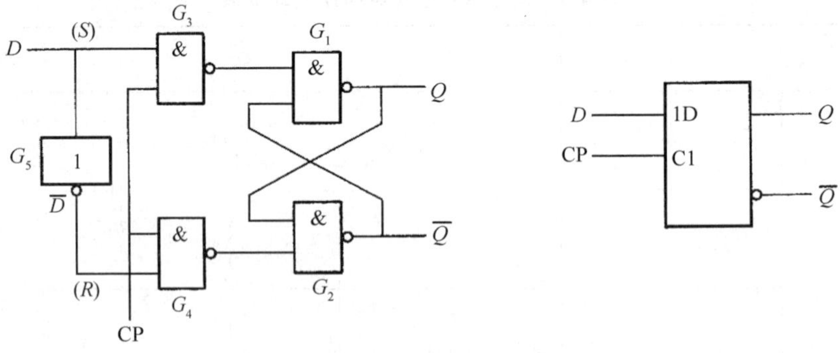

图 4-9 同步 D 触发器逻辑电路图及其逻辑符号

在 CP=0 时，G_3、G_4 被封锁，都输出 1，触发器保持原状态不变，不受 D 端输入信号的控制。

在 CP=1 时，G_3、G_4 解除封锁，可接收 D 端输入的信号。如 $D=1$ 时，$\overline{D}=0$，触发器翻到 1 状

态，即 $Q^{n+1}=1$，如 $D=0$时，$\overline{D}=1$，触发器翻到 0 状态，即 $Q^{n+1}=0$。由此可列出表 4-4 所示同步 D 触发器的特性表。

表 4-4　同步 D 触发器的特性表

D	Q^n	Q^{n+1}	说　明
0	0	0	输出状态和 D 相同
0	1	0	输出状态和 D 相同
1	0	1	输出状态和 D 相同
1	1	1	输出状态和 D 相同

由上述分析可知，同步 D 触发器的逻辑功能为：当 CP 由 0 变为 1 后，触发器的状态翻到和 D 的状态相同；当 CP 由 1 变为 0 后，触发器保持原状态不变。

根据表 4-4 所示可画出同步 D 触发器 Q^{n+1} 的卡诺图，如图 4-10 所示。由该图可得

$$Q^{n+1}=D \qquad (\text{CP}=1\text{ 期间有效})$$

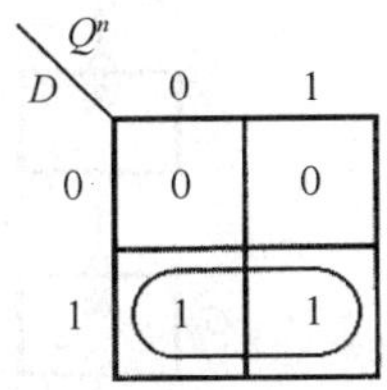

图 4-10　同步 D 触发器 Q^{n+1} 的卡诺图

4.3.2　边沿 D 触发器

1. 边沿 D 触发器的电路组成及工作原理

(1) 电路组成及逻辑符号。

① 电路组成。图 4-11(a)所示是用两个同步 D 触发器级联起来构成的边沿 D 触发器，它是一种具有主从结构形式的边沿控制电路。

② 逻辑符号。图 4-11(b)所示是曾用逻辑符号，图 4-11(c)所示是国家标准规定的逻辑符号。CP 端的小圆圈表示下降沿触发。

(2) 工作原理。图 4-11(a)所示为具有主从结构形式的边沿 D 触发器，由两个同步 D 触发器组成，主触发器受 CP 操作，从触发器用$\overline{\text{CP}}$进行管理。

① CP=0 时的情况。CP=0 时，门 G_7、G_8 被封锁，门 G_3、G_4 被打开，从触发器的状态决定于主触发器，$Q=Q_M$，$\overline{Q}=\overline{Q}_M$。输入信号 D 被拒之门外。

② CP=1 时的情况。CP=1时，门 G_7、G_8 打开，门 G_3、C_4 被封锁，从触发器保持原来状态不变，D 信号进入主触发器。但是要特别注意，这时主触发器只跟随而不锁存，即 Q_M 跟随 D 变化，D 怎么变，Q_M 也随之怎么变。

③ CP 下降沿时刻的情况。CP 下降沿到来时，门 G_7、G_8 被封锁，门 G_3、G_4 被打开，主触发器锁存 CP 下降时刻 D 的值即 $Q_M=D$，随后将该值送入从触发器，使 $Q=D$，$\overline{Q}=\overline{D}$。

④ CP 下降沿过后的情况。CP 下降沿过后，主触发器锁存的 CP 下降沿时刻 D 的值显然将保持不变，而从触发器的状态当然也不可能发生变化。

综上所述可得

$$Q^{n+1}=D \qquad \text{CP 下降沿时刻有效} \tag{4-1}$$

式(4-1)就是边沿 D 触发器的特性方程,CP 下降沿时刻有效。注意,式中的 Q^{n+1} 只能取 CP 下降时刻输入信号 D 的值。

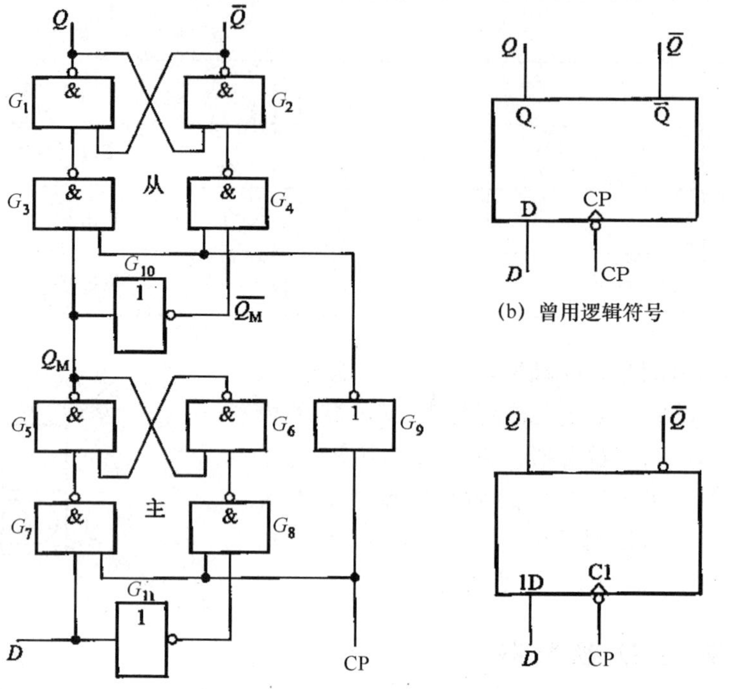

(a) 逻辑电路图　(b) 曾用逻辑符号　(c) 国家标准规定的逻辑符号

图 4-11　边沿 D 触发器

(3) 异步输入端的作用。

同步输入端与异步输入端如下所述。

• 同步输入端。D 称为同步输入端,因为加在 D 端的输入信号能否进入触发器而被接收,是受时钟脉冲同步控制的。

• 异步输入端。$\overline{R_D}$、$\overline{S_D}$称为异步输入端,也称为直接复位和置位端。当 $R_D=0$ 时,触发器被复位到 0 状态;$\overline{S_D}=0$ 时,触发器被置位到 1 状态。其作用与时钟脉冲 CP 无关,故名异步输入端。

表 4-5 所示为 7474 是 CP 上升沿触发的边沿触发器,$Q^{n+1}=D$。$\overline{R_D}=0$ 时复位、$\overline{S_D}=0$ 时置位,且 $R_D \cdot S_D=0$。

表 4-5　7474 的特性表

输入				输出	注
CP	D	$\overline{R_D}$	$\overline{S_D}$	Q^{n+1}	
↑	0	1	1	0	同步置 0
↑	1	1	1	1	同步置 1

续表

输 入				输 出	注
CP	D	$\overline{R_D}$	$\overline{S_D}$	Q^{n+1}	
↓	×	1	1	Q^n	保持(↓无效)
×	×	0	1	0	异步置 0
×	×	1	0	1	异步置 1
×	×	1	1	不用	不允许

2. 边沿 *D* 触发器的主要特点

(1) CP 边沿(上升沿或下降沿)触发。在 CP 脉冲上升沿(或下降沿)时刻,触发器按照特性方程 $Q^{n+1}=D$ 的规定转换状态,实际上是加在 D 端的信号被锁存起来,并送到输出端。

(2) 抗干扰能力极强。因为是边沿触发,只要在触发沿附近一个极短暂的时间内,加在 D 端的输入信号保持稳定,触发器就能够可靠地接收,在其他时间里输入信号对触发器不会起作用。

(3) 边沿 D 触发器只具有置 1、置 0 功能,因此在某些情况下,使用起来不够方便。

4.4 边沿 *JK* 触发器

边沿 JK 触发器的电路结构形式较多,现以用边沿 D 触发器构成的电路为例,说明其工作原理和特点。

1. 边沿 *JK* 触发器的电路组成及逻辑符号

(1) 电路组成。在边沿 D 触发器的基础上,增加三个门 G_1、G_2、G_3,把输出 Q 馈送回 G_1、G_3,便构成了如图 4-13 所示的边沿 JK 触发器。

(2) 逻辑符号。图 4-13(b)所示是曾用逻辑符号,图 4-13(c)所示是国家标准规定的逻辑符号,CP 端的小圆圈表示电路是下降沿触发的边沿 JK 触发器。

2. 边沿 *JK* 触发器的工作原理

(1) D 的逻辑表达式。由图 4-12(a)所示电路可以很容易地得到:

$$\begin{aligned} D &= \overline{\overline{J+Q^n}+KQ^n} \\ &= (J+Q^n)\cdot\overline{KQ^n} \\ &= (J+Q^n)\cdot(\overline{K}+\overline{Q}^n) \\ &= J\,\overline{Q}^n+\overline{K}Q^n+J\overline{K} \\ &= J\,\overline{Q}^n+\overline{K}Q^n \end{aligned} \tag{4-2}$$

(2) 特性方程。将式(4-2)代入边沿 D 触发器的特性方程,可以得到:

$$Q^{n+1}=D=J\,\overline{Q}^n+\overline{K}Q^n \qquad CP\text{ 下降沿时刻有效} \tag{4-3}$$

显然,式(4-3)准确地表达了图 4-12(a)所示电路次态 Q^{n+1} 与现态 Q^n 和输入 J、K 之间的逻辑关系。

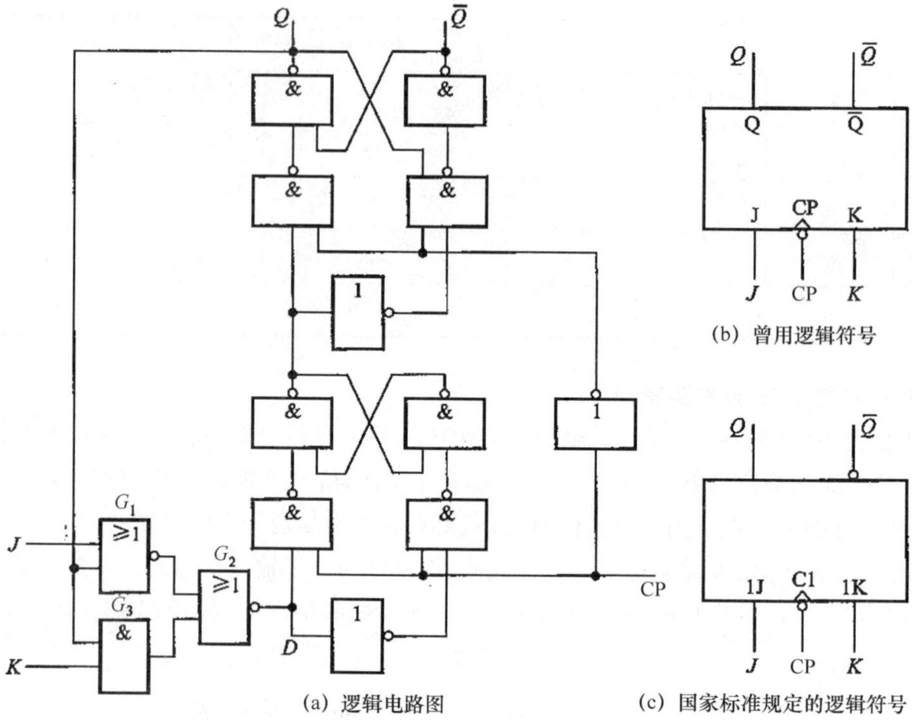

(a) 逻辑电路图

(b) 曾用逻辑符号

(c) 国家标准规定的逻辑符号

图 4-12　边沿 JK 触发器

4.5　T 触发器和 T' 触发器

将图 4-12 所示的主从 JK 触发器 J 端和 K 端相连改为 T 端，便构成了 T 触发器，其逻辑电路图和状态图，如图 4-13 所示。

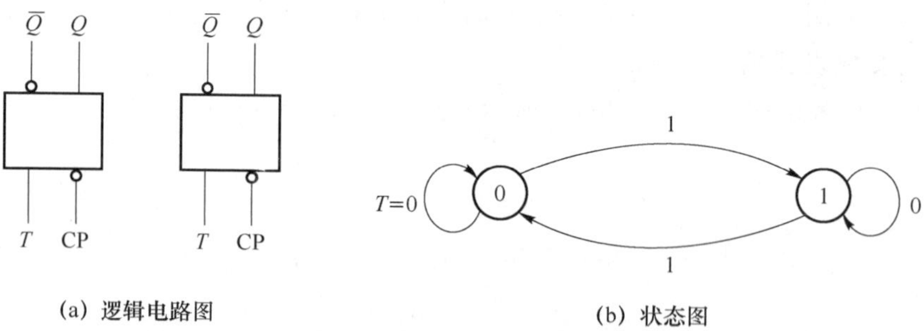

(a) 逻辑电路图

(b) 状态图

图 4-13　T 触发器的逻辑电路图和状态图

将 $J=K=T$ 代入 JK 触发器的特征方程即可得到 T 触发器的特征方程为

$$Q^{n+1}=T\overline{Q^n}+\overline{T}Q^n$$

T 触发器的逻辑功能，如表 4-6 所示。

表 4-6　T 触发器的逻辑功能表

CP	T	Q^n	Q^{n+1}	说　明
↓	0 0	0 1	$\left.\begin{matrix}0\\1\end{matrix}\right\}Q^n$	保持状态
↓	1 1	0 1	$\left.\begin{matrix}0\\1\end{matrix}\right\}\overline{Q^n}$	每到达一个有效 CP 信号，触发器的状态必翻转一次（计数状态）

若 T 将触发器的输入端接至固定的高电平，则 T 触发器的特征方程变为

$$Q^{n+1}=T\overline{Q^n}+\overline{T}Q^n=\overline{Q^n}$$

这种 $T=1$ 的触发器称为 T' 触发器。该触发器的逻辑式表示每到达一个有效 CP 信号，触发器的状态必然翻转一次。

4.6　触发器逻辑功能的转换

在实际应用中，各种类型的触发器之间可以进行互相转换。转换的方法是在原有触发器的触发输入端经过改接或附加一些门电路后，转换成另一种触发器。目前，用途最为广泛的触发器是 JK 触发器和 D 触发器，在需要使用 RS 触发器、T 触发器和 T' 触发器时，可以用转换的方法由 JK 触发器和 D 触发器得到所需的触发器。

1. 将 *JK* 触发器转换成 *RS* 触发器、*T* 触发器和 *T′* 触发器

（1）将 JK 触发器转换成 RS 触发器。

JK 触发器的特征方程：

$$Q^{n+1}=J\overline{Q^n}+\overline{K}Q^n$$

RS 触发器的特征方程：

$$\begin{cases}Q^{n+1}=S+\overline{R}Q^n\\ RS=0\quad（约束条件）\end{cases}$$

所以，将 RS 触发器的形式转换成与 JK 触发器相近的形式，转换过程如下。

$$\begin{aligned}Q^{n+1}&=S+\overline{R}Q^n=S(\overline{Q^n}+Q^n)+\overline{R}Q^n\\&=S\overline{Q^n}+SQ^n+\overline{R}Q^n=SQ^n+\overline{R}Q^n+SQ^n(R+\overline{R})\\&=S\overline{Q^n}+\overline{R}Q^n+RSQ^n+\overline{R}SQ^n(RS=0)\\&=S\overline{Q^n}+\overline{R}Q^n\end{aligned}$$

只需将 JK 触发器的 J、K 端分别接 S、R，就可以将 JK 触发器转换成 RS 触发器，转换电路，如图 4-14 所示。

（2）将 JK 触发器转换成 T 触发器。

T 触发器的特征方程为 $Q^{n+1}=T\overline{Q^n}+\overline{T}Q^n$，与 JK 触发器的特征方程相比较可知，只需将 J、K 接 T，即可得到 T 触发器，其转换电路如图 4-15 所示。同理如果要得到 T' 触发器，只需将所得的 T 触发器的 T 端接高电平 1 即可。

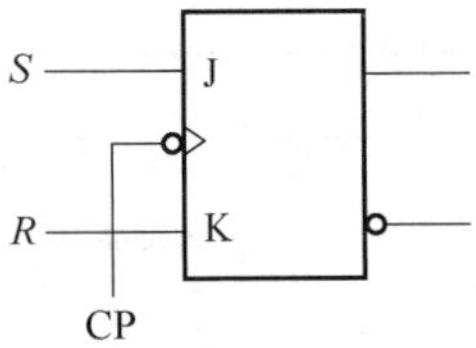

图 4-14　将 JK 触发器转换成 RS 触发器

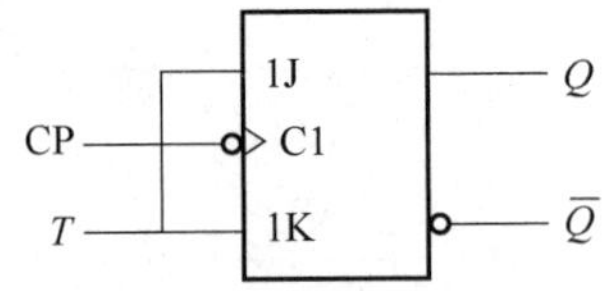

图 4-15　将 JK 触发器转换成 T 触发器

2. 将 *D* 触发器转换成 *RS* 触发器、*T* 触发器和 *T*′触发器

(1) 将 D 触发器转换成 RS 触发器。比较 D 触发器和 RS 触发器的特征方程，用上面同样的方法可以得到：

$$D=S+\overline{R}Q^n=\overline{S\cdot\overline{\overline{R}Q^n}}$$

所以将 D 触发器转换成 RS 触发器的电路如图 4-16 所示。

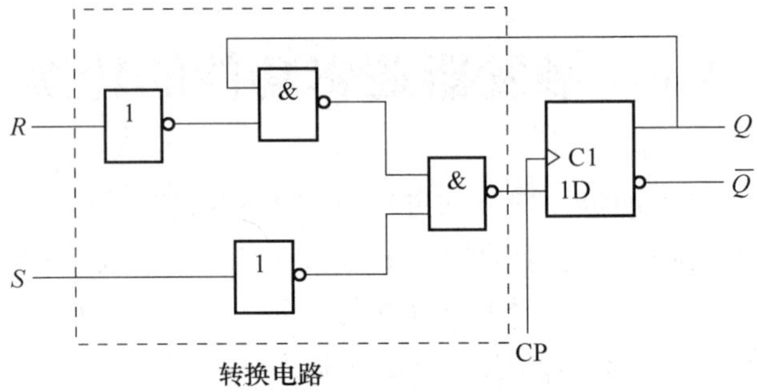

图 4-16　将 D 触发器转换成 RS 触发器

(2) 将 D 触发器转换成 T 触发器。比较 D 触发器和 T 触发器的特征方程得：

$$D=\overline{T}Q^n+T\overline{Q^n}=T\oplus Q^n$$

所以将 D 触发器转换成 T 触发器的电路如图 4-17 所示。

(3) 将 D 触发器转换成 T'触发器。T'触发器的特征方程为 $Q^{n+1}=\overline{Q^n}$，所以只需将 D 触发器的输入端接 $\overline{Q}$ 即可，如图 4-18 所示。

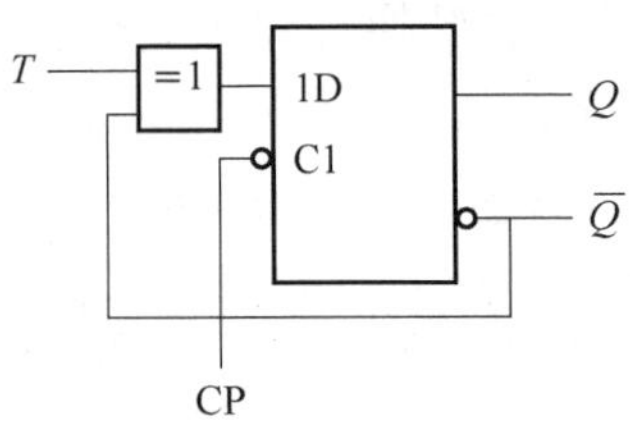

图 4-17　将 D 触发器转换成 T 触发器

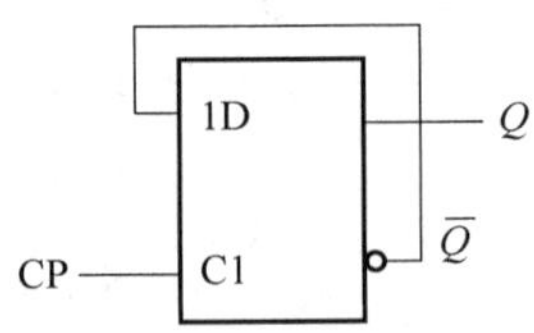

图 4-18　将 D 触发器转换成 T' 触发器

4.7　触发器的参数

为了正确使用触发器，不仅需要了解触发器的逻辑功能和触发方式，而且还要掌握触发器的脉冲工作特性，也就是触发器对时钟脉冲以及输入信号的要求，以此保证触发器在时钟脉冲触发下根据输入信号正确实现状态转换，这里简单介绍几个参数。

1. 平均传输时间

平均传输时间是指从时钟信号的动作沿开始，至触发器输出状态稳定的一段时间，用 t_{pd} 来表示。

2. 保持时间

为保证触发器的输出可靠地反映输入关系，输入信号必须在时钟脉冲有效沿到来之后还保持一段时间，这段时间称为保持时间，用 t_K 来表示。

3. 建立时间

建立时间是指在 CP 有效沿到达之前，输入端信号必须稳定下来，这样才能保证触发器正确地接收到该输入信号。要求输入信号在时钟脉冲 CP 有效沿到来前一段时间就已准备好，这段提前时间(即从输入信号稳定到 CP 有效沿出现之间必要的时间间隔)称为建立时间，用 t_S 来表示。

4. 脉冲宽度

要使输入信号经过触发器内部各级门传递到输出端，时钟脉冲 CP 的高、低电平必须具有一定的宽度，如果用 t_{CPH} 和 t_{CPL} 分别表示 CP 高、低电平的宽度，则 CP 脉冲的周期 $T=t_{CPH}+t_{CPL}$ 不能小于建立时间 t_S 和保持时间 t_K 的和。

练习与思考

1. 触发器按逻辑功能分有哪些类型?
2. *RS* 触发器、*JK* 触发器、*D* 触发器、*T* 触发器的逻辑功能是什么? 特征方程是什么?
3. 触发器的复位端和置位端的作用是什么?
4. 各种触发器之间是如何转换的?

本章小结

触发器能够保存1位二值信息，触发器是构成具有存储和记忆功能的数字逻辑电路的基本单元结构。由于输入方式以及触发器状态随输入信号变化的规律的不同，各种触发器在逻辑功能上又有差别，根据逻辑功能的不同，可将触发器分为 *RS* 触发器、*JK* 触发器、*T* 触发器、*D* 触发器等几种。触发器的描述方法有特性表、特性方程、状态转换图以及波形图。

另外，由于触发器电路结构的不同，触发器根据触发方式又分为电平触发、脉冲触发和边沿触发。不同触发方式的触发器在状态的翻转过程中具有不同的动作特点。因此在选择使用触发器时不仅要了解逻辑功能的需求，还要了解它的触发方式，这样才能正确掌握动作特点，并做出正确的设计。

特别指出一点，触发器的电路结构和逻辑功能不存在固定的对应关系。同一种逻辑功能的触发器可以用不同的电路结构来实现；同一种电路结构的触发器可以实现不同的逻辑功能。

为保证触发器在动态工作时可靠地翻转，输入信号、时钟信号须相互配合，并满足一定的要求。这些要求表现在建立时间、保持时间、时间宽度等一系列参数上，在工作时，应选择符合这些参数要求的触发器。

本章习题

4.1　基本 RS 触发器的输入波形如图 4-19 所示，试画出 Q 端和$\overline{Q}$端的波形(设初始状态为 1)。

4.2　同步 RS 触发器的时钟信号、R 信号和 S 信号如图 4-20 所示，试画出 Q 的波形(设初始状态为 1)。

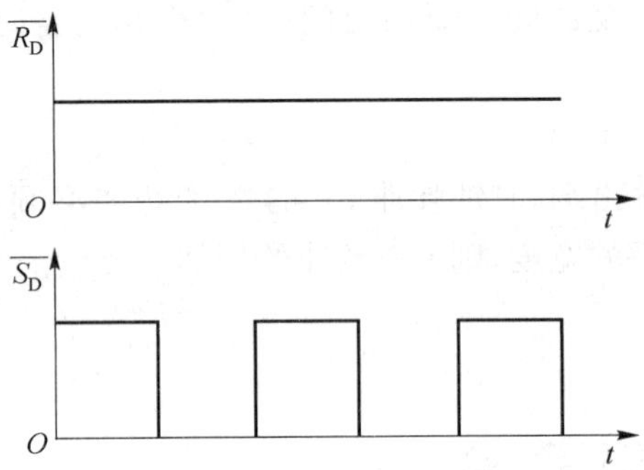

图 4-19　题 4.1 的图

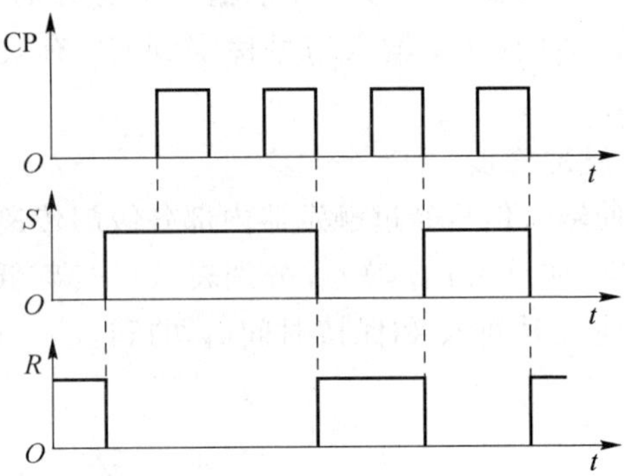

图 4-20　题 4.2 的图

4.3　电路及 A、B、C 的波形如图 4-21 所示，试写出 Q_1、Q_2、Q_3 的函数表达式，并画出波形。

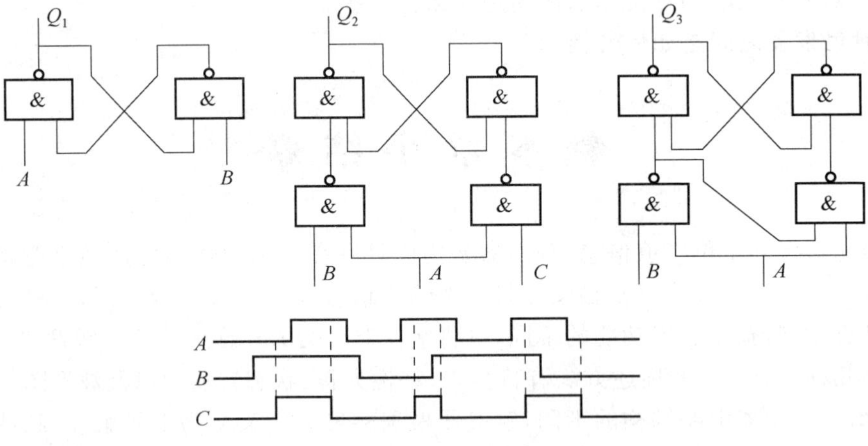

图 4-21　题 4.3 的图

4.4　主从 RS 触发器的逻辑符号及 CP、R、S 的波形，如图 4-22 所示，试画出 Q 和$\overline{Q}$的波形(设触发器的初始状态为 0)。

4.5　J 和 K 端的波形，如图 4-23 所示，试画出 Q 端的输出波形(触发器为主从 JK 触发器)。

4.6　D 触发器(上升沿触发)的波形，如图 4-24 所示，试画出 Q 端的波形(设初态为 0)。

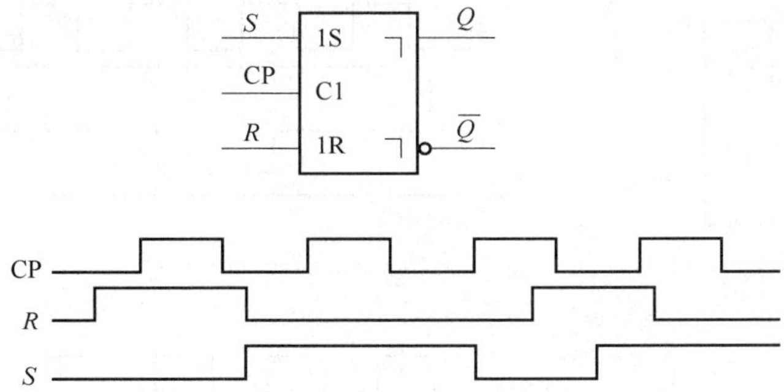

图 4-22 题 4.4 的图

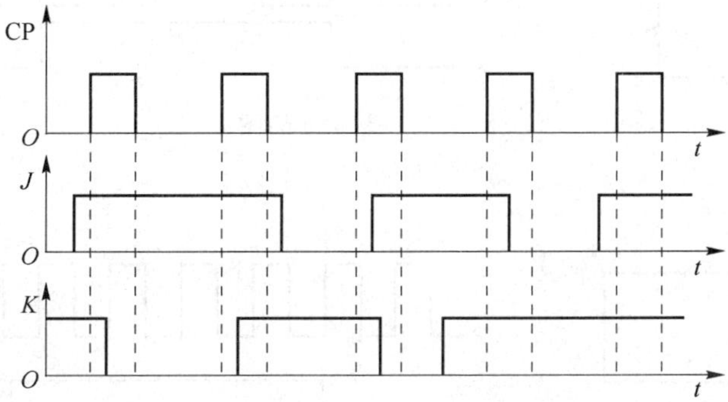

图 4-23 题 4.5 的图

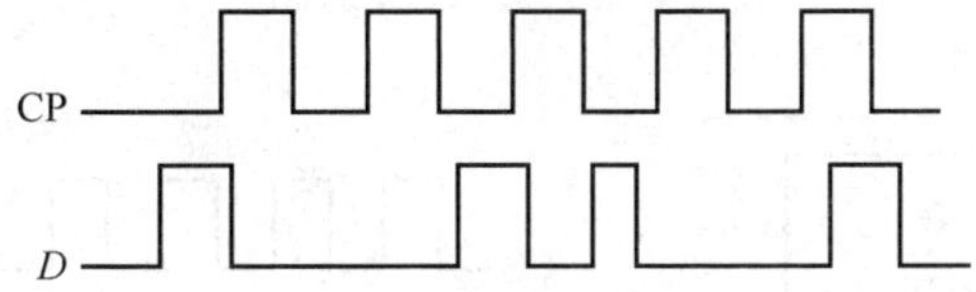

图 4-24 题 4.6 的图

4.7 边沿 JK 触发器及其 CP、J、K 的波形，如图 4-25 所示，试对应画出 Q 和$\overline{Q}$的波形(设初态为 0)。

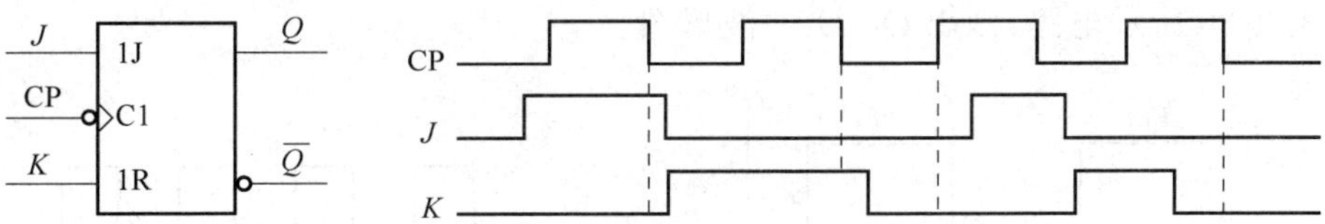

图 4-25 题 4.7 的图

4.8 维持阻塞 D 触发器各输入端的波形，如图 4-26 所示，试画出 Q 端的波形。

4.9 已知边沿 JK 触发器的各输入波形，如图 4-27 所示，试画出对应 Q 端的波形。

4.10 由 D 触发器和非门组成的电路，如图 4-28 所示，试画出 Q 端的波形(设初态为 1)。

4.11 如图 4-29 所示电路，试画出 Q_1、Q_2 的波形。

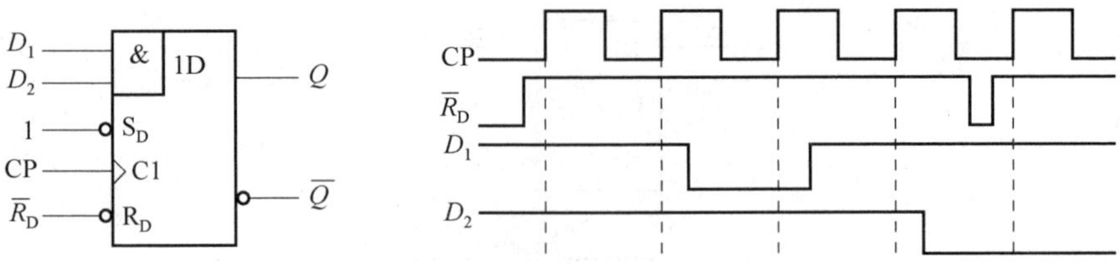

图 4-26　题 4.8 的图

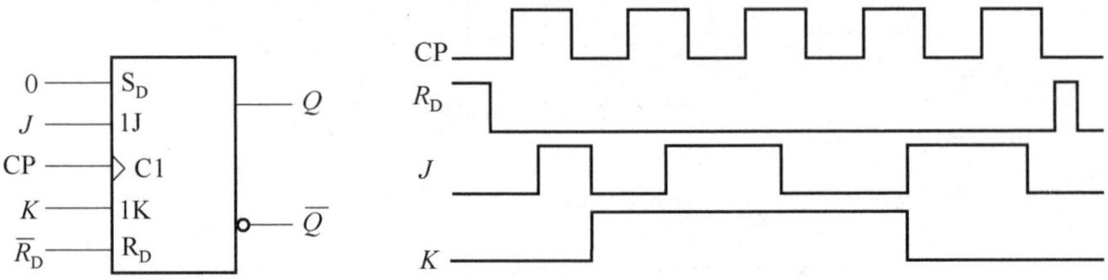

图 4-27　题 4.9 的图

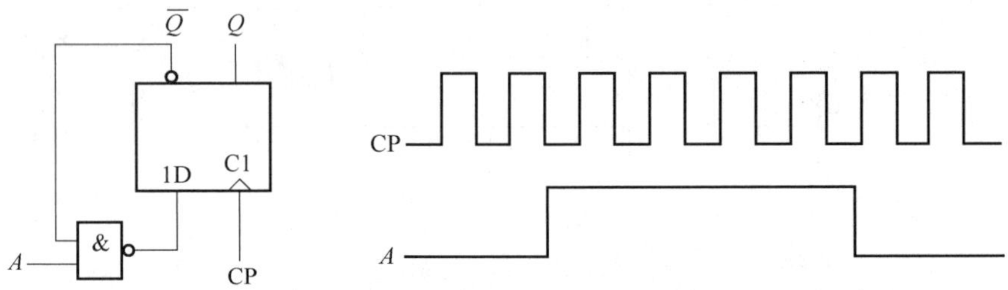

图 4-28　题 4.10 的图

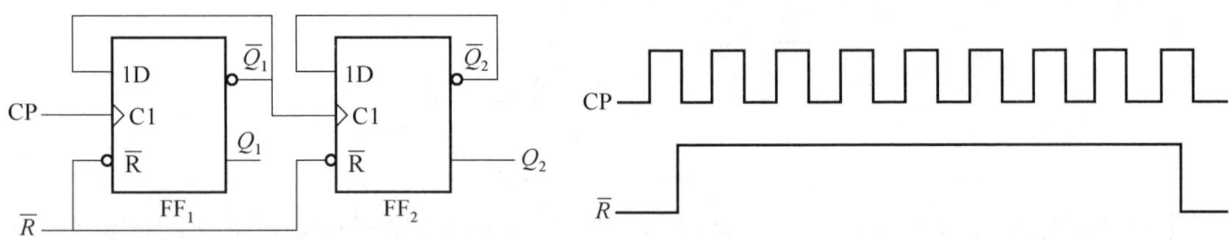

图 4-29　题 4.11 的图

4.12　如图 4-30 所示电路，画出 Q_1、Q_2 的波形图。

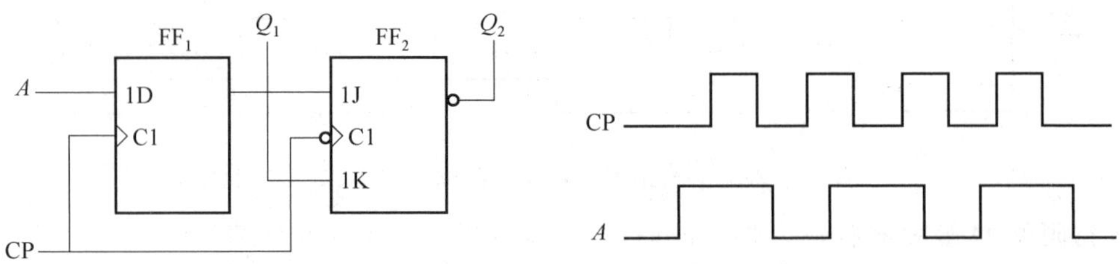

图 4-30　题 4.12 的图

4.13　如图 4-31 所示电路，画出各触发器的状态波形。

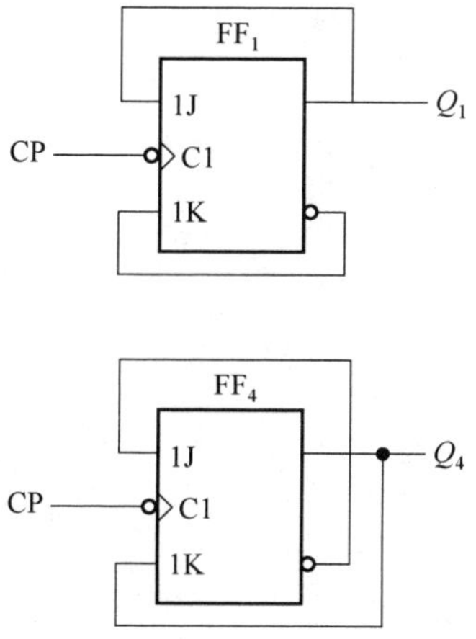

图 4-31 题 4.13 的图

4.14 如图 4-32 所示电路，画出输出端 A、B 的波形(设初态为 0)。

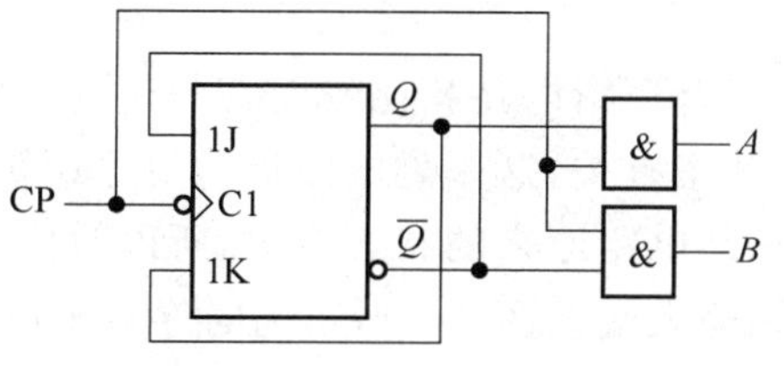

图 4-32 题 4.14 的图

4.15 假设图 4-33 所示各触发器均为 TTL 型边沿触发器，初始状态均假设为 0，试画出 Q 端波形。

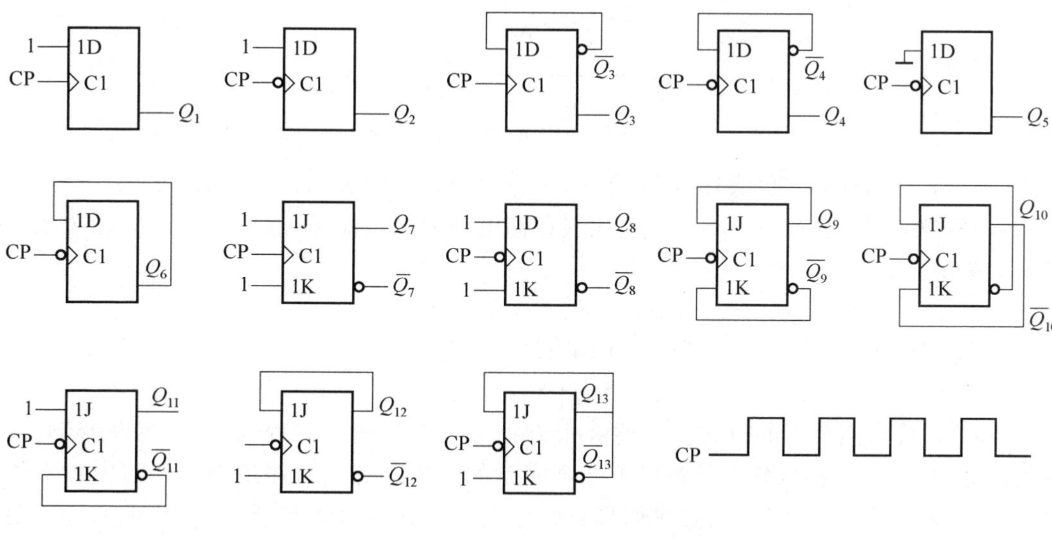

图 4-33 题 4.15 的图

第 5 章

时序逻辑电路

5.1 概　　述

在数字电路中，与第 3 章组合逻辑电路相比较而言，有一种电路，它的输出不仅仅取决于此时的输入，还和电路的历史状态有关，这一类电路称为时序逻辑电路，简称为时序电路。

时序逻辑电路的输出状态与电路原来的状态有关，所以时序电路的结构上存在存储单元，并且存储单元的输出要反馈到输入端。图 5-1 所示为时序逻辑电路的结构框图。

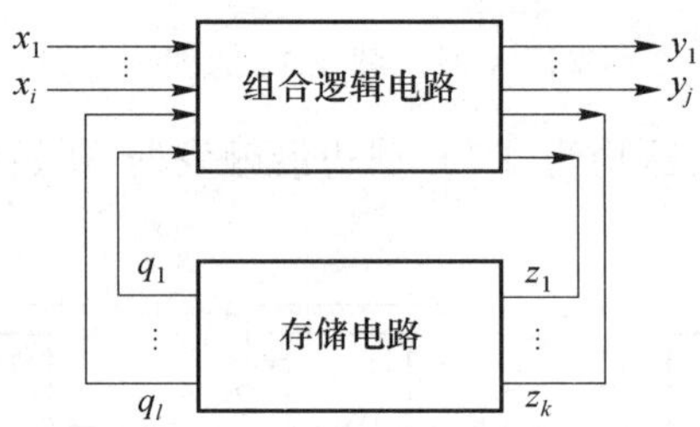

图 5-1　时序逻辑电路的结构框图

图中 $X(x_1,x_2,\cdots,x_i)$ 代表输入信号，$Y(y_1,y_2,\cdots,y_j)$ 代表输出信号，$Z(z_1,z_2,\cdots,z_k)$ 代表存储电路的输入信号，$Q(q_1,q_2,\cdots,q_l)$ 代表存储电路的输出信号，这些信号之间的关系可以用以下 3 个函数式描述。

$$Y(t_n)=F[X(t_n),Q(t_n)]$$
$$Q(t_{n+1})=G[Z(t_n),Q(t_n)]$$
$$Z(t_n)=H[X(t_n),Q(t_n)]$$

式中，t_n 和 t_{n+1} 代表两个离散时间。上述 3 个方程分别称为输出方程、状态方程和驱动方程。在有些具体的时序电路中，并不具备以上 3 个完整的方程。有些时序逻辑电路可能没有组合部分，有些可能没有输入变量，只要它们具有时序逻辑电路的基本特征，即只要电路中有触发器的存在，那么这种电路就属于时序逻辑电路。

存储电路根据触发器动作特点的不同，时序逻辑电路可以分为同步时序逻辑电路和异步时序逻辑电路。同步时序逻辑电路是指电路中所有触发器的状态变化都是在同一时钟信号作用下发生的。而异步时序逻辑电路中的触发器的时钟脉冲不是同一个。此外，根据输出信号的特点，时序逻辑电路可以分为米利(Mealy)型和穆尔(Moore)型两种。米利型电路是指电路的输出信号不仅取决于存储电路的状态，还取决于输入信号；穆尔型电路是指电路的输出信号只取决于存储电路的状态。

表 5-1 所示为组合逻辑电路与时序逻辑电路的区别。

表 5-1　组合逻辑电路与时序逻辑电路的区别

组合逻辑电路	时序逻辑电路
不包含存储元件	包含存储元件
输出仅与当时的输入有关	输出与当时的输入和电路的历史状态有关
电路的特性用输出函数描述	电路的特性由输出函数和状态方程描述

时序逻辑电路的逻辑功能的描述方法有状态转换图、状态表、时序波形图、逻辑图等。其状态转换图如图 5-2 所示，它不仅能反映输出状态与输入之间的关系，还能反映输出状态与电路原来状态之间的关系。

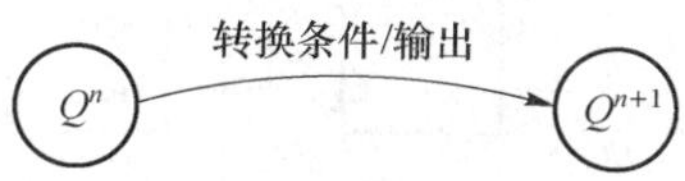

图 5-2　时序逻辑电路的逻辑功能的状态转换图

状态表和状态转换图在表示时序逻辑电路时在实质上是一样的，只是表现形式不同。表 5-2所示为状态表的一种画法。

表 5-2　时序逻辑电路的逻辑功能的状态表

输入 X	现态 Q^n	次态 Q^{n+1}	输出 Z

时序波形图是根据时间变化顺序，画出反映时钟脉冲、输入信号、各个存储器状态及输出之间对应关系的波形图。用时序来描述时序逻辑电路，方便了解电路的工作过程，对电路中各个信号与状态之间发生转换的时间顺序有直观的认识。

逻辑图即逻辑电路图，它是由存储器件和门电路的逻辑符号组成的电路图。

5.2　时序逻辑电路的分析方法和设计方法

5.2.1　时序逻辑电路的分析方法

时序逻辑电路的分析就是说明给定的时序逻辑电路的逻辑功能，分析步骤如下所示。

(1) 根据给定的逻辑图列出各触发器的时钟方程、驱动方程和输出方程。

(2) 将驱动方程代入到相对应的所使用的触发器特性方程，得到各触发器的状态方程。

(3) 把电路的输入信号和现态的各种可能的取值组合代入到状态方程和输出方程，求出相应的姿态和输出信号值，列表表示。

(4) 画出反映时序逻辑电路的状态转换图，或画出反映输入信号、输出信号及各触发器状态取值的对应关系的波形图。

(5) 检查电路能否自启动，并说明逻辑功能。

时序逻辑电路按照触发方式的不同可以分为同步时序逻辑电路和异步时序逻辑电路两大类。在同步时序逻辑电路中，各触发器是受同一时钟信号控制的，其状态的变化发生在同一时刻，即各触发器是同步工作的；而异步时序逻辑电路没有统一的时钟信号，有的触发器直接受时钟控制，有的则受其他触发器的状态输出端控制，即触发器的状态更新要看各自的触发条件是否到来。同步时序逻辑电路和异步时序逻辑电路的分析方法是一致的。

注意：在分析异步时序逻辑电路时，必须要考虑各触发器的时钟信号是否到来，只有当时钟信号到来时，才能去判断次态的情况。

【例 5-1】 试分析图 5-3 所示时序逻辑电路的功能。

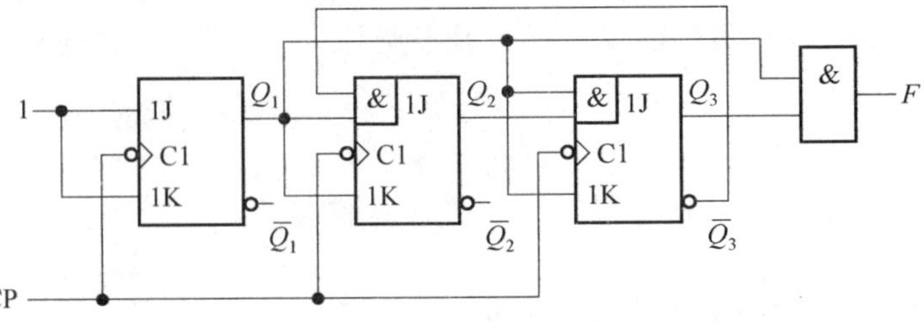

图 5-3　例 5-1 的图

解：(1) 列方程组。

根据逻辑电路图写出时钟方程、驱动方程和输出方程。

时钟方程组：

$$CP_1 = CP_2 = CP_3 = CP$$

该电路为同步时序逻辑电路，时钟方程可以省略。

驱动方程组：

$$\begin{cases} J_1 = 1 \\ K_1 = 1 \end{cases} \qquad \begin{cases} J_2 = Q_1^n \overline{Q_3^n} \\ K_2 = Q_1^n \end{cases} \qquad \begin{cases} J_3 = Q_1^n Q_2^n \\ K_3 = Q_1^n \end{cases}$$

输出方程：

$$F = Q_1^n Q_3^n$$

(2) 求状态方程组。

将驱动方程组代入 JK 触发器的特征方程：$Q^{n+1} = J\overline{Q^n} + \overline{K}Q^n$，得到状态方程组：

$$\begin{cases} Q_1^{n+1} = \overline{Q_1^n} \\ Q_2^{n+1} = Q_1^n \overline{Q_2^n}\ \overline{Q_3^n} + \overline{Q_1^n} Q_2^n \\ Q_3^{n+1} = Q_1^n Q_2^n \overline{Q_3^n} + \overline{Q_1^n} Q_3^n \end{cases}$$

(3) 列状态表。

设电路的初始状态为 $Q_3^n Q_2^n Q_1^n = 000$，代入各触发器的状态方程和输出方程，将每次得到的结果作为现态，再代入状态方程得到新的状态，直到状态返回 000 为止，循环结束。如果在循环中有未出现过的状态，则以未出现的状态作为初始状态进行计算，直至所有的状态都计算完。表 5-3 所示为例 5-1 的状态表。

表 5-3　例 5-1 的状态表

CP 顺序	Q_3^n	Q_2^n	Q_1^n	Q_3^{n+1}	Q_2^{n+1}	Q_1^{n+1}	F
1	0	0	0	0	0	1	0
2	0	0	1	0	1	0	0
3	0	1	0	0	1	1	0
4	0	1	1	1	0	0	0
5	1	0	0	1	0	1	0
6	1	0	1	0	0	0	1
7	1	1	0	1	1	1	0
8	1	1	1	0	0	0	1

（4）状态图和时序图。

根据表 5-3 所示的计算结果，可以画出状态图和时序图，分别如图 5-4 和图 5-5 所示。

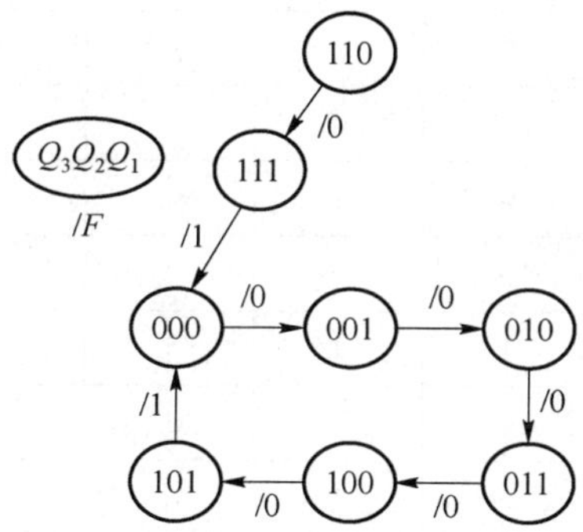

图 5-4　例 5-1 的状态图

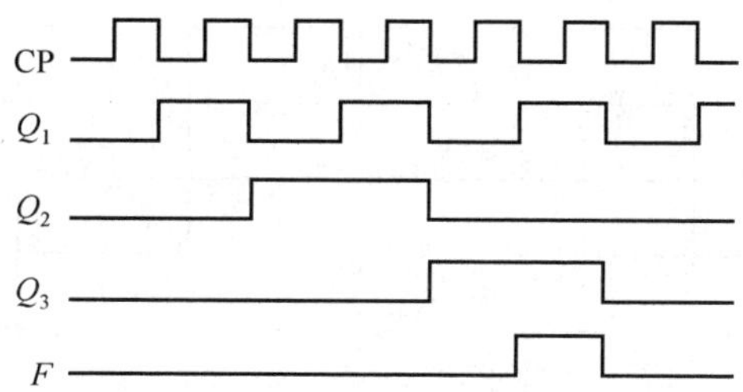

图 5-5　例 5-1 的时序图

（5）说明逻辑功能。

根据表 5-3 可以得出结论，该电路为同步六进制加法计数器。该电路能够自启动。

【例 5-2】　已知电路如图 5-6 所示，试分析它的逻辑功能。

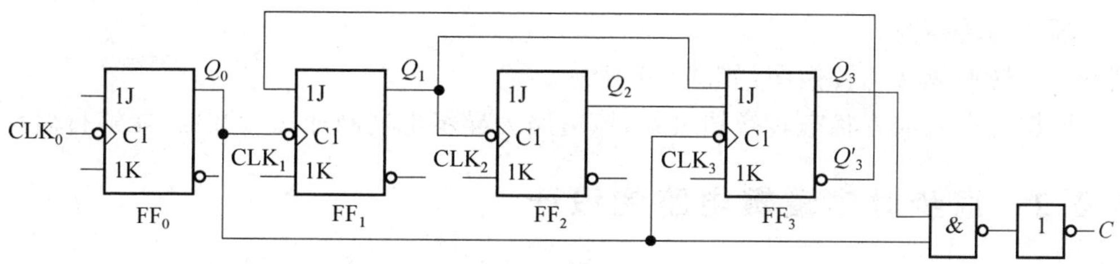

图 5-6　例 5-2 的电路图

解：（1）列方程。

时钟方程：

$$CLK_0 = CLK_0 \qquad CLK_1 = Q_0 \qquad CLK_2 = Q_1 \qquad CLK_3 = Q_0$$

驱动方程：

$$\begin{cases}J_0=1\\K_0=1\end{cases}\quad\begin{cases}J_1=\overline{Q_3}\\K_1=1\end{cases}\quad\begin{cases}J_2=1\\K_2=1\end{cases}\quad\begin{cases}J_3=Q_1Q_2\\K_3=1\end{cases}$$

(2) 求状态方程。

将驱动方程组代入 JK 触发器的特征方程 $Q^{n+1}=J\overline{Q^n}+\overline{K}Q^n$，得到状态方程组：

$$\begin{cases}Q_0^{n+1}=\overline{Q_0}\\Q_1^{n+1}=\overline{Q_3}\ \overline{Q_1}\\Q_2^{n+1}=\overline{Q_2}\\Q_3^{n+1}=\overline{Q_3}Q_2Q_1\end{cases}$$

(3) 假设初始状态 $Q_3Q_2Q_1Q_0=0000$，将初始状态代入状态方程中得到状态表，如表 5-4 所示。

表 5-4　例 5-2 的状态表

CLK_0 的顺序	触发器状态				时钟信号				输出 C
	Q_3	Q_2	Q_1	Q_0	CLK_3	CLK_2	CLK_1	CLK_0	
0	0	0	0	0	0	0	0	0	0
1	0	0	0	1	0	0	0	1	0
2	0	0	1	0	1	0	1	1	0
3	0	0	1	1	0	0	0	1	0
4	0	1	0	0	1	1	1	1	0
5	0	1	0	1	0	0	0	1	0
6	0	1	1	0	1	0	1	1	0
7	0	1	1	1	0	0	0	1	0
8	1	0	0	0	1	1	1	1	0
9	1	0	0	1	0	0	0	1	1
10	0	0	0	0	1	0	1	1	0

(4) 画状态转换图。

将表 5-4 转换成状态转换图，如图 5-7 所示。

(5) 根据状态表或者状态转换图可知，该电路为异步十进制加法计数器，能够自启动。

5.2.2 同步时序逻辑电路的设计

设计时序逻辑电路就是根据给定的逻辑问题，求出实现这一逻辑功能的逻辑电路。设计的电路要力求简单。

本节主要介绍同步时序逻辑电路的设计。一般同步时序逻辑电路的设计按照以下步骤进行。

(1) 根据给定的条件进行逻辑抽象，画出原始状态图或列出状态表；

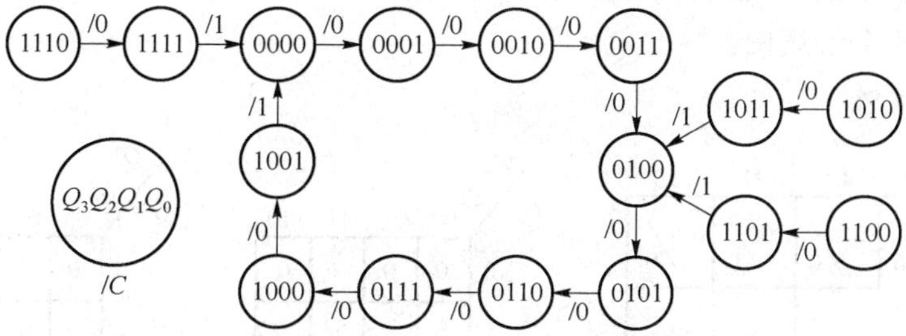

图 5-7　例 5-2 的状态转换图

(2) 简化状态，即合并一些等价的状态；

(3) 确定所使用的触发器的类型、数目，给状态进行编码；

(4) 求状态方程和输出方程；

(5) 求驱动方程；

(6) 画逻辑电路图。

【例 5-3】 试设计一个五进制加法计数器。

(1) 分析设计要求，建立原始状态图，如图 5-8 所示。

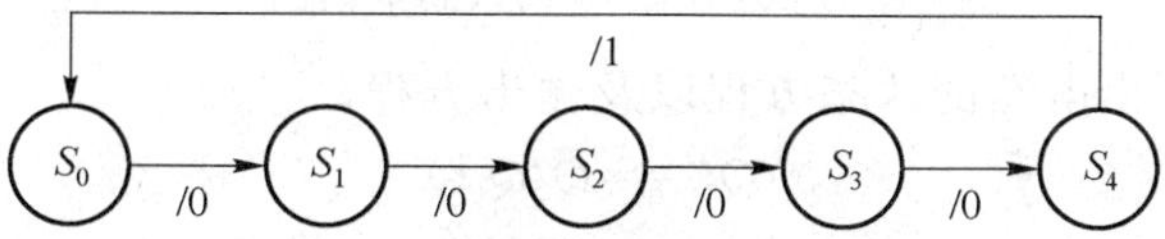

图 5-8　例 5-3 的原始状态图

计数器能够在时钟脉冲的作用下，自动地从一个状态转换到下一个状态，所以无须外输入。假设进位输出为 C，$C=1$ 表示有进位输出，$C=0$ 表示无进位输出。

(2) 状态化简。五进制计数器必须用 5 个不同的状态来表示输入的时钟脉冲的个数，所以不存在等效状态，无须进行状态化简。

(3) 确定触发器个数、类型以及进行状态编码。

五进制计数器的状态个数是 5，根据 $2^n \geqslant N(N=5)$ 的方法确定触发器的数目，这里需要 3 个 JK 触发器，以 000～100 5 个自然二进制编码作为 S_0～S_4 的状态编码，编码后的状态图如图 5-9 所示。

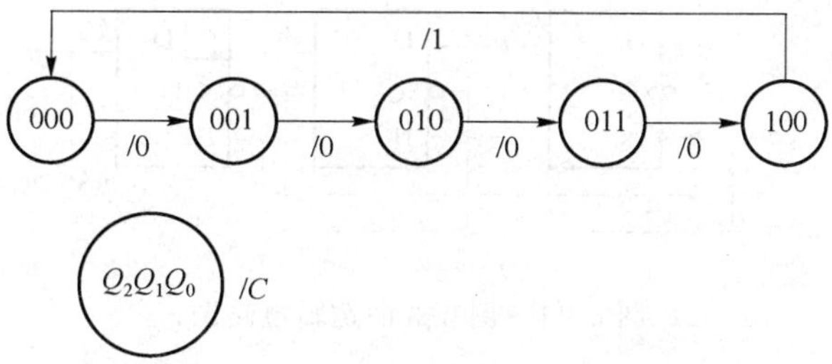

图 5-9　例 5-3 的状态图

(4) 求状态方程和输出方程。

根据图 5-9 所示的可以画出次态卡诺图，如图 5-10 所示，图 5-10(a)可以分解成图 5-10(b)～图 5-10(e)4 个卡诺图。

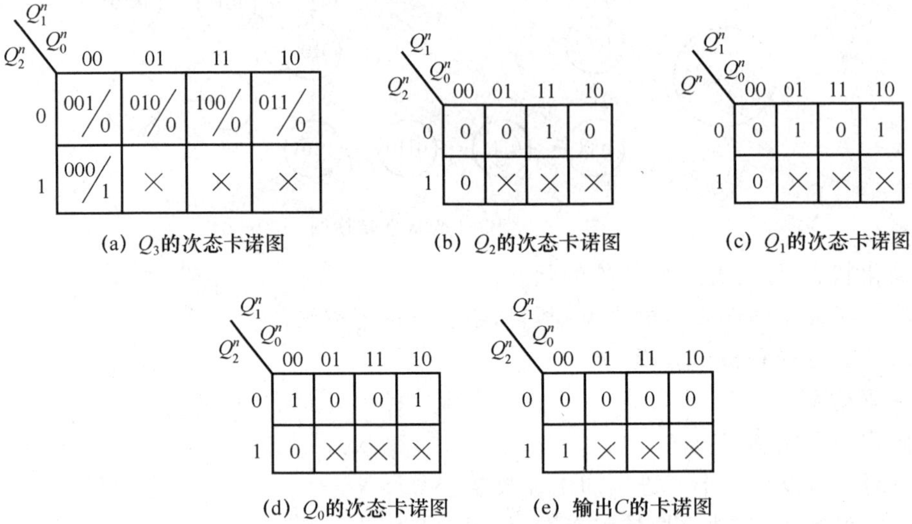

图 5-10　例 5-3 的次态卡诺图

根据卡诺图化简写出电路的状态方程以及输出方程。

$$\begin{cases} Q_2^{n+1}=\overline{Q}_2Q_1Q_0 \\ Q_1^{n+1}=Q_1 \oplus Q_0 \\ Q_0^{n+1}=\overline{Q}_2\ \overline{Q}_0 \\ C=Q_2 \end{cases}$$

(5) 求驱动方程。

将状态方程与 JK 触发器的特性方法对比后，可以得到驱动方程。

$$\begin{cases} J_2=Q_1Q_0 \\ K_2=1 \end{cases} \qquad \begin{cases} J_1=Q_0 \\ K_1=Q_0 \end{cases} \qquad \begin{cases} J_0=\overline{Q}_2 \\ K_0=1 \end{cases}$$

(6) 画逻辑电路图。

根据驱动方程和输出方程，画出逻辑电路图，如图 5-11 所示。

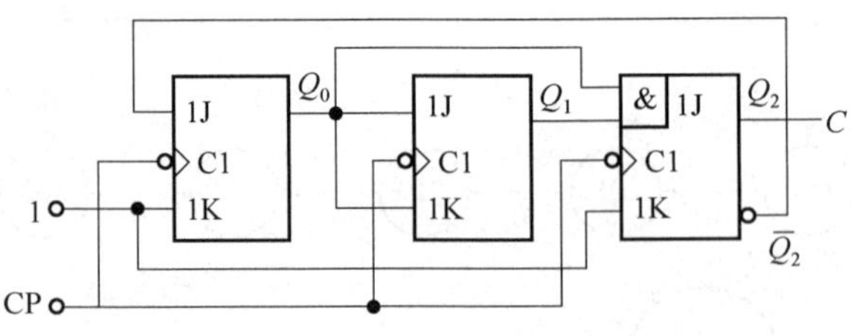

图 5-11　例 5-3 的逻辑电路图

(7) 检查能否自启动。

将设计中未用到的多余状态代入状态方程，检查电路能否自启动。此例的检查结果为可以自启动。完整的状态图，如图 5-12 所示。

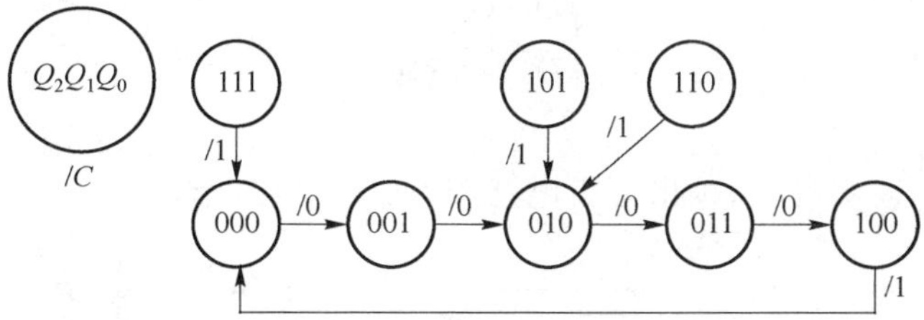

图 5-12　例 5-3 的完整状态图

【例 5-4】 设计一个串行数据检测器。要求当连续输入 4 个以及 4 个以上 1 时，检测器输出为 1，其他情况下输出为 0。

解：(1) 分析设计要求，建立原始状态图。

设输入为 X，输出为 F。建立原始状态图如图 5-13 所示，其中 S_0 状态为没有输入 1 之前的状态；S_1 表示输入一个 1 以后的状态；S_2 表示连续输入两个 1 以后的状态；S_3 表示连续输入 3 个 1 以后的状态；S_4 表示连续输入 4 个以及 4 个以上 1 以后的状态。

(2) 状态化简。

由图 5-13 所示可知，对于状态 S_3 和 S_4，在输入 X 为 0 和 1 时，它们转换的下一个状态和输出完全相同，那么这两个状态就是等效的，是等价状态，可以合并成一个状态，消去其中一个状态，本例题消去 S_4 状态。

(3) 确定触发器数目、类型并对状态进行编码。

根据 $2^n \geqslant N(N=4)$ 选取两个 D 触发器，$S_0 \sim S_3$ 的状态编码为 Q_1Q_2，Q_1Q_2 分别为 00、01、11、10。

(4) 求状态方程和输出方程。

根据简化的状态图画出电路的次态卡诺图，如图 5-14 所示。

由卡诺图得到状态方程：

$$Q_1^{n+1}=XQ_1+XQ_2=X\overline{\overline{Q_1}\ \overline{Q_2}},Q_2^{n+1}=X\overline{Q_1}$$

输出方程

$$F=XQ_1\overline{Q_2}$$

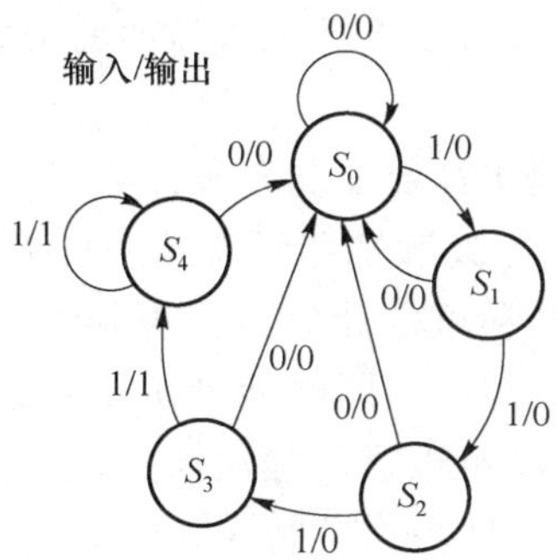

图 5-13　例 5-4 的原始状态图

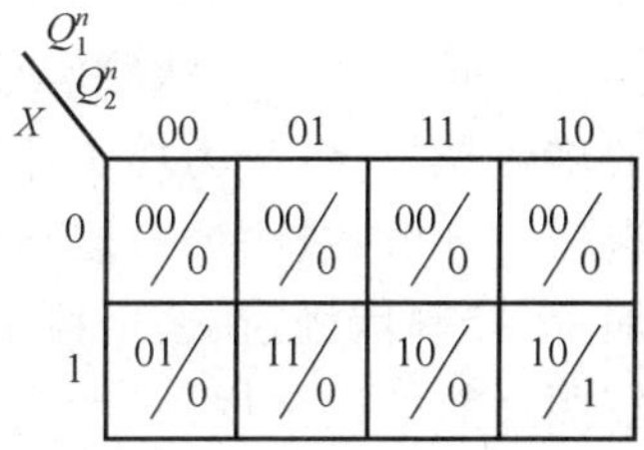

图 5-14　例 5-4 的次态卡诺图

(5) 求驱动方程。

将 D 触发器的特征方程 $Q^{n+1}=D$ 与状态方程比较可得驱动方程：

$$\begin{cases} D_1 = X\overline{Q_1}\,\overline{Q_2} \\ D_2 = X\overline{Q_1} \end{cases}$$

（6）画逻辑电路图。

根据驱动方程和输出方程，画出逻辑电路图，如图 5-15 所示。

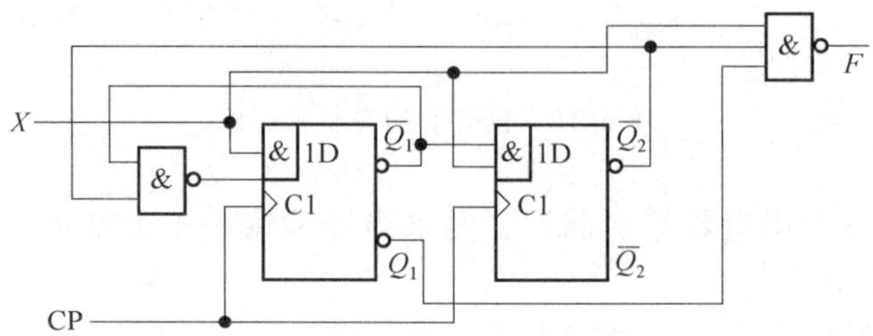

图 5-15　例 5-4 的逻辑电路图

（7）检查能否自启动。

电路中没有无效状态，故该电路无须检查能否自启动。

练习与思考

1．时序逻辑电路的功能有几种描述方法？它们之间是如何互相转换的？

2．时序逻辑电路由哪几部分组成？组合逻辑电路与时序逻辑电路与区别是什么？

3．简述时序逻辑电路的分类。

4．时序逻辑电路的分析步骤和设计步骤分别是什么？

5．什么是等价状态？

5.3　计　数　器

计数器是数字系统中用途较广泛的时序电路，它不仅可以累计输入脉冲的个数，还可以实现分频、定时、产生序列信号以及执行数字运算等。

计数器按照各级触发器所接收的时钟信号可分为同步计数器和异步计数器。同步计数器中各级触发器采用同一个时钟脉冲信号；而异步计数器各级触发器没有统一的时钟信号。如果按照计数的增减规律，可分为加法计数器、减法计数器和可逆计数器。其中加法计数器对输入脉冲进行递增的计数，减法计数器则对输入脉冲进行递减的计数，而可逆计数器则在电路中增加了一个加/减控制信号，在这个控制信号的作用下，既可以进行加法计数，也可以进行减法计数。如果按照计数的进制规则，计数器可分为 2^n 制（又称为二进制或 n 位二进制）计数器和 N 进制（又称为 N 二进制，$N \neq 2^n$）计数器。计数器的进制既可以称为容量，又可以称为计数器的模，通常用 M 表示，所表示的是计数器电路中有效状态的个数。由此可知，二进制计数器的计数模值为 2^n，N 进制计数器的计数模值为 N，其中比较常用的 N 进制计数器有十进制计数器等。如果按照编码原则来分类，计数器可分为二进制码计数器、BCD 码计数器、循环码计数器等。

5.3.1　二进制计数器

二进制计数器只有 0 和 1 两种数码，而构成时序电路的基本单元结构触发器也有 0 和 1 两种稳态。由此可知，n 位二进制计数器需要 n 个触发器构成。n 位二进制计数器最多可累计的脉冲个数是 2^n-1 个。例如，3 位二进制计数器（$n=3$）最多可累计脉冲个数为 7 个。下面分别介绍异步、同步二进制计数器。

1. 异步二进制计数器

异步二进制计数器是指各个触发器的时钟端所接的计数脉冲是分别加至各触发器的，使各触发器的输出状态在各自计数脉冲到来时，按各触发器的功能进行相应的改变，因为各自时钟不同，所以触发器的状态改变不是同时的。图 5-16 所示为由主从型 JK 触发器组成的 4 位异步二进制加法计数器。

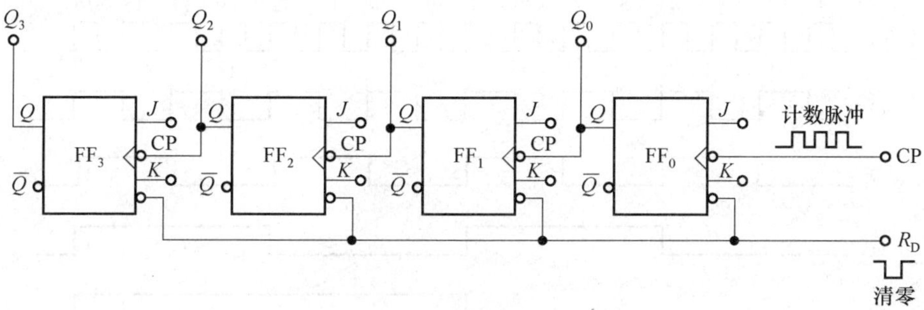

图 5-16　由主从型 JK 触发器组成的 4 位异步二进制加法计数器

对逻辑图进行分析，这是由 4 个 J 和 K 端都悬空（这相当于接 1）的 JK 触发器构成的异步二进制计数器，所以每到达一个计数脉冲 CP 信号，首先最低位的触发器 FF_0 翻转一次；而高位触发器的时钟依次取自低位触发器的状态输出端，所以高位触发器状态的翻转只能发生在相邻的低位触发器的状态从 1 变为 0 时。表 5-5 所示为 4 位异步二进制加法计数器的状态表。

表 5-5　4 位异步二进制加法计数器的状态表

计数脉冲数	二进制数				十进制数
	Q_3	Q_2	Q_1	Q_0	
0	0	0	0	0	0
1	0	0	0	1	1
2	0	0	1	0	2
3	0	0	1	1	3
4	0	1	0	0	4
5	0	1	0	1	5
6	0	1	1	0	6
7	0	1	1	1	7
8	1	0	0	0	8
9	1	0	0	1	9
10	1	0	1	0	10
11	1	0	1	1	11

续表

计数脉冲数	二进制数				十进制数
	Q_3	Q_2	Q_1	Q_0	
12	1	1	0	0	12
13	1	1	0	1	13
14	1	1	1	0	14
15	1	1	1	1	15
16	0	0	0	0	0

根据表 5-7 所示的可以分析得到，当第 16 个计数脉冲到来时，触发器的状态回到 0000，一个新的计数循环开始，并且每到达 1 个计数脉冲，$Q_3Q_2Q_1Q_0$ 按每次加 1 递增的顺序在变化，所以称为加法计数器。图 5-17 所示为表 5-5 的波形图。

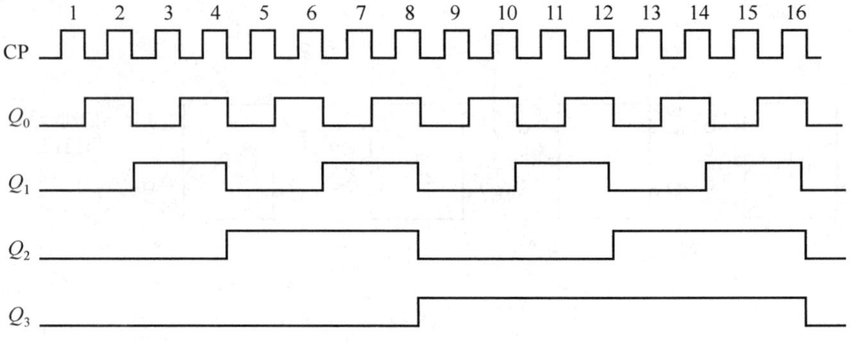

图 5-17　表 5-5 的波形图

图 5-18 和图 5-19 所示为两个异步二进制计数器，其逻辑功能请读者自行分析。

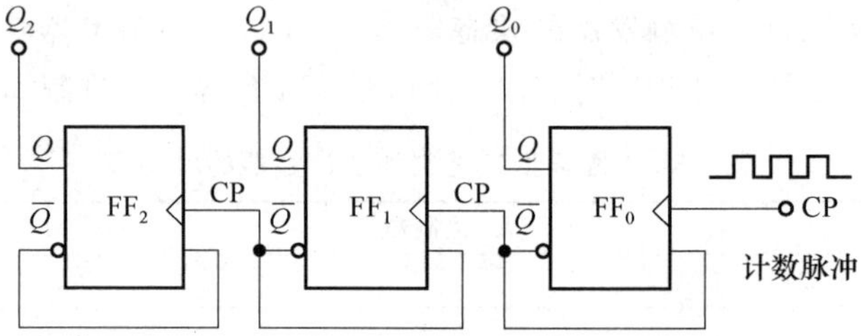

图 5-18　异步二进制计数器 1

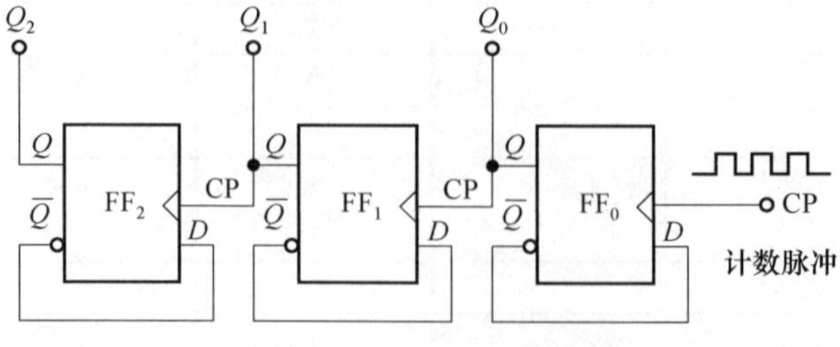

图 5-19　异步二进制计数器 2

2. 同步二进制计数器

由 JK 触发器构成的 3 位同步二进制计数器如图 5-20 所示。

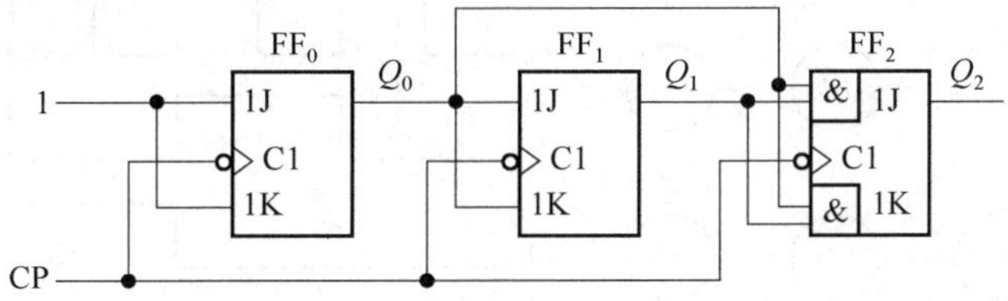

图 5-20　3 位同步二进制计数器

分析过程如下所示。

(1) 列方程组。

驱动方程：

$$\begin{cases} J_0 = K_0 = 1 \\ J_1 = K_1 = Q_0^n \\ J_2 = K_2 = Q_0^n Q_1^n \end{cases}$$

将驱动方程代入 JK 触发器的特征方程 $Q^{n+1} = J\,\overline{Q^n} + \overline{K}Q^n$，得到各触发器的状态方程：

$$\begin{cases} Q_0^{n+1} = \overline{Q_0^n} \\ Q_1^{n+1} = Q_0^n\,\overline{Q_1^n} + \overline{Q_0^n}Q_1^n \\ Q_2^{n+1} = Q_0^n Q_1^n\,\overline{Q_2^n} + \overline{Q_0^n Q_1^n}Q_2^n = Q_0^n Q_1^n\,\overline{Q_2^n} + \overline{Q_0^n}Q_2^n + \overline{Q_1^n}Q_2^n \end{cases}$$

(2) 根据状态方程，列出 3 位同步二进制计数器的状态转换表如表 5-6 所示。

表 5-6　3 位同步二进制计数器的状态转换表

Q_2^n	Q_1^n	Q_0^n	Q_2^{n+1}	Q_1^{n+1}	Q_0^{n+1}	Q_2^n	Q_1^n	Q_0^n	Q_2^{n+1}	Q_1^{n+1}	Q_0^{n+1}
0	0	0	0	0	1	1	0	0	1	0	1
0	0	1	0	1	0	1	0	1	1	1	0
0	1	0	0	1	1	1	1	0	1	1	1
0	1	1	1	0	0	1	1	1	0	0	0

(3) 根据状态转换表画出状态图和时序图，如图 5-21 所示。

由图 5-21(b)所示可知，随着时钟脉冲 CP 的增加，电路输出状态对应的二进制数也在递增，并且经过 8 个 CP 可以完成一次状态循环。

(4) 由以上分析可知，该电路为 3 位同步二进制计数器。

3. 集成同步二进制计数器

集成同步二进制计数器包括 TTL 和 CMOS 两大系列。这两种系列产品的逻辑功能相同，逻辑符号、外引线图、型号通用，其区别在于二者的内部结构与性能。CMOS 系列的性能优于 TTL 系列，目前大部分产品采用 CMOS 系列，在一般情况下，选用 TTL 系列即可满足实际需要。

常见的集成同步二进制计数器的型号有 160/161、162/163、190/191、192/193、4510、40103 等，其中 160/161、162/163 为可预置数加法计数器；190/191、192/193 为可预置数加、减可逆计数器(其中 192/193 为双时钟)。

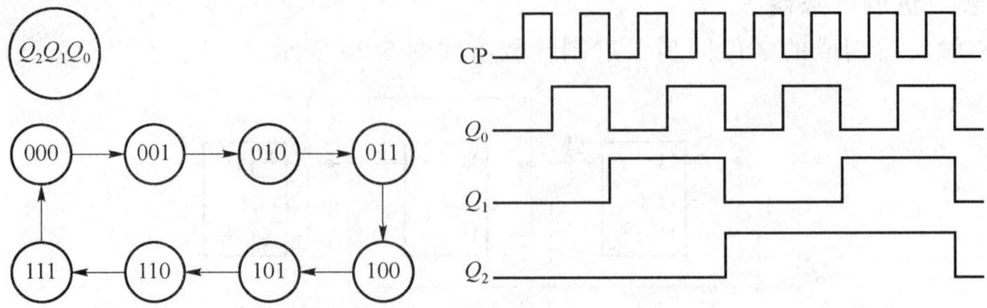

(a) 状态图　　　　(b) 时序图

图 5-21　状态图和时序图

160/161、162/163 均在计数脉冲 CP 上升沿的作用下进行加法计数，其中 160/161 二者外引线完全相同，逻辑功能也相同，不同之处是 160 为十进制，而 161 为十六进制（162/163 与此类似）。下面以 160/161 为例进行介绍。

160/161 的逻辑符号和外引线图如图 5-22 所示。其中$\overline{R_D}$为异步清零端，$\overline{L_D}$为同步置数端，EP、ET 为保持功能端，CP 为计数脉冲输入端，$D_0 \sim D_3$ 为数据端，$Q_0 \sim Q_3$ 为输出端，RCO 为进位输出端。其逻辑功能如表 5-7 所示。

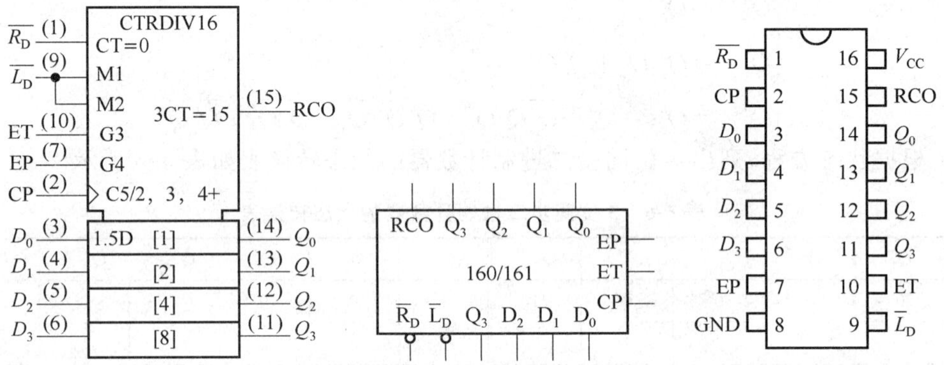

(a) 国标符号　　　　(b) 一般符号　　　　(c) 外引线图

图 5-22　160/161 的逻辑符号和外引线图

表 5-7　160/161 的逻辑功能表

输　入					输　出
CP	$\overline{L_D}$	$\overline{R_D}$	EP	ET	Q
×	×	L	×	×	全“L”
↑	L	H	×	×	预置数据
↑	H	H	H	H	计数
×	H	H	0	×	保持
×	H	H	×	0	保持

由表 5-7 可知 160/161 具有以下功能。

(1) 异步清零。当$\overline{R_D}=0$时，使计数器清零。由于$\overline{R_D}$端的清零功能不受 CP 控制，故称为异步清零。

(2) 同步置数。当$\overline{L_D}=0$、$\overline{R_D}=1$(清零无效)且 CP 上升沿到来时，使 $Q_3Q_2Q_1Q_0=D_3D_2D_1D_0$，即将初始数据 $D_3D_2D_1D_0$ 送到相应的输出端，实现同步预置数据功能。

(3) 计数功能。当$\overline{R_D}=\overline{L_D}=EP=ET=1$(均为 H，无效)且 CP 上升沿到来时，161 按十六进制计数。当计数至第 16 个时钟脉冲时，进位信号 RCO 出现一个下降沿，表示产生一个进位信号(逢十六进一)。

(4) 保持功能。当$\overline{R_D}=\overline{L_D}=1$，同时 EP、ET 中有一个为 0 时，无论是否有计数脉冲 CP 上升沿输入，计数器输出端都会保持原来的状态，即状态不改变。

5.3.2　十进制计数器

在日常生活中，习惯用十进制数计数，在二进制计数器的基础上，经过电路改变得到十进制计数器，也就是用 4 位二进制数代表十进制数，因此也称为二-十进制计数器。

根据前面的 8421BCD 码的编码方式，取四进制数 0000～1001，这样当第 10 个计数脉冲到来时，由 1001 变为 0000，而 1010～1111 则被跳过，每 10 个脉冲循环一次。下面分别介绍同步十进制计数器和集成异步十进制计数器。

1. 同步十进制计数器

图 5-23 所示为由 4 个 *JK* 触发器构成的同步十进制计数器。

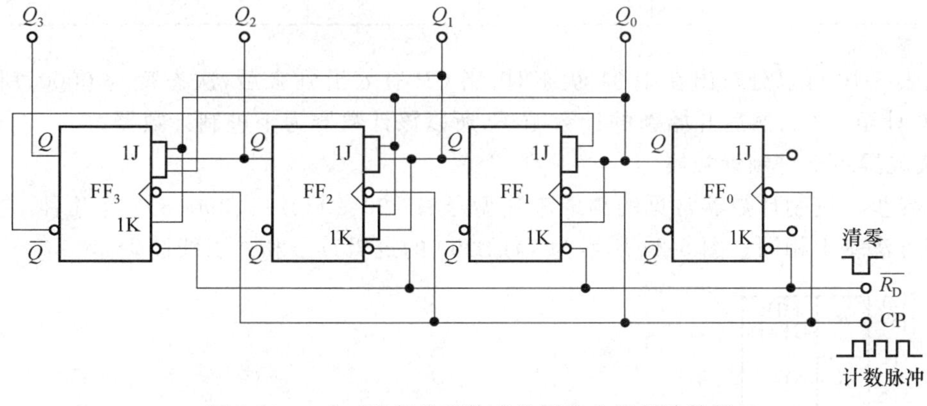

图 5-23　4 个 *JK* 触发器构成的同步十进制计数器

同步十进制计数器的分析过程如下所述。

驱动方程：

$$J_0=K_0=1\qquad \begin{cases}J_1=Q_0^nQ_3^n\\K_1=Q_0^n\end{cases}\qquad J_2=K_2=Q_0^nQ_1^n\qquad \begin{cases}J_3=Q_0^nQ_1^nQ_2^n\\K_3=Q_0^n\end{cases}$$

代入 *JK* 触发器的特征方程 $Q^{n+1}=J\overline{Q^n}+\overline{K}Q^n$，得到状态方程：

$$\begin{cases}Q_0^{n+1}=\overline{Q_0^n}\\Q_1^{n+1}=Q_0^n\overline{Q_1^n}\,\overline{Q_3^n}+\overline{Q_0^n}Q_1^n\\Q_2^{n+1}=(Q_0^nQ_1^n)\oplus Q_2^n\\Q_3^{n+1}=Q_0^nQ_1^nQ_2^n\overline{Q_3^n}+\overline{Q_0^n}Q_3^n\end{cases}$$

其状态表如表 5-8 所示。

表 5-8　图 5-29 的状态表

计数脉冲数	二进制数				十进制数
	Q_3	Q_2	Q_1	Q_0	
0	0	0	0	0	0
1	0	0	0	1	1
2	0	0	1	0	2
3	0	0	1	1	3
4	0	1	0	0	4
5	0	1	0	1	5
6	0	1	1	0	6
7	0	1	1	1	7
8	1	0	0	0	8
9	1	0	0	1	9
10	0	0	0	0	进位

根据表 5-10 可以分析出在 1001 状态时，当 CP 有效沿到来后，次态变为 0000，所以计数是从 0000 计至 1001，然后开始新的计数循环，所以该计数器为十进制计数器。

2. 集成异步十进制计数器

集成异步十进制计数器常见的集成芯片型号有 290、292、293、390、393 等几种，它们的功能和应用方法基本相同。图 5-24 所示为 74LS290 的逻辑符号和外引线图。

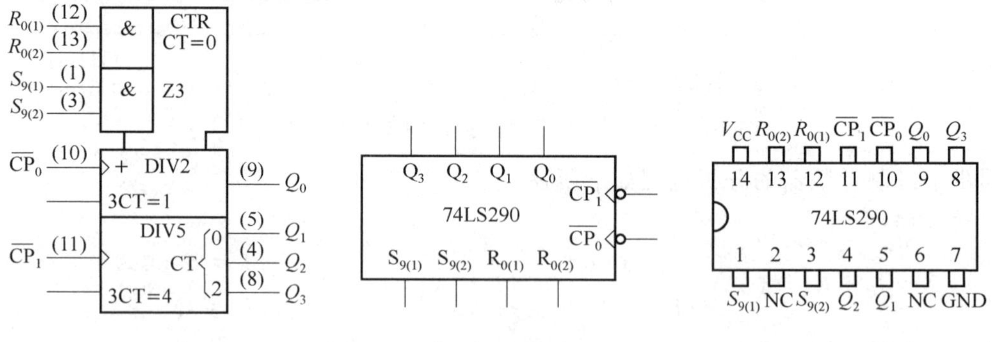

(a) 国际符号　(b) 一般符号　(c) 外引线图

图 5-24　74LS290 的逻辑符号和外引线图

74LS290 是一种较为典型的中规模集成异步计数器，其内部分为二进制和五进制计数器两个独立的部分。这两部分既可单独使用，又可连接起来构成十进制计数器，因此被称为“二、五、十进制计数器”。表 5-9 所示为 74LS290 的逻辑功能表。

表 5-9　74LS290 的逻辑功能表

$S_{9(1)}$	$S_{9(2)}$	$R_{0(1)}$	$R_{0(2)}$	$\overline{CP}_0$	$\overline{CP}_1$	Q_3	Q_2	Q_1	Q_0
H	H	H	H	×	×	1	0	0	1
H	H	×	L	×	×	1	0	0	1
L	×	H	H	×	×	0	0	0	0
×	L	H	H	×	×	0	0	0	0
$S_{9(1)} \cdot S_{9(2)}=0$ $R_{0(1)} \cdot R_{0(2)}=0$				CP↓	0	二进制			
				0	CP↓	五进制			
				CP↓	Q_0	8421 十进制			

下面分别按二进制、五进制、十进制 3 种情况来分析。

(1) 二进制计数器从$\overline{CP}_0$ 输入计数脉冲，从 Q_0 端输出。

(2) 五进制计数器从$\overline{CP}_1$ 输入计数脉冲，从 $Q_3Q_2Q_1$ 端输出。现以如图 5-25 所示的 74LS290 的逻辑图为例进行分析。假设初态为 000，根据触发器的状态方程进行计算，可知状态转换从 000 开始，经 001→010→011→100→000，最后恢复到 000，可见经过 5 个脉冲循环一次，所以为五进制计数器。

(3) 将 Q_0 端与 CP_1 相连，输入计数脉冲 CP_0。按照图 5-25 所示进行分析可知，从初始状态 0000 开始计数，经过 10 个脉冲后恢复 0000，并且各个触发器的时钟不是同一个，所以为异步十进制计数器。

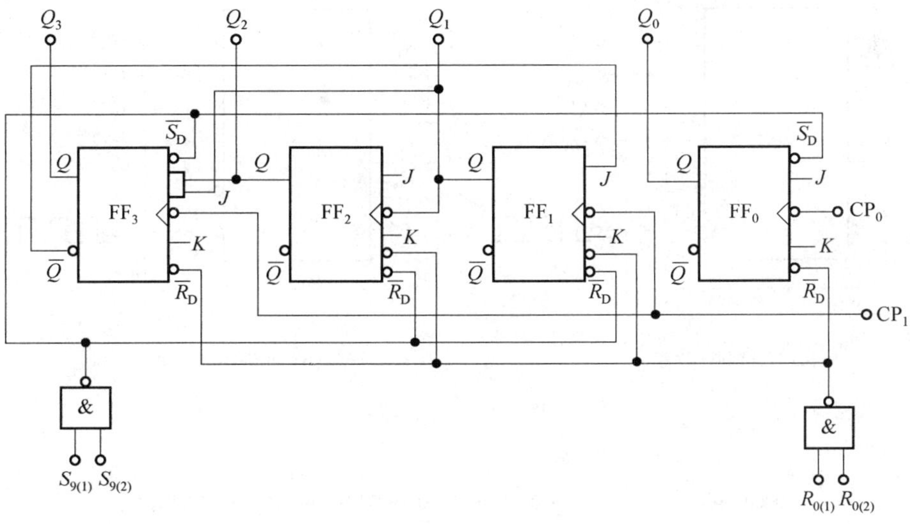

图 5-25　74LS290 的逻辑图

图 5-26 所示为 74LS290 的基本计数方式。

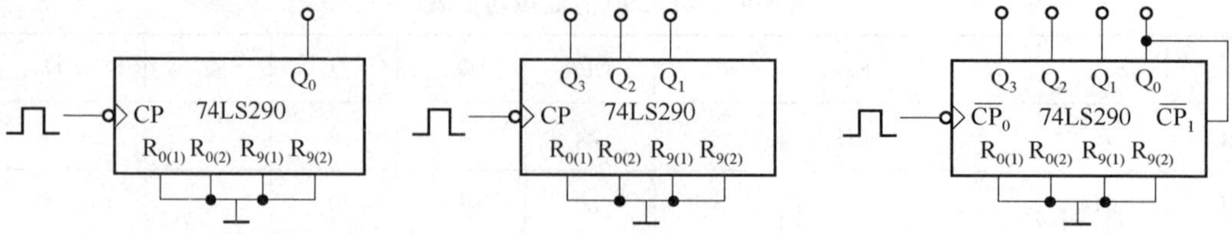

(a) 二进制码　　(b) 五进制码　　(c) 十进制码

图 5-26　74LS290 的基本计数方式

5.3.3　任意进制计数器

目前常用的计数器主要有二进制和十进制。当需要任一进制计数器时，只能将现有的计数器通过电路改接而得到。常用的方法有两种：一为清零法，二为置数法。下面将介绍这两种方法。

1. 清零法

利用计数器的清零端进行清零，可以得到小于原来进制的任意进制的计数器。如图 5-27 所示的两个电路，分别为六进制计数器和九进制计数器。

对图 5-27(a)的分析：从 0000 开始计数，当来了 5 个计数脉冲 CP_0 后，状态变为 0101(见 74LS290 的逻辑功能表)，当第 6 个脉冲到来时，出现 0110，由于 Q_2 和 Q_1 端分别接在 $R_{0(2)}$ 和 $R_{0(1)}$ 清零端，置 0 不受时钟控制，这个状态时间非常短，显示不出，然后状态就立即回到 0000，所以为六进制计数器。状态循环图如图 5-28 所示。

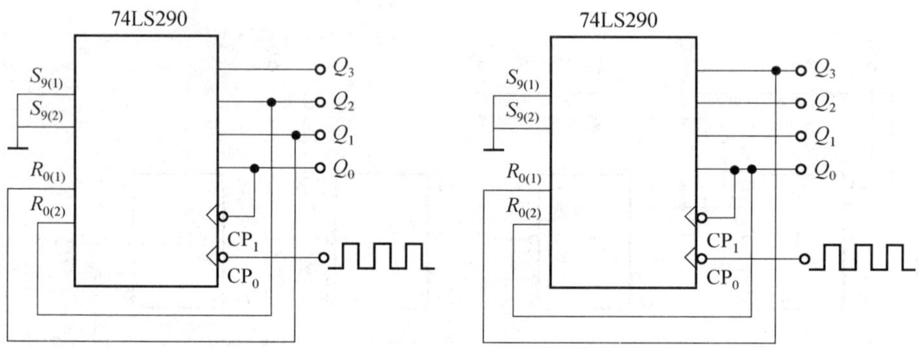

(a) 六进制计数器　　(b) 九进制计数器

图 5-27　计数器

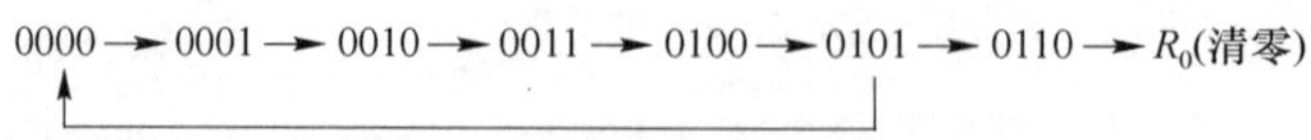

图 5-28　图 5-27(a)所示的六进制计数器的状态图

对于图 5-27(b)所示的可根据上面介绍的方法进行分析，可知为九进制计数器。

如果任意进制数 N 小于集成计数器的计数容量 M，即 $N<M$，就可以利用上面讲述的方

法来完成。如果 $N>M$,一片集成计数器已不可能完成,就需要多片集成计数器级联而成。图 5-29所示即为两片集成计数器级联而成的六十进制计数器,它是由两片 74LS290 通过清零法,分别组成个位为十进制和十位为六进制的计数器,将个位的最高位 Q_3 联到十位的 CP_0,级联后计数容量为 $6\times10=60$,即为六十进制计数器。

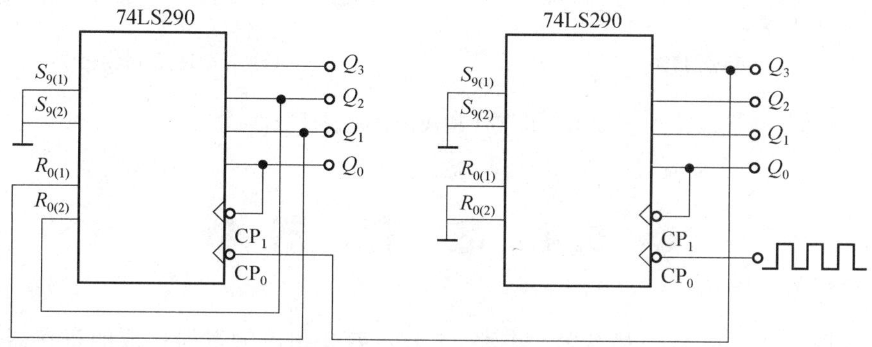

图 5-29　六十进制计数器

2. 置数法

置数法这个方法适用于有并行预置数功能的计数器。它是利用预置数端$\overline{LD}$和数据输入端 $D_3D_2D_1D_0$ 来实现的,如果计数器具有的是同步置数功能,就可计数至 $N-1$;如果具有的是异步置数功能,就计数至 N。

用预置数法实现的六进制电路如图 5-30(a)所示。先令 $D_3D_2D_1D_0=0000$,并以此为计数初始状态。当第 5 个 CP 上升沿到来时,$D_3D_2D_1D_0=0101$,则 $\overline{LD}=\overline{Q_2Q_1}=0$,置数功能有效,但由于 161 是同步置数,所以此时还不能置数(因第 5 个 CP 上升沿已过去),只有当第 6 个 CP 上升沿到来时,才能同步置数使 $Q_3Q_2Q_1Q_0=D_3D_2D_1D_0=0000$,完成一个计数周期,计数过程如图 5-30(b)所示。

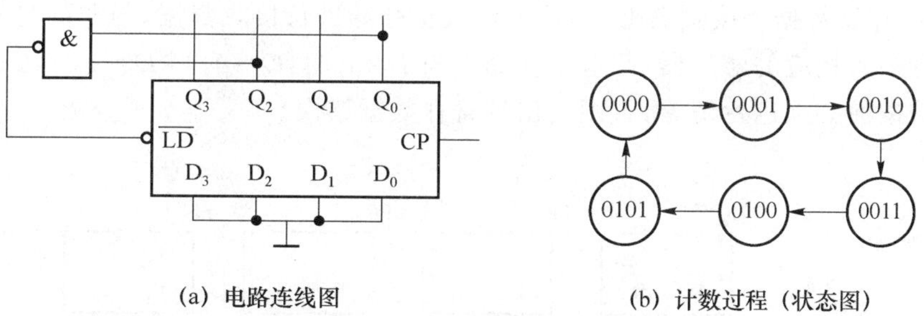

(a) 电路连线图　　(b) 计数过程(状态图)

图 5-30　由 161 构成的六进制计数器

图 5-31(a)所示为用预置数法实现的九进制计数器的电路。先令 $D_3D_2D_1D_0=0111$,可实现 0111～1111 共 9 个有效状态的计数,完成一个计数周期,所以说计数不一定从 0000 开始,可以从计数过程中任何一个状态开始,只要计数脉冲的个数符合所要求的计数即可,计数过程如图 5-31(b)所示。

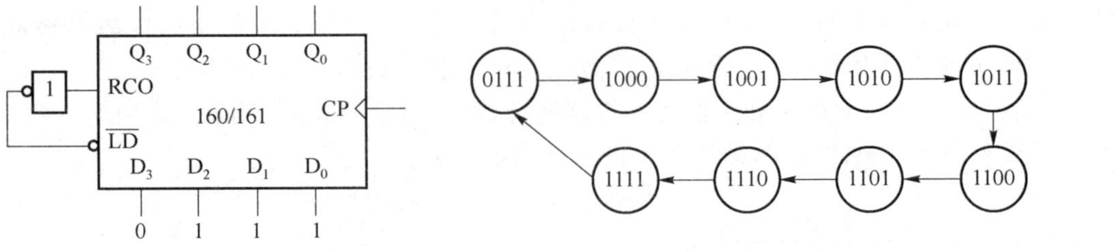

(a) 电路连接图　　(b) 计数过程（状态图）

图 5-31　由 161 构成的九进制计数器

5.4 寄　存　器

触发器是时序逻辑电路的基本单元电路，本节主要介绍由触发器构成的寄存器和计数器。寄存器是用于暂时存放数据或指令的时序逻辑部件，广泛应用在数字计算机及数字仪器仪表中。寄存器以存放数的方式和取出数的方式来分类，可分为并行和串行两种。并行方式是指数码从各对应的输入端同时存入到寄存器中，然后从各输出端同时取出寄存的数码；串行方式是指数码从一个输入端逐位输入到寄存器中，从一个输出端逐个取出寄存的数码。

寄存器可分为数码寄存器和移位寄存器，它们的区别在于是否有移位的功能。

5.4.1　数码寄存器

数码寄存器也称基本寄存器，它具有清除原有数码和接收数码的功能。

图 5-32 所示为由基本 RS 触发器构成的双拍式 4 位寄存器。在寄存数据时，需要经过以两步实现。

(1) 清零。在接收数据前，输入负脉冲进行清零，使各个触发器置 0。

(2) 接收、存储数据。接收数据时，输入有效正脉冲进行接收数据，与非门打开，输入数据经与非门并行写入相应的触发器，并进行存储。当 $D=0$ 时，$Q=0$；当 $D=1$ 时，$Q=1$。寄存器在准备寄存数据前必须进行清零，否则会出现寄存数据错误。

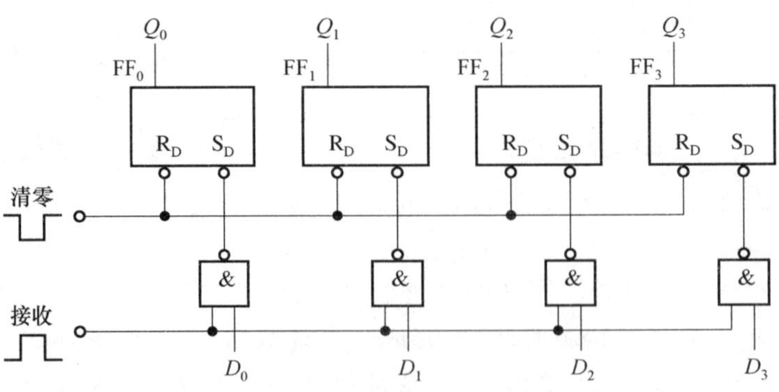

图 5-32　由基本 RS 触发器构成的双拍式 4 位寄存器

图 5-33 所示为由边沿 D 触发器构成的单拍式 4 位寄存器。

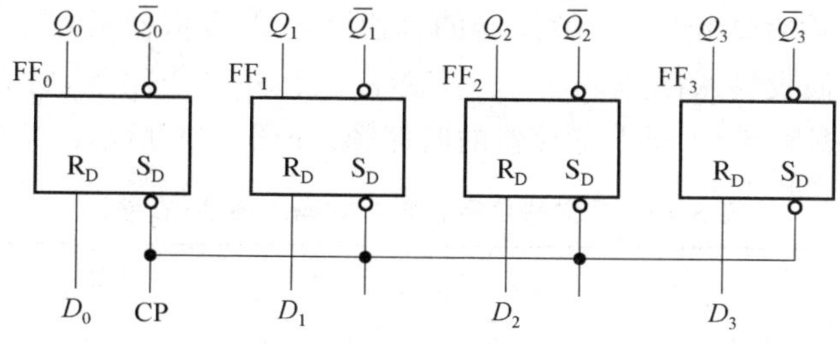

图 5-33　由边沿 D 触发器构成的单拍式 4 位寄存器

当 CP 脉冲的下降沿到来时，加在 $D_0 \sim D_3$ 端的 4 位并行数据立即被送入到相应的触发器中，根据 D 触发器的逻辑功能和特征方程可得：$Q_0=D_0$，$Q_1=D_1$，$Q_2=D_2$，$Q_3=D_3$，与寄存器中原来存储的数据无关。而在 CP=0、CP=1 和 CP 脉冲的上升沿到来时，各触发器保持原有状态不变，因此在下一个 CP 下降沿到来之前，接收到的数据将一直寄存在各触发器的输出端。

基本的寄存器只能暂时寄存数据，数据的输入、输出采用并行输入/并行输出的方式。

5.4.2　移位寄存器

移位寄存器不仅可以寄存数据，还可以对数据进行移位操作。根据数据移位的特点，移位寄存器可分为单向移位寄存器和双向移位寄存器。单向移位寄存器只能对数据进行单向移动，可分为左移和右移。双向移位寄存器又称为可逆移位寄存器，具有双向移位功能。移位寄存器具有并行输入/并行输出、并行输入/串行输出、串行输入/并行输出和串行输入/串行输出 4 种工作方式，广泛地应用于并行数据的存储、数据的串/并和并/串变换、串行数据的延时控制等。

图 5-34 所示为由 D 触发器构成的单向移位寄存器的逻辑图。

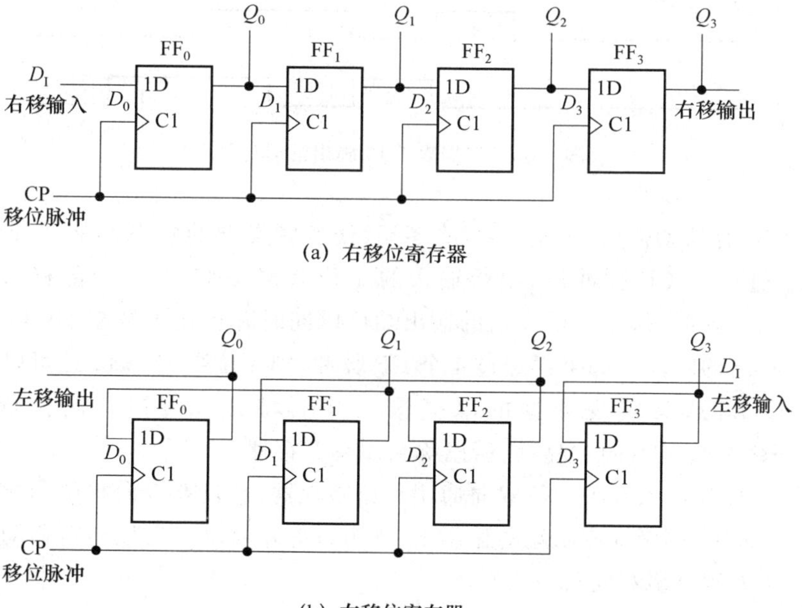

图 5-34　D 触发器构成的单向移位寄存器的逻辑图

图 5-34(a)所示为单向右移位寄存器，在时钟脉冲 CP 的作用下需寄存的数据依次从右边串行口输入端(D_I)端输入，同时每个触发器的输出状态也将依次移给右边高位的触发器，这种输入为串行输入。假设输入的数码为 1011，在移位脉冲的作用下，寄存器中数码的移动情况如表 5-10 所示，根据表 5-10 画出寄存器的时序图，如图 5-35 所示。

表 5-10　单向移位寄存器中数码的移动(右移)

移位脉冲 CP	Q_3	Q_2	Q_1	Q_0	输入数据 D_{SR}
初始	0	0	0	0	1
1	0	0	0	1	0
2	0	0	1	0	1
3	0	1	0	1	1
4	1	0	1	1	—
并行输出	1	0	1	1	—

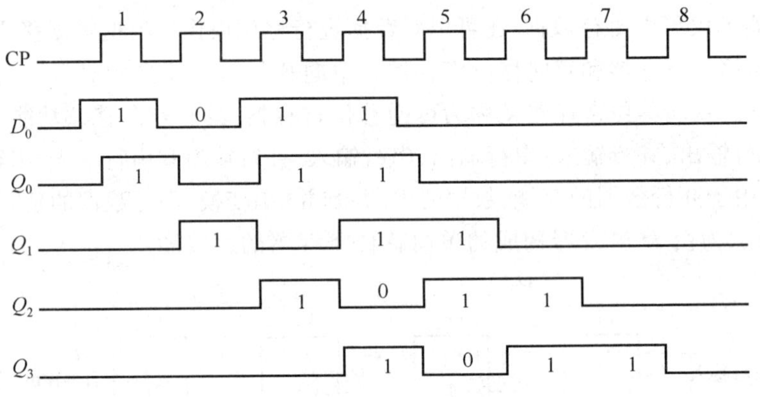

图 5-35　根据表 5-10 画出的时序图

在单向移位寄存器动作前，可附加$\overline{R_D}$清零端，使各触发器的状态都从 0 开始。根据时序图可以看出，经过 4 个 CP 脉冲后，串行输入的 4 位数据 1011 恰好全部移入寄存器中，即 $Q_3Q_2Q_1Q_0=1011$。这时，从 4 个触发器的输出端可以同时并行输出数据 1011，实现了数据的串行输入-并行输出的转换。如果再经过 4 个 CP 脉冲，则 4 位数据 1011 还可以从图5-35所示的 Q_3 端依次输出，这又实现数据的串行输入-串行输出。数据从高位依次移向低位($Q_3 \rightarrow Q_2 \rightarrow Q_1 \rightarrow Q_0$)，即从右向左移动，所以称为左移寄存器。

图 5-36 所示的 74LS194 为 4 位双向通用移位寄存器，它具有双向移位、并行输入、保持数据和清除数据等功能，在移位控制端的作用下，既可以向左移动又可以向右移动。本节以集成寄存器 74LS194 为例介绍双向移位寄存器。

74LS194 的逻辑符号和外引线图如图 5-36 所示。

表 5-11 所示为 74LS194 的逻辑功能表。

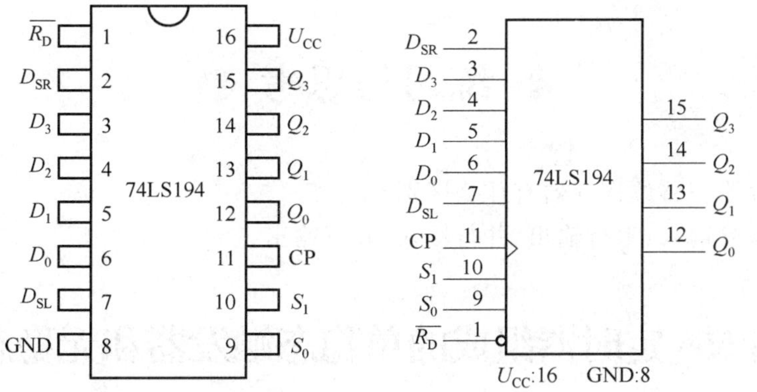

(a) 逻辑符号　　　(b) 外引线图

图 5-36　74LS194 的逻辑符号和外引线图

表 5-11　74LS194 的逻辑功能表

输入										输出			
$\overline{R_D}$	CP	S_1	S_0	D_{SL}	D_{SR}	D_3	D_2	D_1	D_0	Q_3	Q_2	Q_1	Q_0
0	×	×	×	×	×	×	×	×	×	0	0	0	0
1	0	×	×	×	×	×	×	×	×	Q_3^n	Q_2^n	Q_1^n	Q_0^n
1	↑	1	1	×	×	d_3	d_2	d_1	d_0	d_3	d_2	d_1	d_0
1	↑	0	1	×	d	×	×	×	×	d	Q_3^n	Q_2^n	Q_1^n
1	↑	1	0	d	×	×	×	×	×	Q_2^n	Q_1^n	Q_0^n	d
1	×	0	0	×	×	×	×	×	×	Q_3^n	Q_2^n	Q_1^n	Q_0^n

根据逻辑功能表，读者可自行分析 74LS194 的功能。

图 5-37 所示为两片 74LS194 相连的逻辑图，可以根据 74LS194 的逻辑功能自行分析它的逻辑功能。

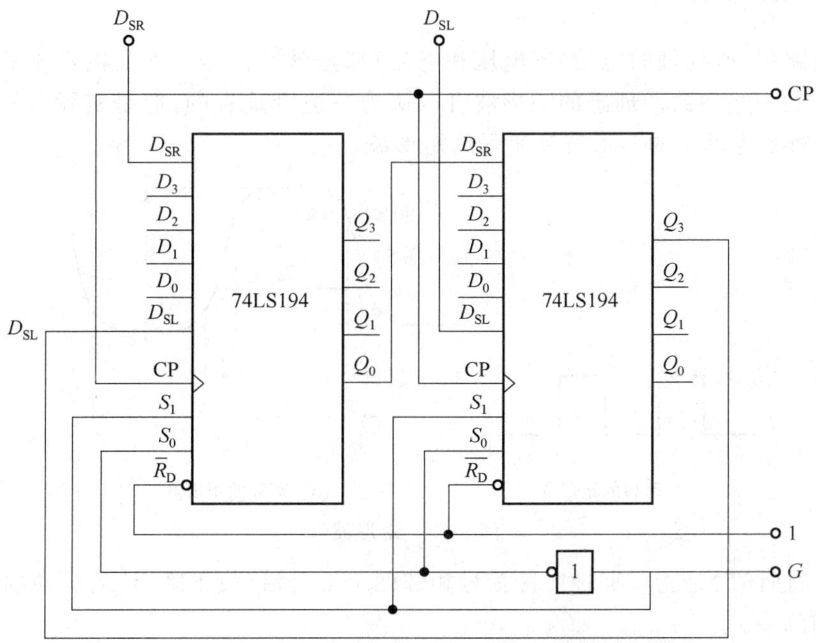

图 5-37　由两片 74LS194 相连的逻辑图

练习与思考

1. 数码寄存器和移位寄存器有什么区别?
2. 请解释串行输入、串行输出、并行输入、并行输出。

5.5 由555定时器组成的单稳态触发器和无稳态触发器

在数字电路中，经常需要各种不同宽度和幅度并且边沿陡峭的脉冲波形，如矩形脉冲、锯齿脉冲、三角脉冲等。要产生这些脉冲信号可以通过两种途径：一种是利用脉冲振荡器直接产生；另一种是利用整形电路将已有的波形转换成符合要求的脉冲波形。在数字电路中应用最多的矩形脉冲产生电路是多谐振荡器，它不需要外加触发脉冲，只需要通过自激振荡就能输出一定频率的矩形脉冲。由于矩形脉冲含有丰富的谐波，所以又称为多谐振荡器。另外，在数字电路中应用最为广泛的整形电路就是单稳态触发器。单稳态触发器与前面所讲的双稳态触发器是不同的，在触发器没有加信号之前，单稳态触发器处于稳定状态，经过信号的触发后，触发器翻转到一个新的状态，但这新的状态并不是稳定的状态，只能暂时保持，因此称为暂稳态。电路参数将决定暂稳态的时间长短，经过一段时间后，它会自动翻转到原来的稳定状态，所以电路只有一个稳定状态。

单稳态触发器和多谐振荡器可以利用门电路和电路元件构成，目前广泛采用的是利用555定时器通过不同的外部连接构成的单稳态触发器和多谐振荡器。

5.5.1 脉冲信号

在数字电路中，所处理的电信号(电压和电流)都是脉冲信号。下面以常见的矩形波为例介绍脉冲信号的一些参数。理想的矩形波可以认为是边沿垂直的，但是实际上的矩形波并非如此，图5-38所示为理想的矩形波和实际的矩形波。

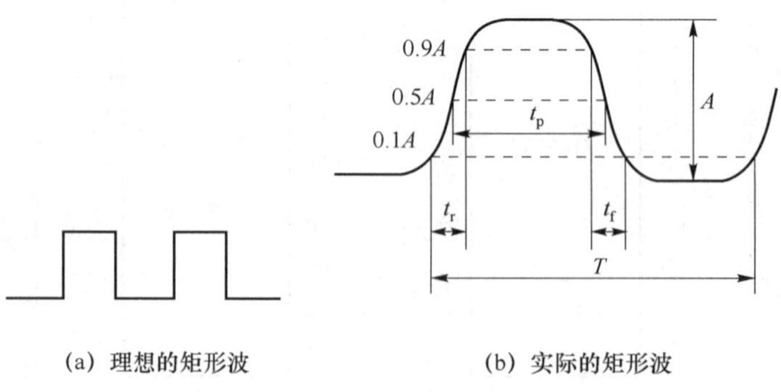

(a) 理想的矩形波　　(b) 实际的矩形波

图5-38　矩形波

(1) 脉冲周期(T)是指周期性脉冲信号相邻两个上升沿(或下降沿)的脉冲幅度的10%两点之间的时间间隔。

(2) 脉冲频率是指单位时间的脉冲个数，$f=\frac{1}{T}$，表示单位时间内脉冲重复的次数。

(3) 脉冲幅度(A)是指脉冲信号的最大幅度。

(4) 脉冲上升时间(t_r)是指从脉冲幅度的 10%上升到 90%所需的时间。

(5) 脉冲下降时间(t_f)是指从脉冲幅度的 90%下降到 10%所需的时间。

(6) 脉冲宽度(t_p)是指从上升沿的脉冲幅度的 50%到下降沿的脉冲幅度的 50%所需的时间，这段时间也称为脉冲持续时间。

(7) 占空比(q)是指脉冲宽度与脉冲周期的比值，即 $q=\frac{t_p}{T}$。

5.5.2　555 定时器

555 定时器是一种将模拟电路和数字电路结合在一起的中规模集成电路。它的结构简单，使用灵活方便，应用领域非常广泛。通常只要在 555 定时器外部配接少量的元件就可形成很多实用的电路。

图 5-39 所示为 555 定时器的电路结构、逻辑符号和外引线图。

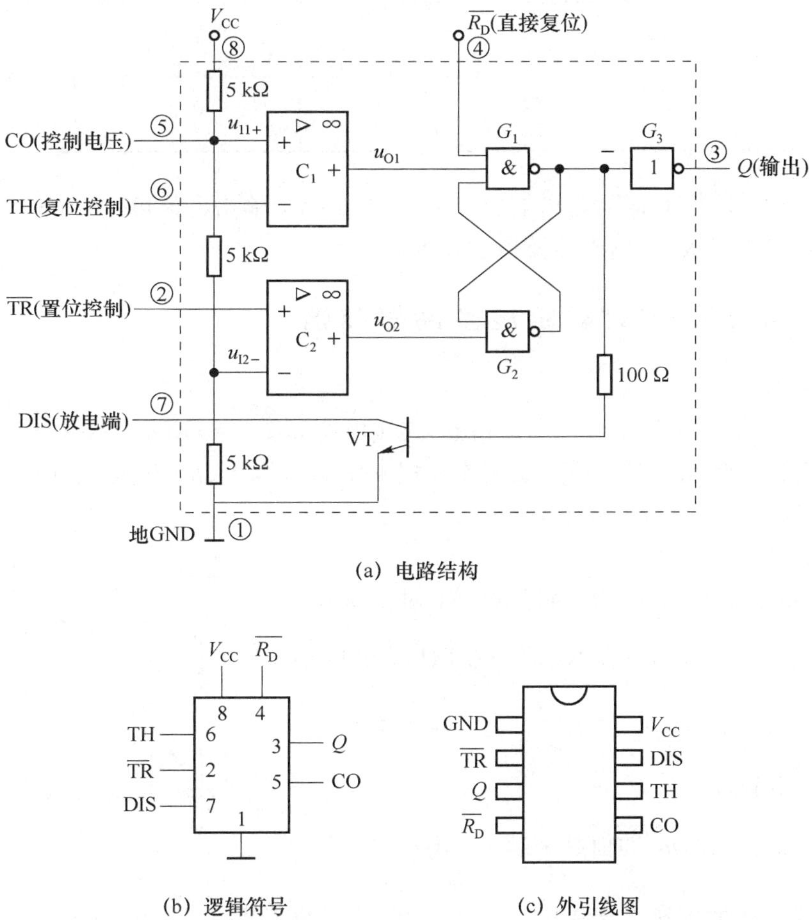

图 5-39　555 定时器的电路结构、逻辑符号和外引线图

由图 5-39(a)所示可见，由 3 个 5 kΩ 电阻组成的分压网络为两个电压比较器提供了两个参考电压，它们是 C_1 的同相输入端电压 $u_{I1+}=\frac{2}{3}V_{CC}$ 和 C_2 的反相输入端电压 $u_{I2-}=\frac{1}{3}V_{CC}$，当将输入电压分别加到复位控制端 TH 和置位控制端 $\overline{TR}$ 时，它们将与 u_{I1+} 和 u_{I2-} 进行比较，以决定电压比较器 C_1、C_2 的输出，从而确定 RS 触发器及放电管 VT 的工作状态。在 $\overline{R_D}$ 端加低电平复位信号，定时器复位，放电管饱和导通，输出电压 $u_O=0$。直接复位端 $\overline{R_D}=1$，u_{I1-} 和 u_{I2+} 分别为 6 端和 2 端的输入电压，表 5-12 所示是 555 定时器的逻辑功能表。

表 5-12　555 定时器的逻辑功能表

输入			输出	
TH	$\overline{TR}$	$\overline{R_D}$	Q	VT 的状态
×	×	0	0	导通
$>\frac{1}{3}V_{CC}$	$>\frac{1}{3}V_{CC}$	1	0	导通
$<\frac{1}{3}V_{CC}$	$<\frac{1}{3}V_{CC}$	1	1	截止
$<\frac{1}{3}V_{CC}$	$>\frac{1}{3}V_{CC}$	1	不变	不变
$>\frac{1}{3}V_{CC}$	$<\frac{1}{3}V_{CC}$	1	禁止	禁止

由于 TTL 的 555 定时器的输出电压范围为 5～16 V，输出电流可达 200 mA，因此可以直接驱动继电器、发光二极管、扬声器及指示灯等。

5.5.3　用 555 定时器组成多谐振荡器

1. 电路组成

利用 555 定时器还可以组成多谐振荡器，连接电路如图 5-40 所示。图中 R_1、R_2 和 C 为外接定时元件，复位控制端与置位控制端相连并接到定时电容上，R_1 和 R_2 节点与放电端相连，控制电压端。通常外接 0.01 μF 电容。

2. 工作原理

多谐振荡器接通电源后，V_{CC} 通过 R_1、R_2 对 C 充电，u_C 上升。当 $u_C<\frac{1}{3}V_{CC}$ 时，即复位控制端 TH 的电压小于 $\frac{2}{3}V_{CC}$，置位控制端 $\overline{TR}$ 的电压小于 $\frac{1}{3}V_{CC}$，定时器置位，$Q=1$，$\overline{Q}=0$，放电管截止。

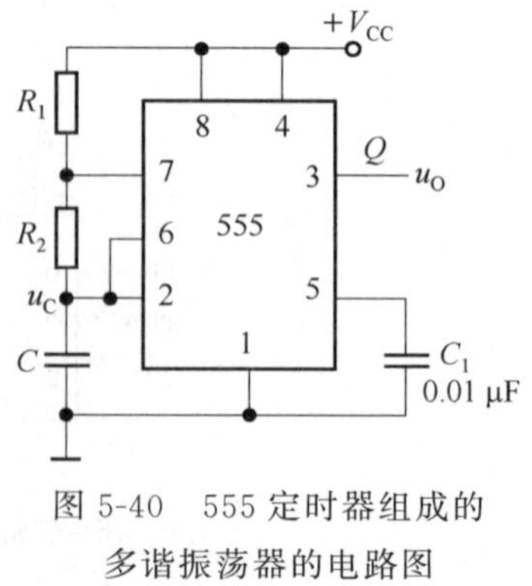

图 5-40　555 定时器组成的多谐振荡器的电路图

随后随着充电过程，u_C 的值越来越大，当 $u_C\geqslant\frac{2}{3}V_{CC}$ 时，复位控制端 TH 的电压大于 $\frac{2}{3}V_{CC}$，置位控制端 $\overline{TR}$ 的

电压大于$\frac{2}{3}V_{CC}$，定时器复位，$Q=0$，$\overline{Q}=1$，放电管饱和导通。C 通过 R_2 经 V_T（V_T 在 555 定时器内部电路里）放电，u_C 下降。

当 $u_C\leqslant\frac{1}{3}V_{CC}$时，又回到复位控制端 TH 的电压小于 $\frac{2}{3}V_{CC}$，置位控制端$\overline{TR}$的电压小于$\frac{1}{3}V_{CC}$的状态，定时器置位，$Q=1$，$\overline{Q}=0$，放电管截止，C 停止放电而重新充电。如此反复，形成振荡波形，如图 5-41 所示。

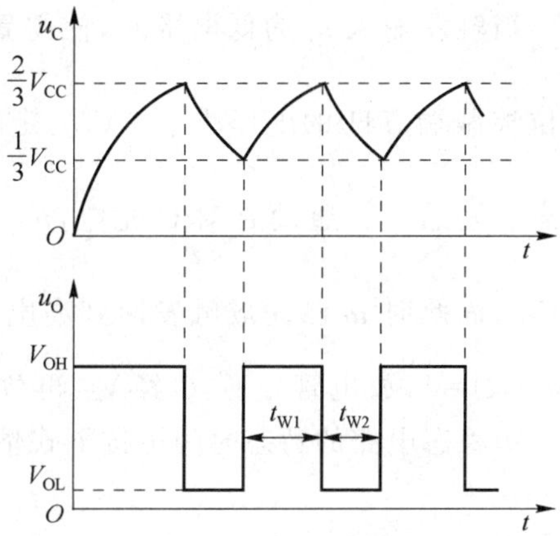

图 5-41　多谐振荡器波形

图 5-41 所示中，t_{W1}是充电时间，t_{W2}是放电时间，可用下式估算：

$$t_{W1}\approx 0.7(R_1+R_2)C$$
$$t_{W2}\approx 0.7R_2C$$

多谐振荡器的振荡周期为

$$T=t_{W1}+t_{W2}\approx 0.7(R_1+R_2)C+0.7R_2C=0.7(R_1+2R_2)C$$

振荡频率 $f=\frac{1}{T}=\frac{1.43}{(R_1+2R_2)C}$，由 555 定时器组成的振荡器的最高工作频率可达 300 kHz，占空比为

$$q=\frac{t_{W1}}{t_{W1}+t_{W2}}=\frac{R_1+R_2}{R_1+2R_2}$$

5.5.4　用 555 定时器组成单稳态触发器

1. 电路组成

利用 555 定时器组成的单稳态触发器的电路如图 5-42所示。R 和 C 为外接定时元件，复位控制端与放电端相连并连接定时元件，置位控制端作为触发输入端，同样，控制电压端不用。通常外接 0.01 μF 的电容。

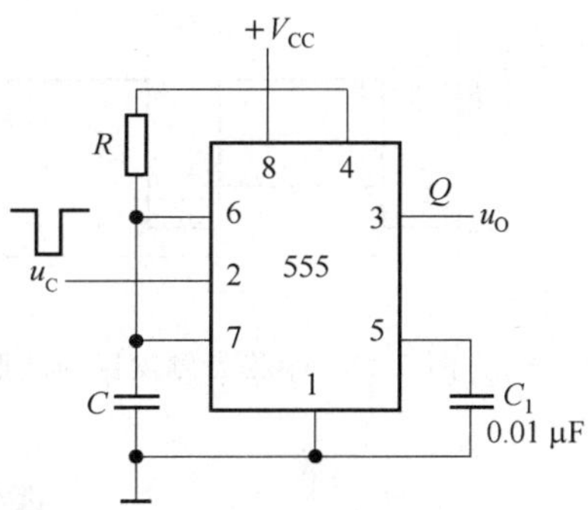

图 5-42　555 定时器组成的单稳态触发器

2. 工作原理

单稳态触发器静态时，触发输入 u_I 高电平，V_{CC}通过 R 对 C 充电，u_C 上升。当 $u_C\geqslant\frac{2}{3}V_{CC}$时，复位控制端 TH 的电压大于$\frac{2}{3}V_{CC}$，而 u_I 高电平使得置位控制端$\overline{TR}$的电压大于$\frac{1}{3}V_{CC}$，定时器复位，$Q=0$，$\overline{Q}=1$，放电饱和管导通，C 经 V_T 放电，u_C 迅速下降。由于 u_I 高电平使$\overline{TR}$的电压大于 $\frac{1}{3}V_{CC}$，所以即便此时 $u_C\leqslant\frac{2}{3}V_{CC}$，定时器也仍然保持复位状态，$Q=0$，$\overline{Q}=1$，放电管始终饱和导通，$C$ 可以将电放至 $u_C\approx 0$，电路处于稳定状态。

当触发输入 u_I 为低电平时，使得置位控制端$\overline{TR}$的电压小于$\frac{1}{3}V_{CC}$，而此时 $u_C\approx0$，使得复位控制端 TH 的电压小于$\frac{2}{3}V_{CC}$，定时器复位，$Q=1$，$\overline{Q}=0$，放电饱和管截止，电路进入暂稳态。随后，V_{CC}通过 R 对 C 充电，u_C 上升。当 $u_C\geqslant\frac{2}{3}V_{CC}$时，复位控制端 TH 的电压大于$\frac{2}{3}V_{CC}$，而此时 u_I 已完成触发回到高电平，使置位控制端$\overline{TR}$的电压大于$\frac{1}{3}V_{CC}$，定时器复位，$Q=0$，$\overline{Q}=1$，放电管导通，C 经 V_T 再放电，电路回到稳定状态，波形如图 5-43 所示。

单稳态电路的暂态时间可按下式估算：

$$t_W=RC\ln 3\approx1.1RC$$

根据上式可知，当改变 RC 的值时，脉冲的宽度可以发生改变，从而可进行定时控制。在 RC 值一定时，对于不规则的脉冲可以进行整形，从而得到幅度和宽度一定的矩形脉冲输出波形，图 5-44 所示即为用单稳态触发器得到的脉冲整形波形。

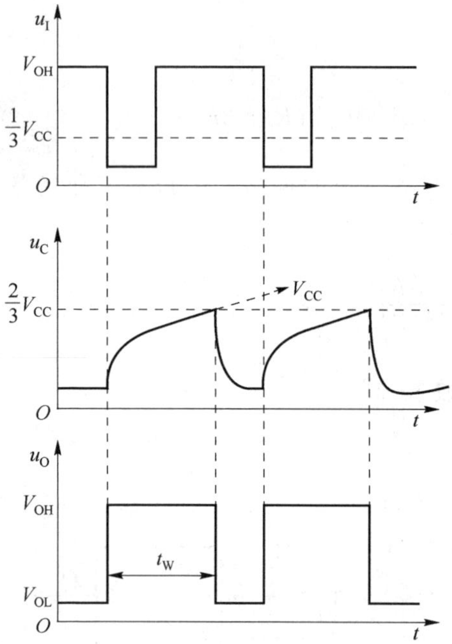

图 5-43　单稳态触发器的波形图

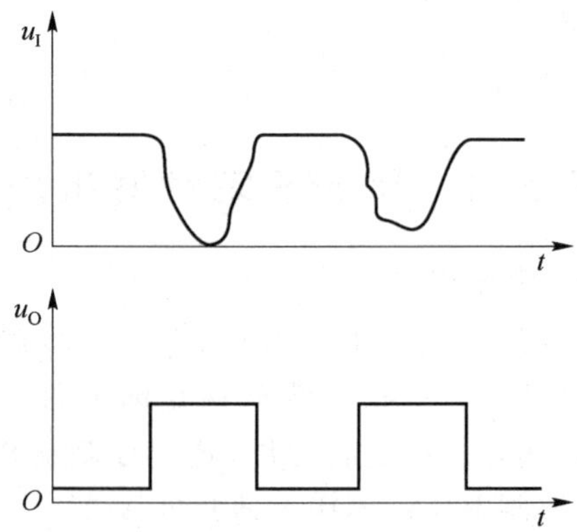

图 5-44　脉冲整形

练习与思考

1. 脉冲波形的特点是什么？
2. 脉冲波形的主要参数有哪些？
3. 什么是单稳态触发器？
4. 什么是多谐振荡器？
5. 如何用 555 定时器组成单稳态触发器和多谐振荡器？

本章小结

本章主要介绍了触发器、时序逻辑电路和 555 定时器，以及由 555 定时器组成的单稳态触发器和多谐振荡器。本章主要内容如下。

(1) 触发器的结构和分类，触发器逻辑功能的表示方法以及各种类型触发器之间的转换。

(2) 时序逻辑电路的基本特点，在时序电路中，输出不仅取决于即时的输入，还与电路原来的状态有关。这是区别于组合逻辑电路的一个重要特点。

(3) 几种常用的时序逻辑电路、计数器和寄存器，以及较常用的集成计数器和集成寄存器。

(4) 555 定时器是一种使用方便灵活的集成电路，通过外部的适当连接，可以作为多谐振荡器、单稳态触发器使用。

本章习题

5.1　如图 5-45 所示电路，试分析其逻辑功能并分析能否自启动(要求写出驱动方程、状态方程，列出状态表，画出状态转换图、波形图)。

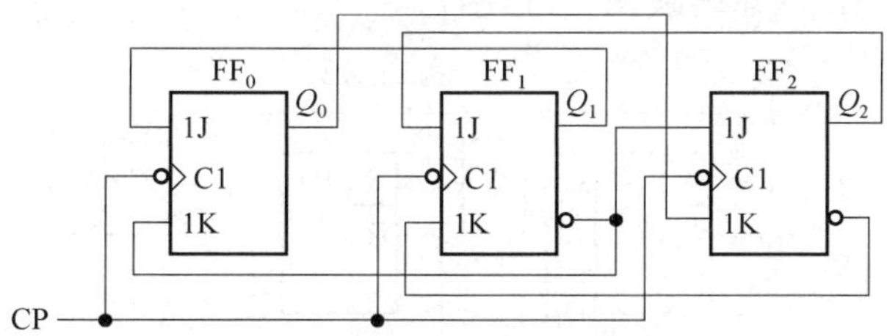

图 5-45　题 5.1 的图

5.2　如图 5-46 所示电路，试分析其逻辑功能并分析能否自启动(要求写出驱动方程、状态方程，列出状态表，画出状态转换图、波形图)。

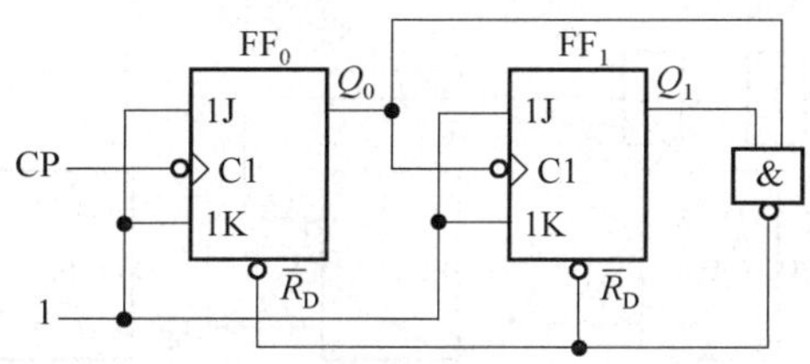

图 5-46　题 5.2 的图

5.3　如图 5-47 所示电路，试分析其逻辑功能并分析能否自启动(要求写出驱动方程、状态方程，列出状态表，画出状态转换图、波形图)。

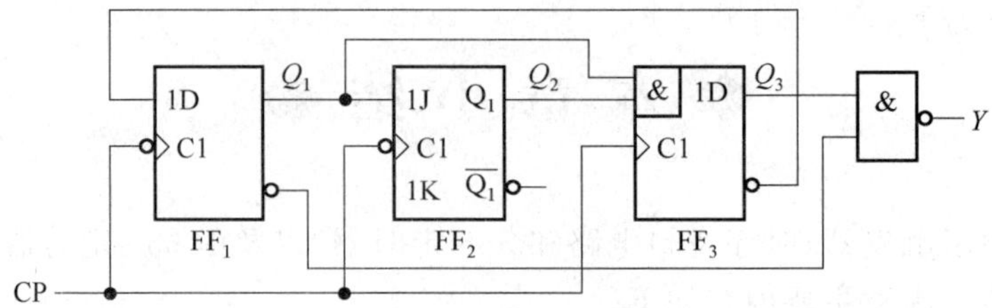

图 5-47　题 5.3 的图

5.4　如图 5-48 所示电路，试分析其逻辑功能并分析能否自启动（要求写出驱动方程、状态方程，列出状态表，画出状态转换图、波形图）。

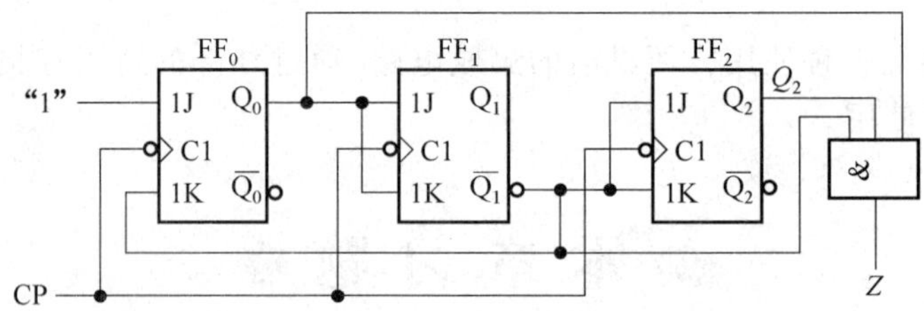

图 5-48　题 5.4 的图

5.5　如图 5-49 所示电路，试分析其逻辑功能并分析能否自启动（要求写出驱动方程、状态方程，列出状态表，画出状态转换图、波形图）。

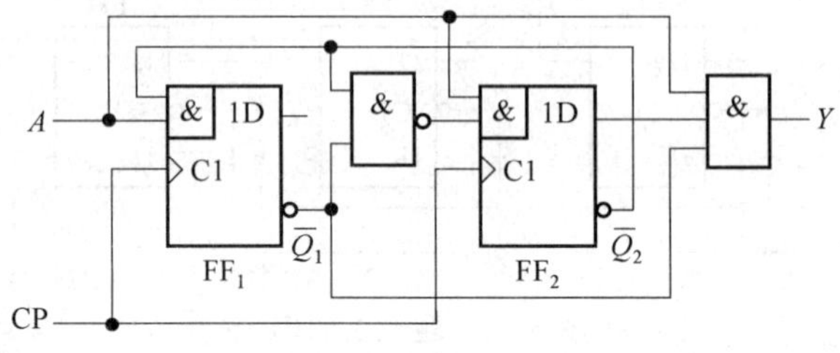

图 5-49　题 5.5 的图

5.6　分析如图 5-50 所示电路的逻辑功能，并分析能否自启动。

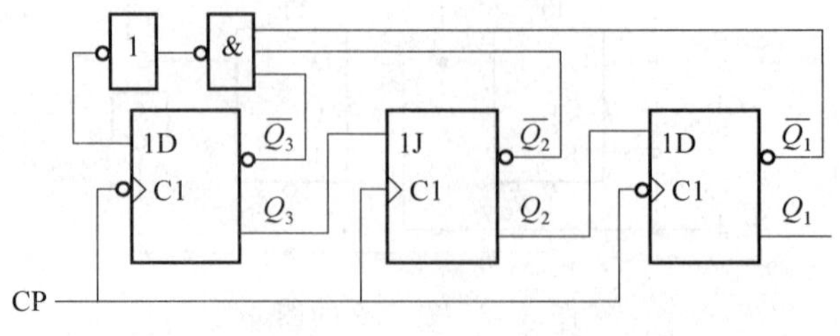

图 5-50　题 5.6 的图

5.7　分析如图 5-51 所示电路的逻辑功能，并分析能否自启动。

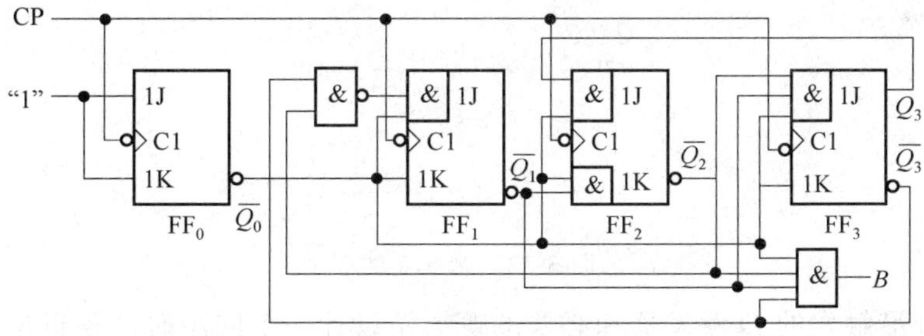

图 5-51　题 5.7 的图

5.8　试分析如图 5-52 所示电路的逻辑功能，并检查能否自启动。

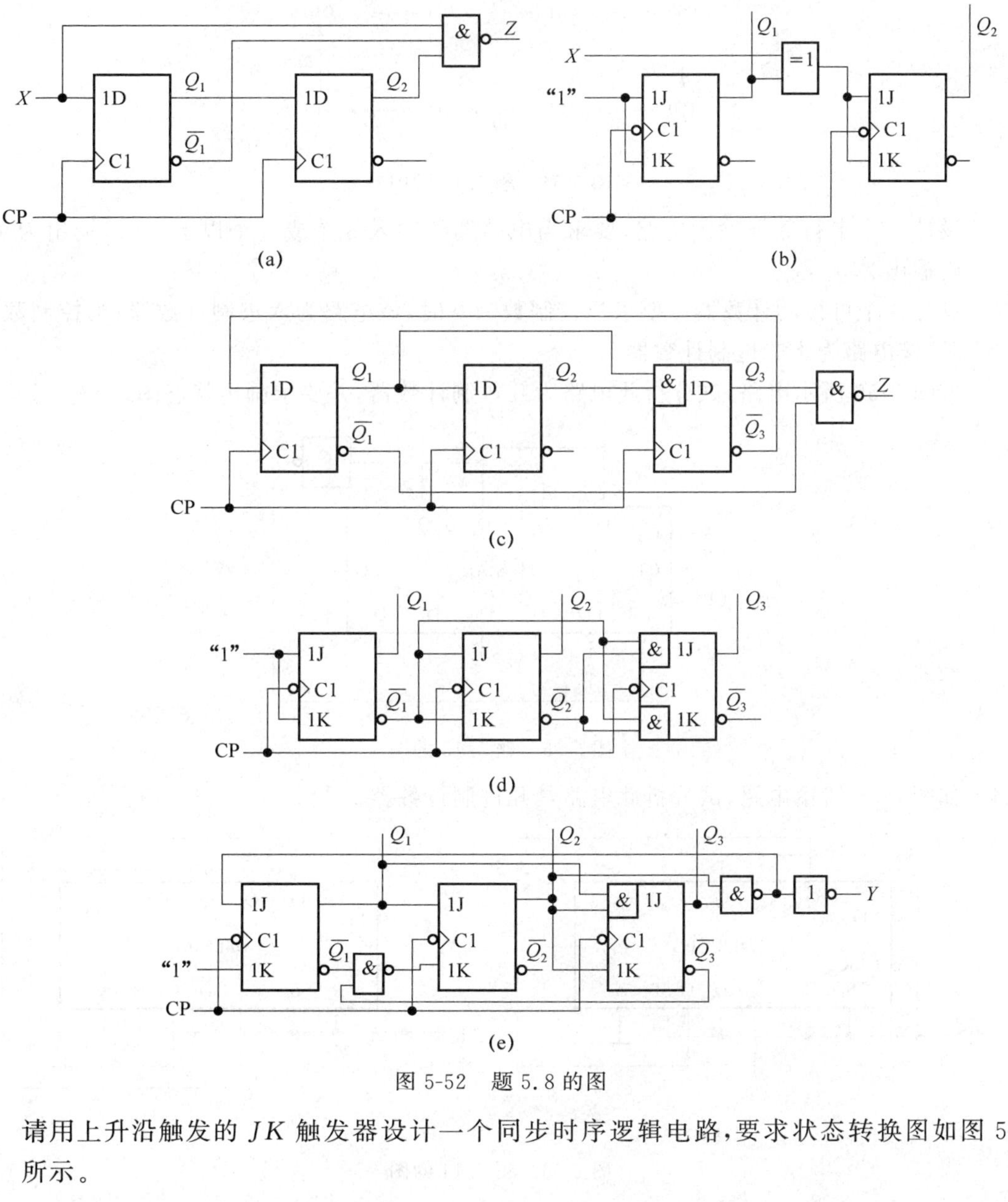

图 5-52　题 5.8 的图

5.9　请用上升沿触发的 JK 触发器设计一个同步时序逻辑电路，要求状态转换图如图 5-53 所示。

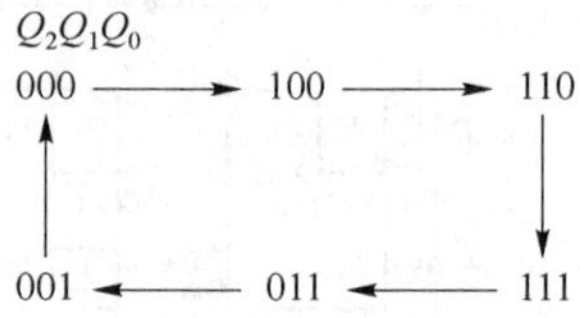

图 5-53　题 5.9 的图

5.10　请用上升沿触发的 D 触发器和必要的逻辑站设计一个同步时序逻辑电路，要求状态转换图如图 5-54 所示。

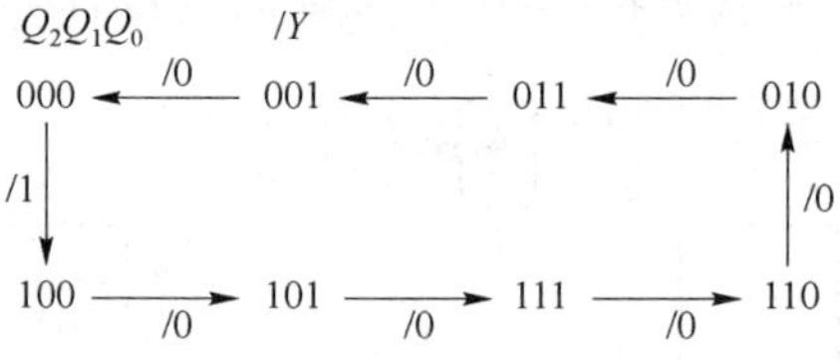

图 5-54　题 5.10 的图

5.11　设计一个串行数据检测电路，要求当电路连续输入 3 个或 3 个以上 1 时，输出为 1，否则输出为 0。

5.12　设计一个可控的计数器。要求当控制数为 0 时，该电路为六进制计数器；当控制数为 1 时，该电路为十二进制计数器。

5.13　如图 5-55 所示电路，试分析此电路为几进制计数器，并要求画出状态图。

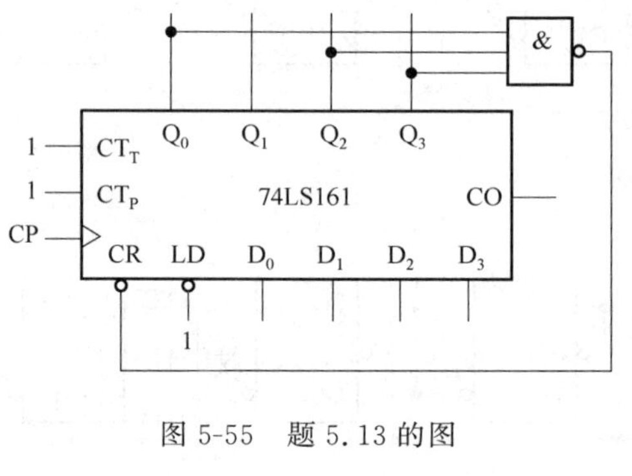

图 5-55　题 5.13 的图

5.14　如图 5-56 所示电路，试分析此电路是几进制计数器。

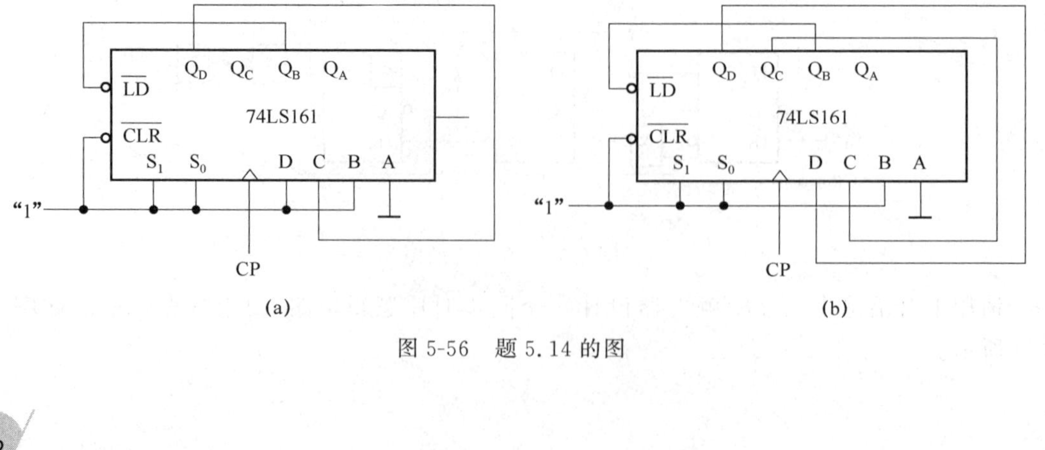

图 5-56　题 5.14 的图

5.15　如图 5-57 所示电路，试分析以下这些电路都是几进制计数器。

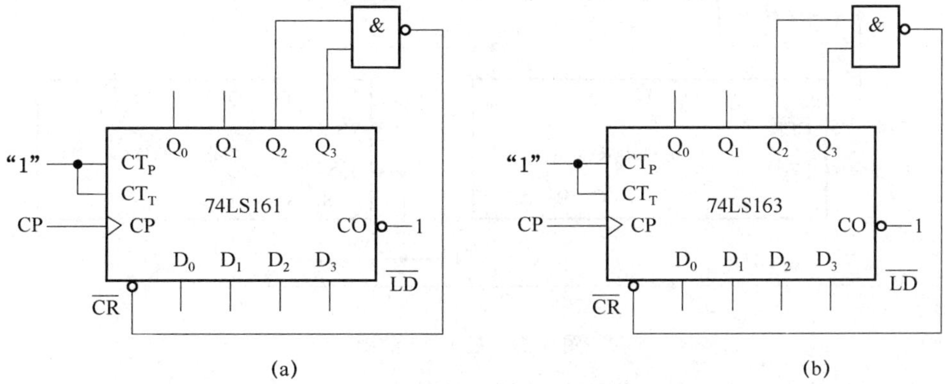

图 5-57　题 5.15 的图

5.16　如图 5-58 所示电路，试分析以下这些电路是几进制计数器。

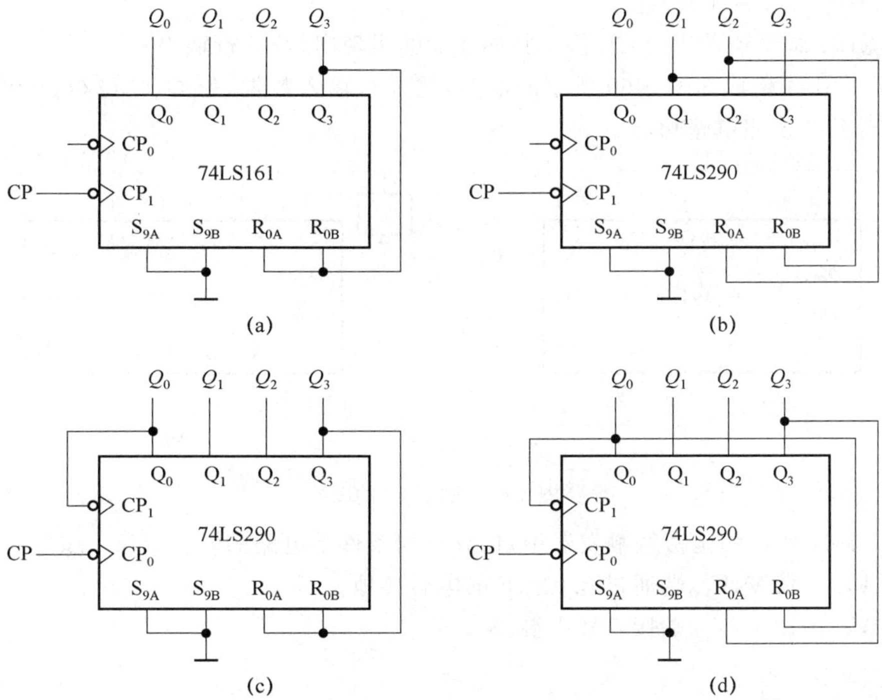

图 5-58　题 5.16 的图

5.17　如图 5-59 所示电路，试分析此电路是几进制计数器。

5.18　试用 74LS161 接成模为 12 的计数器。要求分别用复位法和置最大数法实现。

5.19　试用 74LS160 接成模为 6 的计数器。要求用复位法和置数法实现。

5.20　分别画出用 74LS161 的清零法和置数法构成以下计数器的连线图。

(1) 十进制计数器。

(2) 一百进制计数器。

(3) 二十四进制计数器。

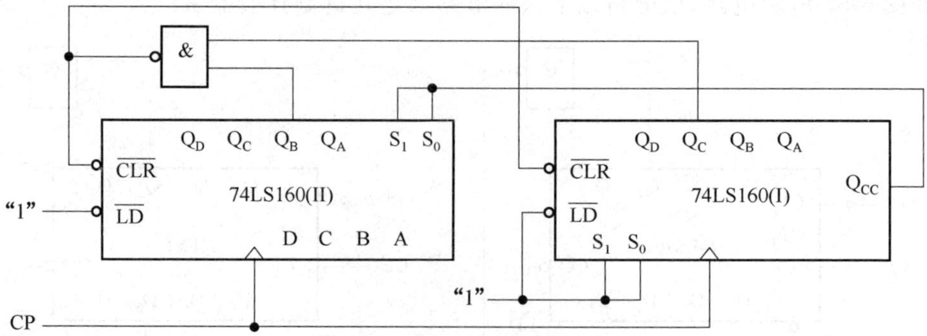

图 5-59　题 5.17 的图

5.21　分别画出用 74LS290 构成以下计数器的连线图。

(1) 八进制计数器。

(2) 八十进制计数器。

(3) 六十八进制计数器。

5.22　74LS194 需要经过几个 CP 移位脉冲才能够实现串行/并行输出?

5.23　用 74LS194 构成如图 5-60 所示的电路,先并行输入数据,使 $Q_AQ_BQ_CQ_D=0001$。画出状态图,并说明电路功能。

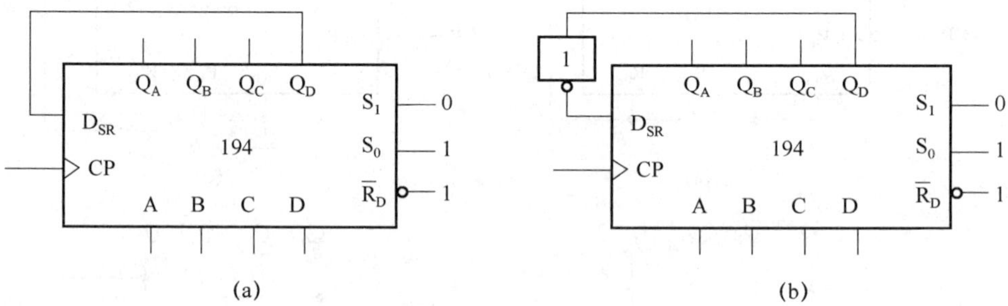

图 5-60　题 5.23 的图

5.24　在图 5-61 所示的施密特触发器中,估算下列条件下电路的 U_{T+}、U_{T-}、ΔU_T:

(1) $V_{CC}=12$ V,V_{CO}端通过 0.01 μF 的电容接地。

(2) $V_{CC}=12$ V,V_{CO}端接 5 V 电源。

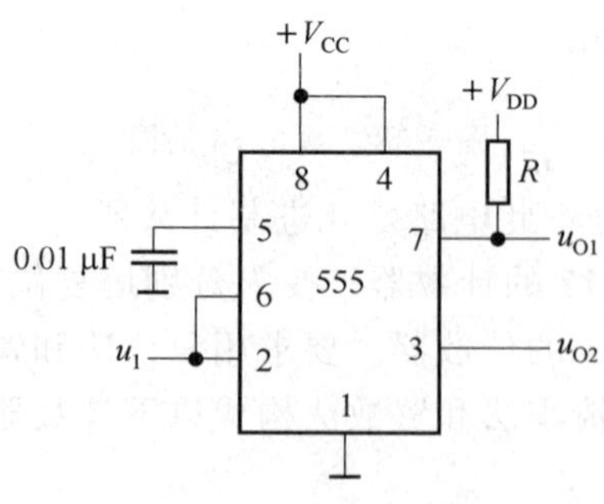

图 5-61　题 5.24 的图

5.25　用 555 定时器连接的电路如图 5-62(a)所示，试根据如图 5-62(b)所示输入波形确定输出波形。

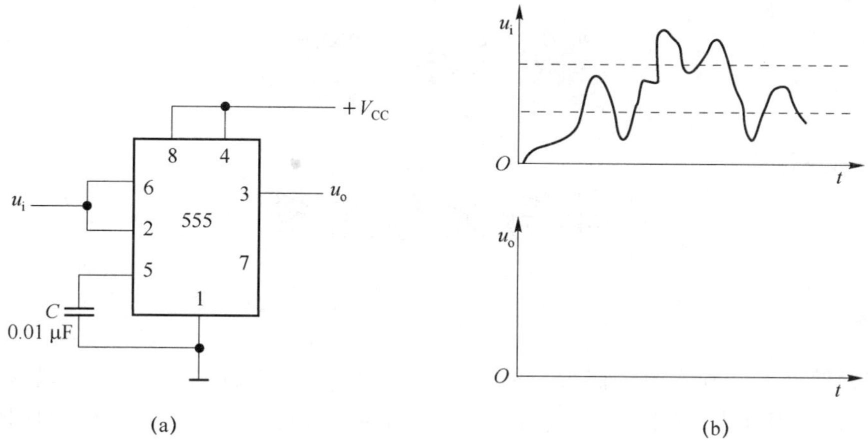

图 5-62　题 5.25 的图

5.26　在图 5-63 所示的单稳态触发器中，$V_{CC}=9$ V，$R=27$ kΩ，$C=0.05$ μF。

(1) 估算输出 u_O 脉冲宽度 t_W。

(2) u_I 为负窄脉冲，其脉冲宽度 $t_{W1}=0.5$ ms，重复周期 $T_1=5$ ms，高电平 $U_{IH}=9$ V，低电平 $U_{IL}=0$ V，试画出对应的 u_C、u_O 的波形。

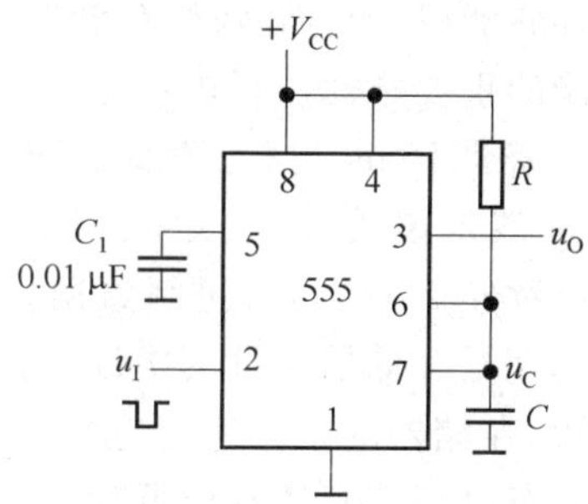

图 5-63　题 5.26 的图

5.27　分析如图 5-64 所示的过电压监测电路。试简要分析其工作原理。

5.28　分析如图题 5-65 所示电路(该电路为简单的门铃电路)的工作原理。

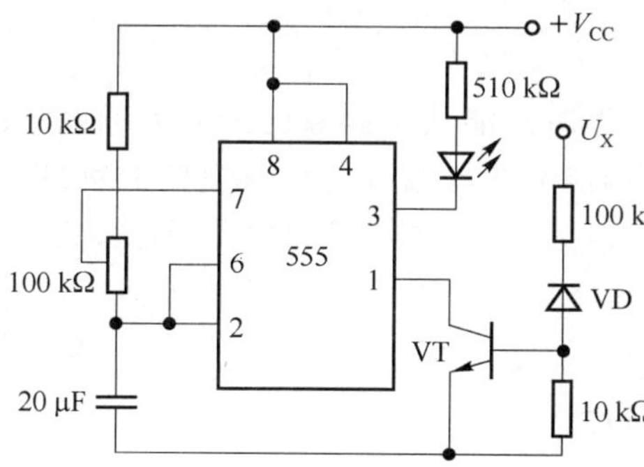

图 5-64　题 5.27 的图

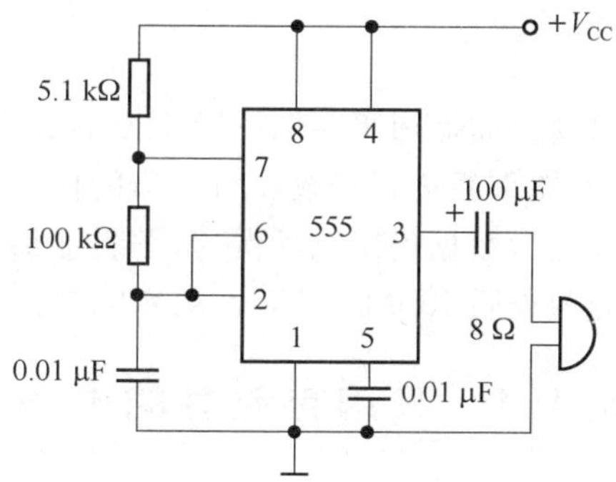

图 5-65　题 5.28 的图

第 6 章

半导体存储器

半导体存储器是一种能够存储大量的二值信息的半导体器件，它属于大规模集成电路，具有集成度高、存储密度大、速度快、功耗低、体积小和使用方便等特点。目前应用比较广泛的存储器有半导体存储器和光盘存储器等。存储器不仅可以用于存储文字的编码数据，而且还可以用于存储声音和图像的编码数据。半导体存储器的种类有很多，仅从存取功能上可以分为只读存储器(ROM)和随机存储器(RAM)两大类。通常把存取容量和存取速度作为衡量存储器性能的重要指标。目前动态存储器的容量已高达 10^9 位/片。一些高速随机存储器的存取时间仅需要 10 ns 左右。存储容量反映的是存储器能够存储多少二进制数据或信息，通常用 $2^n \times M$(字线×位线)位来表示。例如，256×8 位 ROM 的存储容量为 256 个字，字长为 8 位，即一共能存储 2 048 位二进制数据。存取时间决定了存储器的工作速度，用读/写周期来描述。读写周期是存储器连续两次读/写操作所需最短的时间间隔。读/写周期越短，则说明存取时间越短，存储器的工作速度越快。

本章分析了只读存储器和随机存储器的基本结构和工作原理。

6.1 只读存储器

只读存储器用于存储固定不变的数据信息，在工作时只能从中读取已经存入的固定的信息，而不能重新进行修改和写入新的信息，只读存储器能够存储数据是依靠电路的物理结构，所以断电后数据仍然能够保持，并且能够长期保存。根据存储矩阵编程方式的不同，只读存储器又分为掩膜 ROM、可编程 ROM 和可擦除 ROM。

6.1.1 只读存储器的电路组成

ROM 主要包含地址译码器、存储矩阵和输出缓冲器 3 个部分，其结构框图如图 6-1 所示。

ROM 的核心部分是存储矩阵，用于存放二进制信息。存储矩阵是由若干存储单元排列而成的，存储单元可以用二极管也可以用双极型三极管或 ROM 管构成。每个单元能存放一位二值代码(0 或 1)，一位或多位二进制数据构成了字。图 6-1 所示中的存储矩阵有 2^n 个字，每个字的字长为 M 位，因此整个存储器的存储容量为 $2^n \times M$ 位。每一个或一组存储单元有一个对应的地址代码。存储矩阵的输出线称为位线，存储矩阵的内容经位线送至输出缓冲电路。

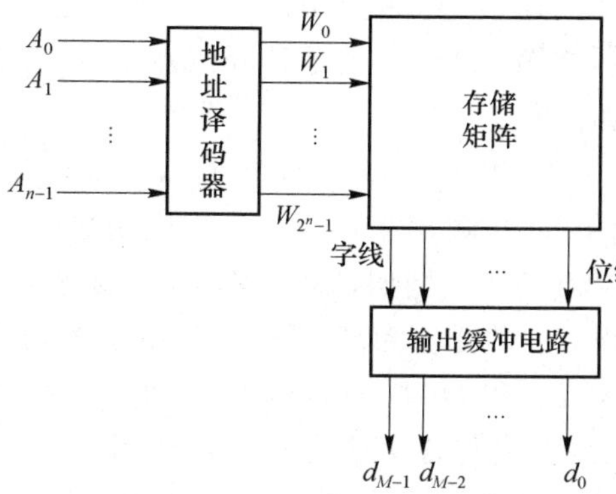

图 6-1　ROM 的结构框图

地址译码器的作用是将输入的地址代码译成相应的控制信号，利用这个控制信号从存储矩阵中选取指定的存储单元(即字)的内容，并把选中的存储单元的信息送至输出缓冲电路。地址译码器的输出线称为字线，图 6-1 中，地址译码器有 n 条输入线 $A_0 \sim A_{n-1}$，有 2^{n-1} 条输出线 $W_0 \sim W_{2^{n-1}}$。每条字线对应存储矩阵中的一个字，每输入一个地址代码，相应的字即被选中。

输出缓冲电路和存储矩阵的位线相连，一般由三态门构成，这样可以便于与系统的总线连接。输出缓冲电路主要考虑其带负载能力和电平匹配问题。由存储矩阵输出的数据是以并行方式读出的。

6.1.2　只读存储器的工作原理

图 6-2 所示为一个二极管掩膜 ROM 存储器电路结构，现以此电路来说明 ROM 的工作原理。掩膜 ROM 又称为固定 ROM，其存储信息是由生产厂家在制造时利用掩膜工艺写入的。掩膜 ROM 的存储元件可采用二极管、双极型三极管和 MOS 管，图 6-2 所示为 4×4 二极管掩膜 ROM 的结构图。

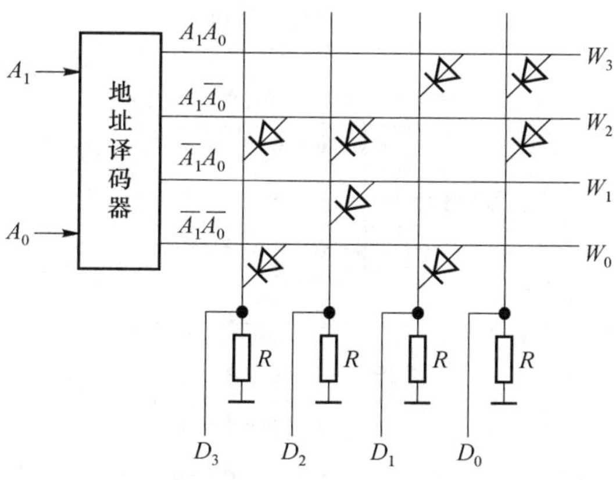

图 6-2　4×4 二极管掩膜 ROM 存储电路结构图

图 6-2 所示的 ROM 由一个有 2 位地址码的地址译码器和 4×4 二极管存储矩阵组成。地

址译码是全译码，有两位地址码 A_1 和 A_0，能译出 4 个不同的地址 00、01、10、11，即能产生输入变量的全部最小项 $m_0 \sim m_3$，在图 6-2 所示的地址译码器中，因为含有 4 个与逻辑门，所以最小项实现了输入变量的与运算。

存储矩阵有 4 条字线 $W_0 \sim W_3$ 和 4 条位线 $D_0 \sim D_3$，所以共有 $n \times M = 4 \times 4 = 16$ 个交叉点，每个交叉点都是一个存储单元，可以用来存放一位二进制数码。交叉点处接有二极管的相当于存 1，没接二极管的则相当于存 0。例如，字线 W_2 与位线有 4 个交叉点（此处交叉点并不是节点），其中有三处接有二极管。当 W_2 为高电平 1（其余字线均为低电平 0）时，3 个二极管因正向偏置而导通，使位线 D_3、D_2 和 D_0 均为高电平 1；而另一个交叉点因为没有接二极管，所以使位线 D_1 为低电平。位线输出与各字线之间是或逻辑关系。所以无论地址码 A_1A_0 取何值，4 条字线中必有一条为高电平 1，它即被选中，其余字线为低电平。存储矩阵则实现了有关最小项的或运算。存储单元内所存储的数据是 0 还是 1，在设计时就已经固化在存储器芯片里，内容是不能更改的。固定 ROM 成本较低，适合大批量生产。

图 6-2 所示 ROM 的存储内容，如表 6-1 所示。

表 6-1　图 6-2 所示 ROM 的存储内容

地址		字线				存储内容			
A_1	A_0	W_0	W_1	W_2	W_3	D_0	D_1	D_2	D_3
0	0	1	0	0	0	0	1	0	1
0	1	0	1	0	0	0	0	1	0
1	0	0	0	1	0	1	0	1	1
1	1	0	0	0	1	1	1	0	0

图 6-3 为图 6-2 所示 ROM 的阵列图。由 ROM 的阵列图可以非常直观地表示出地址译码器和存储矩阵之间的逻辑关系，与阵列中垂直线（即字线）代表与逻辑，交叉圆点代表与逻辑的变量；或阵列中水平线（即位线）代表或逻辑，交叉圆点代表有存储元件，存储数据为 1，否则为 0。

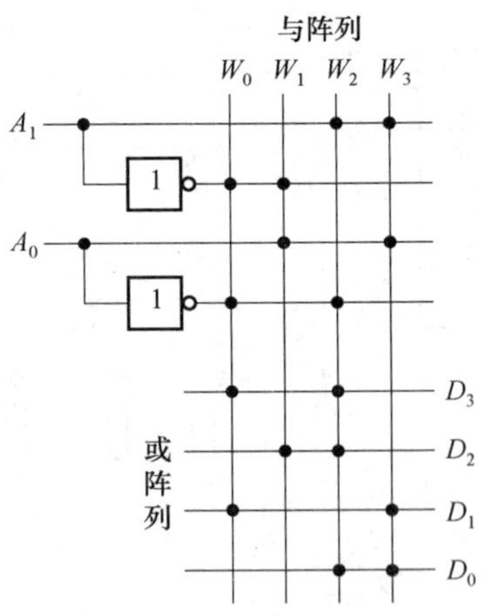

图 6-3　ROM 的阵列图

由图 6-3 所示可以写出：

$$D_0=W_2+W_3$$
$$D_1=W_0+W_3$$
$$D_2=W_1+W_2$$
$$D_3=W_0+W_2$$

例如，当地址译码 $A_1A_0=10$ 时，译码器输出最小项 $m_2=A_1\overline{A_0}=1$，同时字线 $W_2=1$，该字线上有两个交叉圆点（存 1），另两个交叉点无圆点（存 0），ROM 的输出信息为 $D_3D_2D_1D_0=1101$。

图 6-4 所示为由 MOS 管组成的存储矩阵，请作分析，并画出它的简化阵列图。

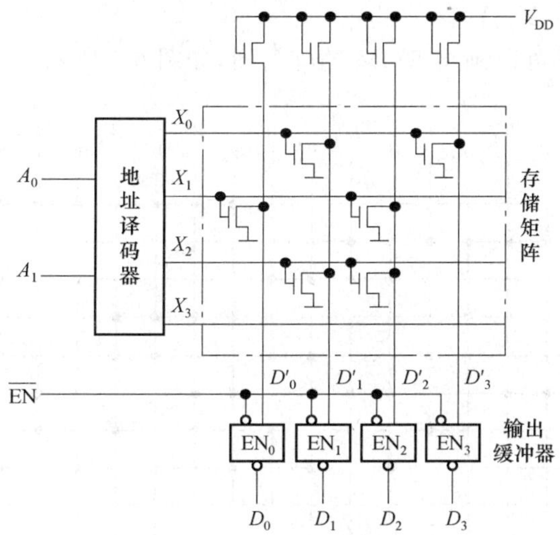

图 6-4　MOS 管组成的 ROM 电路

6.1.3　只读存储器的应用举例

存储器能够大量应用于数字系统中，用来存放程序、数据等二进制信息。除此之外，存储器还可以应用于一些逻辑设计中，如实现组合逻辑函数、代码转换、波形变换、字符发生、函数运算等。ROM 特别适用于那些对所存内容一经确定便不再更改的情况。

【例 6-1】　试用 *ROM* 实现以下多输出逻辑函数：

$$\begin{cases} Y_1=\overline{A}BC+\overline{A}\,\overline{B}C \\ Y_2=A\overline{B}C\overline{D}+BC\overline{D}+\overline{A}BCD \\ Y_3=ABC\overline{D}+\overline{A}B\overline{C}\,\overline{D} \\ Y_4=\overline{A}\,\overline{B}C\overline{D}+ABCD \end{cases}$$

解：将表达式化为最小项之和，得到：

$$\begin{cases} Y_1=\overline{A}BC\overline{D}+\overline{A}BCD+\overline{A}\,\overline{B}C\overline{D}+\overline{A}\,\overline{B}CD \\ Y_2=A\overline{B}C\overline{D}+\overline{A}BC\overline{D}+ABC\overline{D}+\overline{A}BCD \\ Y_3=ABC\overline{D}+\overline{A}B\overline{C}\,\overline{D} \\ Y_4=\overline{A}\,\overline{B}C\overline{D}+ABCD \end{cases}$$

也可表示成：

$$\begin{cases} Y_1 = \sum m(2,3,6,7) \\ Y_2 = \sum m(6,7,10,14) \\ Y_3 = \sum m(4,14) \\ Y_4 = \sum m(2,15) \end{cases}$$

所以 16×4 位 ROM 有 4 位地址输入、4 位数据输出，将 A、B、C、D 4 个输入变量分别接至地址端 A_3、A_2、A_1、A_0，按照逻辑函数的要求存入相应的数据，便可以在数据输出端 D_3、D_2、D_1、D_0 得到相应的 Y_1、Y_2、Y_3、Y_4。

根据标准与或表达式可以画出 ROM 的阵列图，如图 6-5 所示。

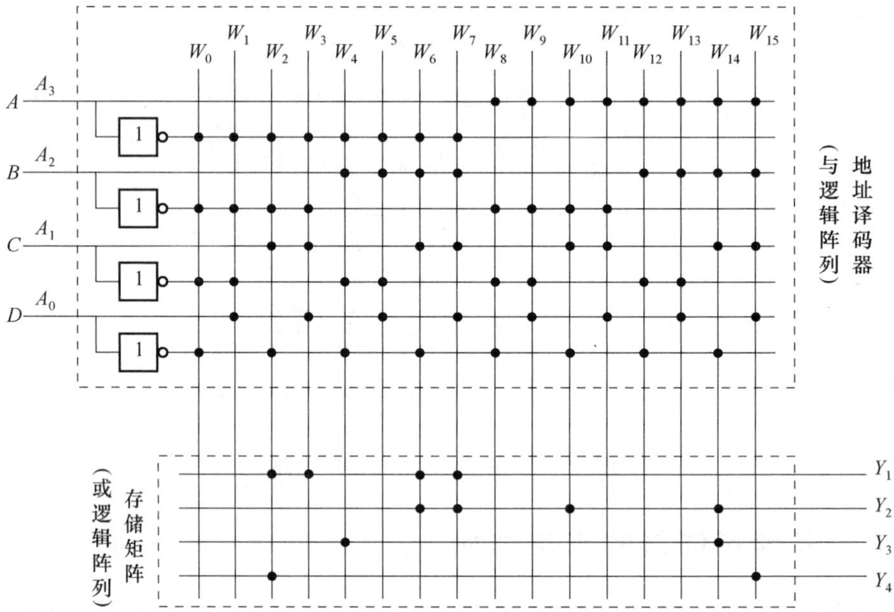

图 6-5　例 6-1 的 ROM 阵列图

【例 6-2】　试用 *ROM* 构成两位二进制数的平方表。

解：设两位二进制数 A_1、A_0，根据平方关系可列出函数的真值表，如表 6-2 所示。

表 6-2　例 6-2 的真值表

地　址		存储内容			
A_1	A_0	F_3	F_2	F_1	F_0
0	0	0	0	0	0
0	1	0	0	0	1
1	0	0	1	0	0
1	1	1	0	0	1

根据表 6-2 可写出输出函数的标准与或式：

$$\begin{cases} F_0 = m_0 + m_3 \\ F_1 = 0 \\ F_2 = m_2 \\ F_3 = m_3 \end{cases}$$

根据表达式可画出 ROM 的阵列图，如图 6-6 所示。

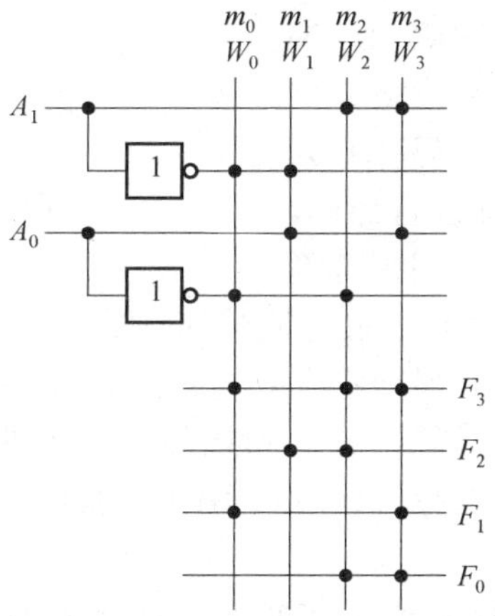

图 6-6　例 6-2 的 ROM 阵列图

练习与思考

1. 简述只读存储器的组成部分及主要作用。
2. 若 ROM 的存储容量为 64×4，那么它的地址线和数据线各有多少条？
3. 用 ROM 实现组合逻辑电路的步骤有哪些？

6.2　随机存取存储器

随机存储器也称为读/写存储器(RAM)。RAM 用于存储随时要更换的数据，可以随时从给定的地址所对应的存储单元中读出数据，也可以随时往给定的地址单元所对应的存储单元中写入新的数据。因此 RAM 可以更方便地读和写。但是由于 RAM 存储的数据 0 或者 1 是依靠电路的状态保持的，所以断电后 RAM 存储的数据会丢失。

根据所采用的存储单元工作原理的不同，可将随机存取存储器分为静态存储器(SRAM)和动态存取存储器(DRAM)；从制造工艺上，又可以分为双极型和 MOS 型。由于 MOS 电路具有功耗低、集成度高的优点，所以目前大容量的存储器都采用 MOS 工艺制作。

6.2.1　RAM 的结构和工作原理

RAM 主要包含存储矩阵、地址译码器、读/写控制电路 3 个部分，它的结构如图 6-7 所示。

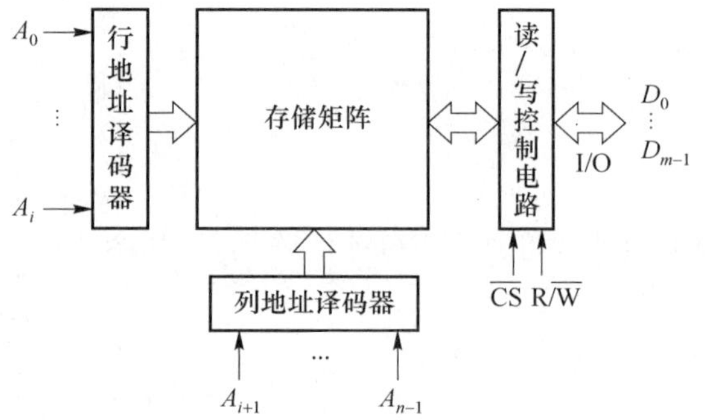

图 6-7　RAM 的基本结构

RAM 的存储矩阵由许多存储单元组成，每个存储单元都能存放一位二进制数据 0 或 1。在地址译码器和读/写控制电路的共同作用下，对存储单元进行读/写操作。与 ROM 所不同的是，RAM 存储单元中的数据并不是固定的，而是可以随时由外部进行写入或读出。为了更可靠地存储数据，RAM 的存储单元采用了具有记忆功能的电路。

地址译码器一般分为行地址译码器和列地址译码器两部分，对输入的地址进行译码，一个地址对应着一条字线(选择线)用来选择存储单元。如图 6-7 所示 RAM 共有 n 根地址线，分成 $A_0 \sim A_i$ 和 $A_{i+1} \sim A_{n-1}$ 两组，分别作为行地址和列地址输入。行地址译码器确定有效的行选择线，从存储矩阵中选中某一行存储单元；列地址译码器确定有效的列选择线，并从列选择线选中的某一列存储单元中再选出 m 个存储单元。只有被行选择线和列选择线同时选中的存储单元中的数据才能与位线(数据线)相通，以便进行读/写操作。

读/写控制电路用于控制存储器的工作状态。在图 6-7 所示的电路中，$\overline{CS}$是片选信号，R/$\overline{W}$是读/写控制信号。当片选信号为有效时，即$\overline{CS}=0$，RAM 才被选中，可以进行读/写操作，并由读/写控制信号来决定执行读操作还是写操作；当 R/$\overline{W}$=1 时，进行读操作，RAM 便将存储矩阵中的内容送到输入/输出端(I/O)；当 R/$\overline{W}$=0 时，便进行写操作，RAM 将输入/输出端(I/O)上的输入数据写入存储矩阵中。同一时间不能同时发出读和写的指令，所以 RAM 的读写是有顺序的。当$\overline{CS}=1$ 时，RAM 的所有输入/输出端即 I/O 端口均为高阻状态，与数据总线已经脱离，不能再进行读/写操作，此时 RAM 不工作。

如图 6-7 所示 RAM 的存储容量为 $2^n \times m$ 位，其中 n 和 m 分别代表 RAM 中地址线和数据线的数量(即字线×位线)。

6.2.2　RAM 芯片介绍

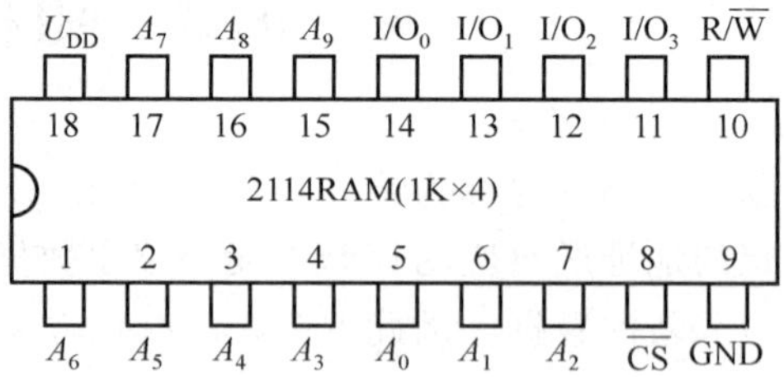

图 6-8　2114RAM 外引线图

图 6-8 所示为型号为 2114 的 RAM 外引线排列图。2114RAM 是双列直插式封装，有 18 条引脚。

2114 RAM 的各引脚功能如下。

(1) $A_0 \sim A_9$ 是 RAM 的地址输入端。有 10 条($n=10$)地址线(10 位地址码)。该 RAM 的字数是 $2^{10}=1\,024$ 字(即 1 024 个字单元)。习惯上称 1 024 字为 1 K 字。

(2) $I/O_0 \sim I/O_3$ 是 RAM 的数据输入/输出端，有 4 条数据线，数据为 4 位。

(3) 该 RAM 的存储容量为 1 024×4=4 096 个存储单元，可表示为 1 024 字×4 位 RAM 或 1 K×4 位 RAM。

(4) R/$\overline{W}$是 RAM 的读/写控制端。当 R/$\overline{W}$=1 时，RAM 执行读出操作；当 R/$\overline{W}$=0 时，RAM 执行写入操作。

(5) $\overline{CS}$是 RAM 的片选控制端。当$\overline{CS}=0$ 时，该片 RAM 被选中，可以进行读/写操作；当$\overline{CS}=1$ 时，该片 RAM 未被选中。

(6) 2114RAM 采用 NMOS 工艺制造，电源 U_{DD}为+5 V。

6.2.3　RAM 的扩展

一位 RAM 的位数和字数在计算机和数字系统中是不能满足存储容量的要求的，因此在需要增加 RAM 的字数和位数时，可将若干 RAM 芯片组合起来，扩展成大容量的存储器。RAM 扩展时所需芯片的数量 N=总存储量/单片存储容量，其扩展可以分为字扩展和位扩展，也可以将字数和位数同时进行扩展。

1. RAM 的位扩展

当 RAM 的位数不够用时，需要进行位扩展来扩展位数。位扩展的方法很简单，只需要将多片 RAM 的相应地址端、读/写控制端 R/$\overline{W}$和片选信号$\overline{CS}$端并接在一起，而各片 RAM 的 I/O 端并行输出即可。图 6-9 所示是将两片 2114RAW 即 1 K×4 位 RAM 扩展成 1 K×8 位 RAM 的连接图。

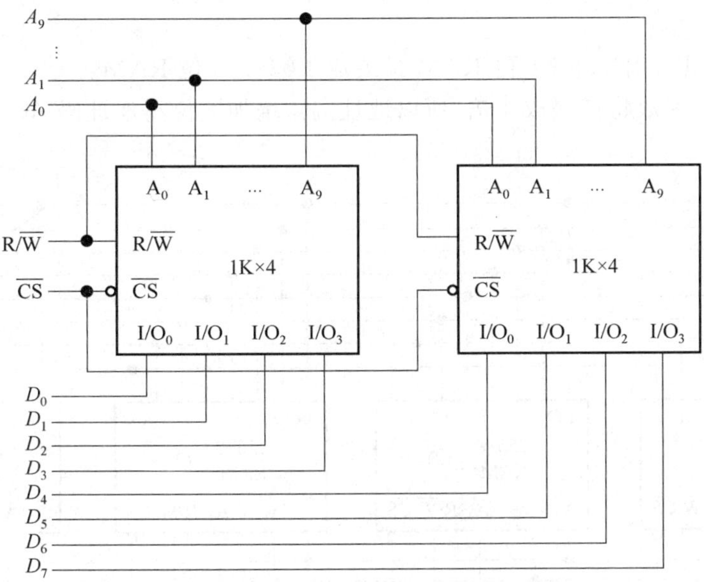

图 6-9　用两个 2114RAM 实现位数扩展

2. RAM 的字扩展

当 RAM 的字数不够时，需要进行字扩展，RAM 的字扩展是利用译码器输出控制各片 RAM 的片选信号$\overline{CS}$来实现的。字数扩展的关键是增加 RAM 的地址输入端，增加的地址线作为高位地址，需要与译码器的输入相连。同时各片 RAM 的相应地址端、读/写控制端R/$\overline{W}$、I/O 端并接在一起使用，再用一个非门来控制两片的片选信号$\overline{CS}$。图 6-10 所示的是将两片 1 K×4 位 RAM 扩展成 2 K×4 位 RAM 的连接图。图中增加一位高位码 A_{10}，当 $A_{10}=0$ 时，第一片 RAM 被选中，可以对它的 1 K 字进行读/写操作；当 $A_{10}=1$ 时，第 2 片的 RAM 被选中，可以对它的 1 K 字进行读/写操作。由此可得到 2 K×4RAM，字数扩展成 2 倍。

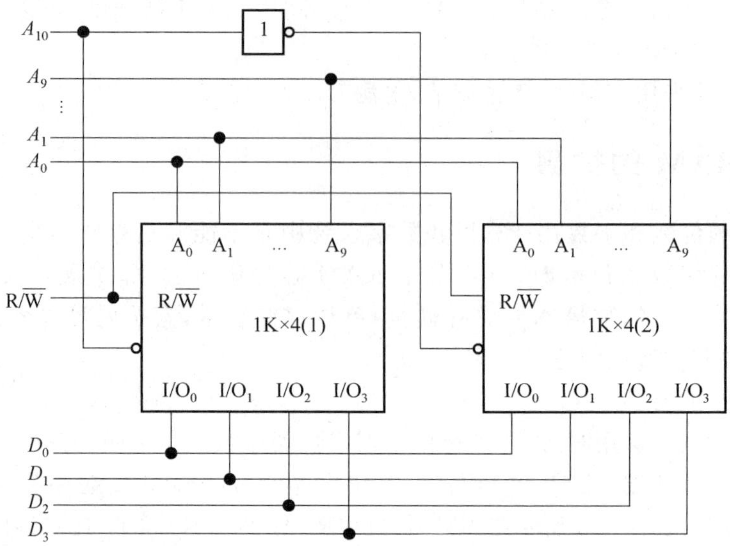

图 6-10　用两片 2114RAM 实现字数扩展

【例 6-3】 试用 4 片 256×8 位 RAM 扩展成 1 024×8 位 RAM。

解:根据要求,字数将扩展成 4 倍,所以地址端需增加 2 位高地址码 A_8、A_9,扩展后的电路如图 6-11 所示。

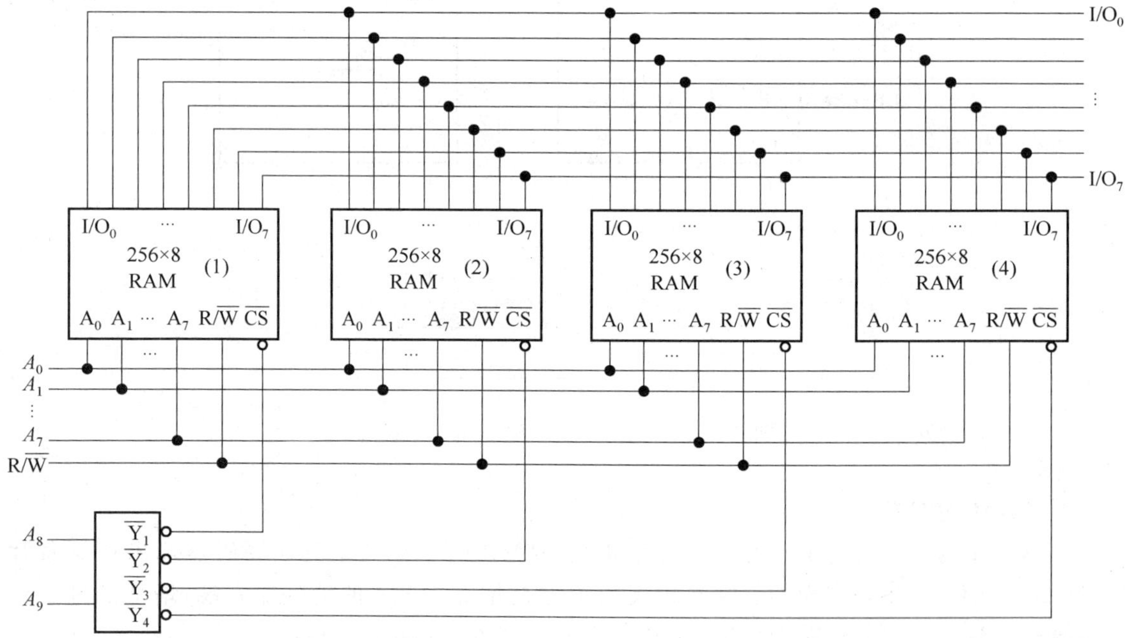

图 6-11　用 4 片 256×8 位 RAM 实现字数扩展

各片 RAM 地址端、读/写控制端、输入/输出端并接在一起。用新增的两位高地址码 A_9、A_8 通过额外增加的 2 线-4 线译码器将它的 4 种状态组合,00、01、10、11 分别译码成$\overline{Y_0}$、$\overline{Y_1}$、

$\overline{Y_2}$、$\overline{Y_3}$(低电平有效)，由此可以来控制 4 片 RAM 的片选端。4 片 RAM 的地址分配将如表 6-3 所示。

表 6-3　例 6-3 中各片 RAM 电路的地址分配

器件编号	A_9	A_8	$\overline{Y_0}$	$\overline{Y_1}$	$\overline{Y_2}$	$\overline{Y_3}$	地址范围(等效十进制数)
RAM(1)	0	0	0	1	1	1	00 00000000 ～ 00 11111111 (0)　(255)
RAM(2)	0	1	1	0	1	1	01 00000000 ～ 01 11111111 (256)　(511)
RAM(3)	1	0	1	1	0	1	10 00000000 ～ 10 11111111 (512)　(767)
RAM(4)	1	1	1	1	1	0	11 00000000 ～ 11 11111111 (768)　(1 023)

当 $A_9A_8=00$ 时，第 1 片被选中，可以对第 1 片进行读/写操作；当 $A_9A_8=01$ 时，第 2 片被选中，可以对第 2 片进行读/写操作；当 $A_9A_8=10$ 时，第 3 片被选中，可以对第 3 片进行读/写操作；当 $A_9A_8=11$ 时，第 4 片被选中，可以对第 4 片进行读/写操作。扩展后的 RAM 有 10 位地址端，总字数为 $2^{10}=1\,024=1$ K 字，成为 1 K×8 位 RAM。

练习与思考

1. 随机存储器的主要结构是什么？如何进行读/写操作？如何进行片选？
2. 如何实现 RAM 的字扩展、位扩展？
3. RAM 和 ROM 有何异同？

本章小结

本章的重点内容如下所示。

(1) ROM 的结构、工作原理及应用；RAM 的结构、工作原理及应用。

(2) 半导体存储器按读、写功能分类可分为只读存储器(ROM)和随机存取存储器(RAM)两大类。

(3) ROM、RAM 的应用。其中 ROM 可以用来实现任意的组合逻辑电路，在变量数和输出量较多情况下尤为适用。RAM 的应用则侧重于容量的扩展、内存单元地址的合理选择及分配。

本章习题

6.1　RAM 的阵列图如图 6-12 所示，说明存储单元中所存的内容并写出 $D_0 \sim D_3$ 的逻辑式。

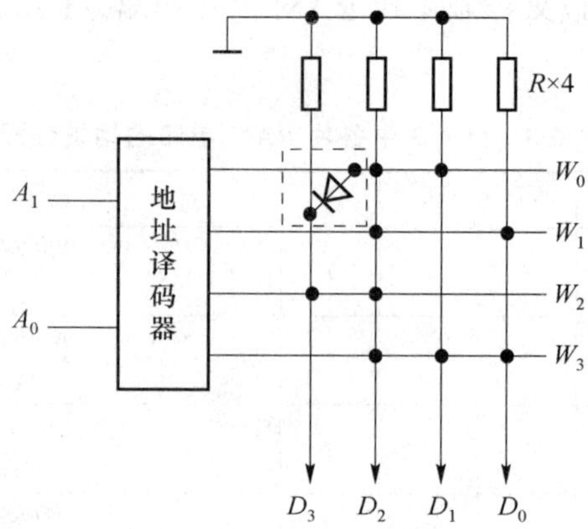

图 6-12 题 6.1 的图

6.2 如图 6-13 所示为二极管存储矩阵电路，试写出 $D_0 \sim D_3$ 的逻辑式，并说明存储的内容。

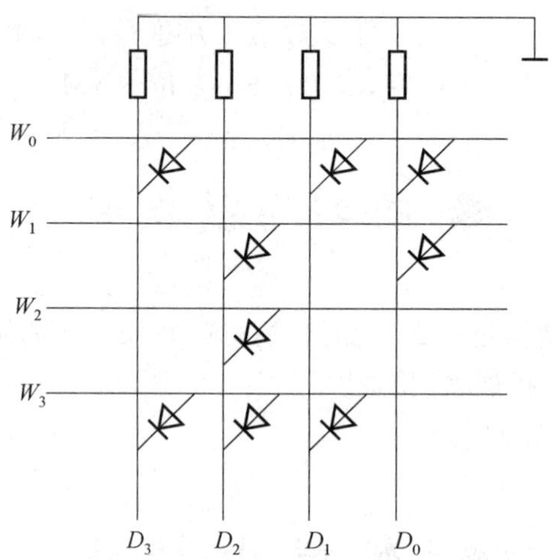

图 6-13 题 6.2 的图

6.3 如图 6-14 所示为用 RAM 实现的组合逻辑函数，试写出函数表达式。

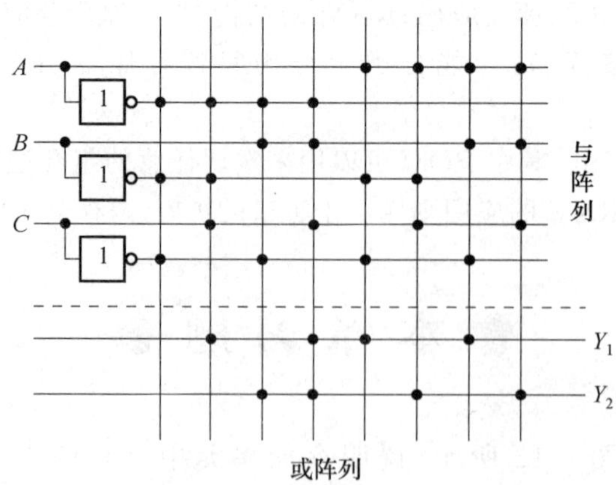

图 6-14 题 6.3 的图

6.4　一组逻辑函数如下，试用 RAM 实现并画出 RAM 阵列图。

$$\begin{cases} Y_0 = A\overline{B}CD + BCD \\ Y_1 = \overline{A}CD + ABC\overline{D} \\ Y_2 = \overline{A}\,\overline{B}CD + \overline{A}BC\overline{D} + ABCD \\ Y_3 = \overline{A}C\overline{D} + \overline{A}\,\overline{B}C\,\overline{D} + \overline{A}B\overline{C}\,\overline{D} \end{cases}$$

6.5　试用 2 片 1 024×4 位 RAM 扩展成 1 024×8 位 RAM，画出接线图。

6.6　试用 2 片 1 024×8 位 RAM 扩展成 2 048×8 位 RAM，画出接线图。

6.7　试用 256×4 位 RAM 扩展成 1 024×8 位 RAM，画出接线图。

6.8　分析如图 6-15 所示电路的各片 RAM 的容量，以及扩展后 RAM 的容量。

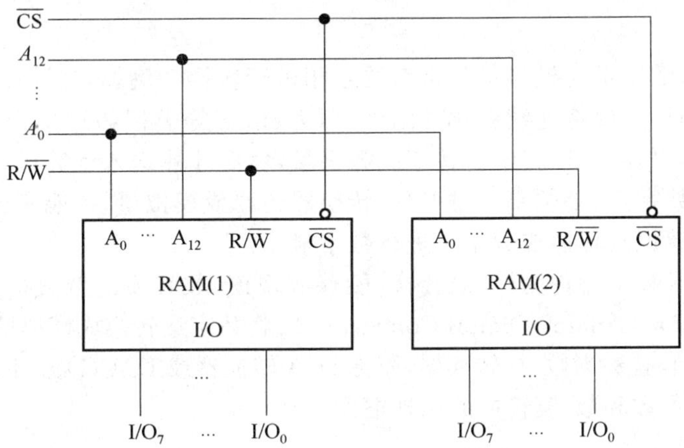

图 6-15　题 6.8 的图

6.9　分析如图 6-16 所示电路图中各片的 RAM 容量及扩展后的 RAM 容量。

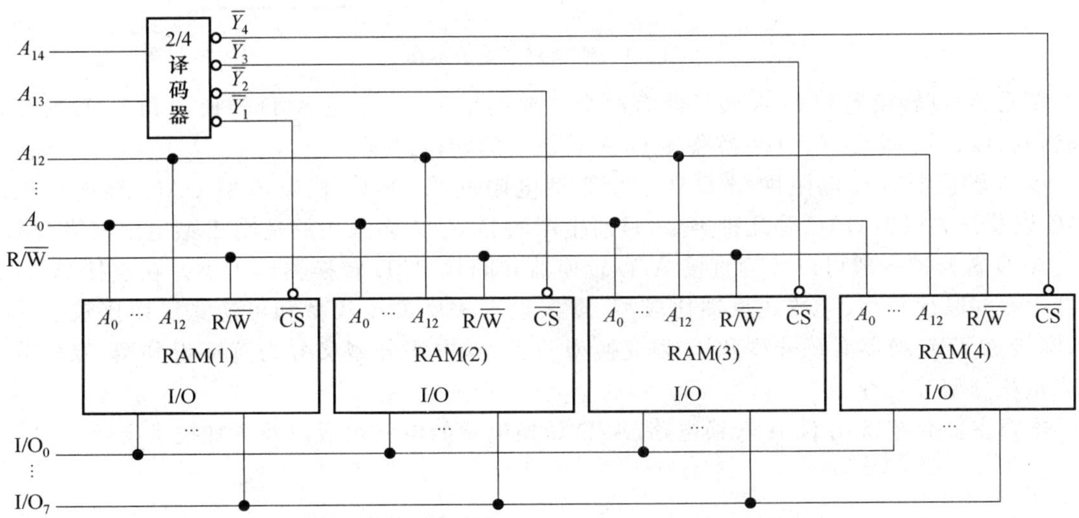

图 6-16　题 6.9 的图

第 7 章

模拟量和数字量的转换

在电子技术中，数字量与模拟量经常需要互相进行转换。例如，当计算机应用于过程控制或者进行信号处理时，需要将连续变化的温度、压力、语言等模拟物理量经传感器转变成电压或电流等电模拟量，再经 A/D 转换器转变成数字量，然后才能送入计算机进行处理；而计算机处理的结果仍然是数字量，必须要经过 D/A 转换器还原成模拟量，才能实施控制。再如，在数字仪表中则需要将模拟量转换成数字量进行数字显示。

将模拟量转换成数字量称为模/数转换，能够实现模/数转换的装置称为模/数转换器，简称 A/D 转换器或 ADC(Analog Digital Converter)。将数字量转换成模拟量称为数/模转换，能够实现数/模转换的装置称为数/模转换器，简称 D/A 转换器或 DAC(Digital Analog Converter)。

图 7-1 所示是模-数和数-模转换的原理框图。

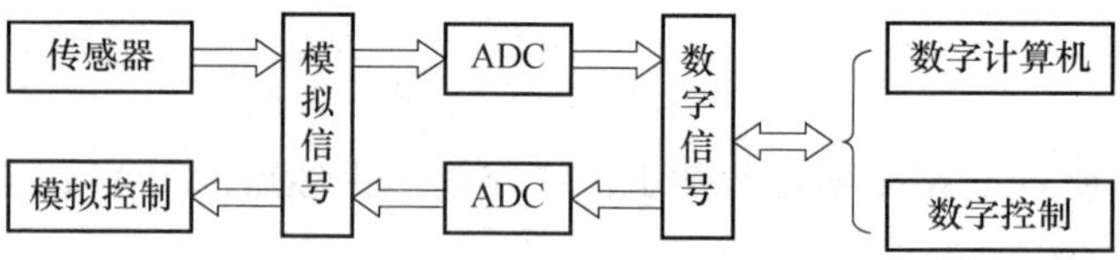

图 7-1　典型数字系统框图

衡量 A/D 转换器和 D/A 转换器有两个主要的指标：一个是 A/D 转换器和 D/A 转换器的转换精度；另一个是 A/D 转换器和 D/A 转换器的转换速度。

D/A 转换器有权电阻网络 DAC、倒 T 型电阻网络 DAC、权电流型 DAC、权电容网络 DAC 以及开关树型 DAC 等几种类型，目前生产的 DAC 大多采用的是倒 T 型电阻网络 DAC。

A/D 转换器一般可以分为直接 A/D 转换器和间接 A/D 转换器两大类。在直接 A/D 转换器中有并联比较型、计数式反馈比较型、逐次逼近式反馈比较型和可逆式反馈比较型等多种；间接 A/D 转换器有积分型和压-频变换型两类，其中积分型又分为直接积分型、双积分型和多重积分型等几种。

本章主要介绍常用 D/A 转换电路、A/D 转换电路的电路组成以及各种技术指标。

7.1　D/A 转换器

数字量用二进制代码按数位组合来表示，对于有权码，每一位代码有自己对应的权。如果

一个 n 位二进制数表示为 $D_n = d_{n-1}d_{n-2}\cdots d_1 d_0$，则从最高位到最低位的权将依次是 2^{n-1}，2^{n-2}，…，2^1，2^0。D/A 转换器的输入和输出关系如图 7-2 所示。其中 $D_0 \sim D_{n-1}$ 是输入的 n 位二进制数，u_O 是与输入二进制数成比例地输出电压。图 7-3 所示以输入为 3 位二进制数为例，形象地表示了 D/A 转换器的功能。D/A 转换器用来接收数字信号并输出一个与数字信号对应的模拟量。它一般包括恒压源(恒流源)、模拟开关以及数字量代码所控制的电阻解码网络等部分。

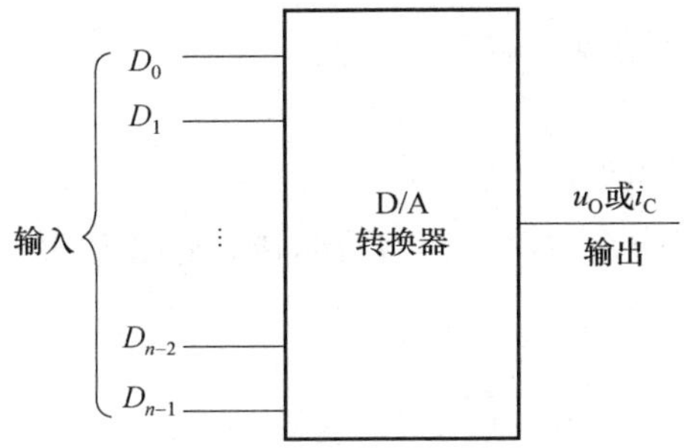

图 7-2　D/A 转换器的输入、输出框图

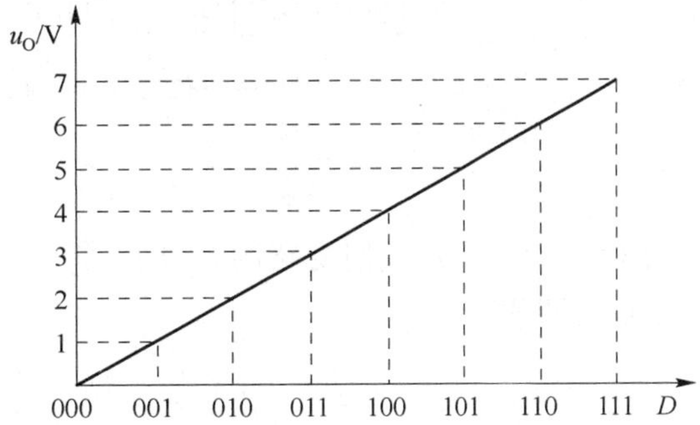

图 7-3　3 位 D/A 转换器的转换特性

7.1.1　D/A 转换器的基本原理

D/A 转换器的种类有很多，本节简单介绍采用比较广泛的倒 T 型电阻网络转换器和权电阻网络 D/A 转换器。

1. 倒 T 型电阻网络 D/A 转换器

它的特点是结构简单、转换速度快，其电阻网络只有 R 和 $2R$ 两种阻值的电阻，可以提高转换精度。倒 T 型电阻网络 D/A 转换器的电路结构，如图 7-4 所示。

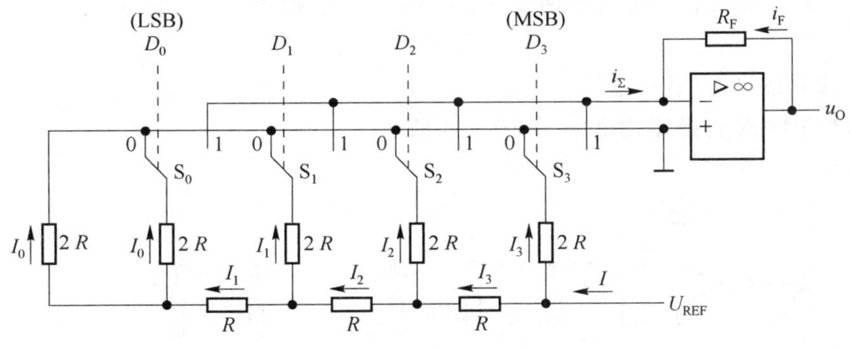

图 7-4　倒 T 型电阻网络 D/A 转换器

倒 T 型电阻网络 D/A 转换器包括：

(1) 基准电压 U_{REF}；

(2) R-$2R$ 倒 T 型电阻网络；

(3) 电子模拟开关 S_0、S_1、S_2、S_3；

(4) 运算放大器。

图 7-4 中所示的运算放大器为反相比例运算电路，输出电压为 u_O；$D_3 \sim D_0$ 为输入的 4 位二进制数，当 D_i 为 1 时，它所控制的开关 S_i 接到运算放大器的反相输入端；当 D_i 为 0 时，它所控制的开关 S_i 接地，所以各 2R 电阻上端都等效为接地。由此可得 U_{REF} 向左的等效电路如图 7-5 所示，等效电阻为 R，总电流 $I=\frac{U_{REF}}{R}$。

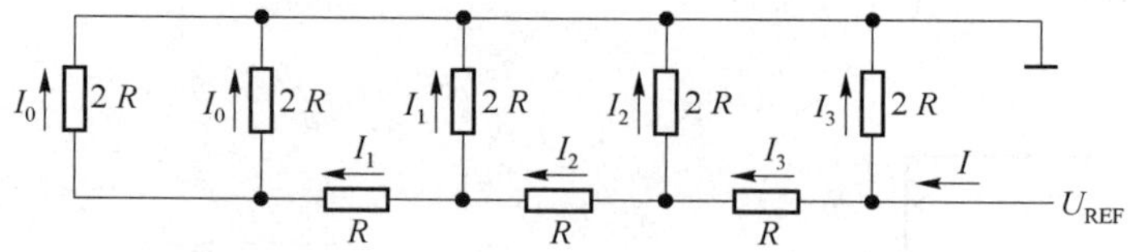

图 7-5 倒 T 型电阻网络的等效电路

由此可得各 2R 电阻支路的电流 I_3、I_2、I_1、I_0 依次为 $I/2$、$I/4$、$I/8$、$I/16$，流入运算放大器的电流 i_Σ 即为

$$
\begin{aligned}
i_\Sigma &= D_3 \cdot \frac{I}{2} + D_2 \cdot \frac{I}{4} + D_1 \cdot \frac{I}{8} + D_0 \cdot \frac{I}{16} \\
&= \frac{U_{REF}}{2^4 R}(D_3 \times 2^3 + D_2 \times 2^2 + D_1 \times 2^1 + D_0 \times 2^0)
\end{aligned}
$$

运算放大器的输出电压 u_O 为

$$
u_O = -i_\Sigma R_F = -\frac{U_{REF} R_F}{2^4 R}(D_3 \times 2^3 + D_2 \times 2^2 + D_1 \times 2^1 + D_0 \times 2^0)
$$

由此可推算出 n 位倒 T 型电阻网络 DAC，当 $R_F = R$ 时，输出电压的计算公式为

$$
\begin{aligned}
u_O &= -\frac{U_{REF} R_F}{2^n R}(D_{n-1} \times 2^{n-1} + D_{n-2} \times 2^{n-2} + \cdots + D_1 \times 2^1 + D_0 \times 2^0) \\
&= -\frac{U_{REF}}{2^n} \sum_{i=0}^{n-1} D_i \times 2^i
\end{aligned}
$$

由上式可知 R-2R 倒 T 型电阻网络 DAC 输出的模拟电压 u_O 与输入二进制数字量成正比。

2. 权电阻网络 D/A 转换器

权电阻网络 D/A 转换器的电路，如图 7-6 所示。

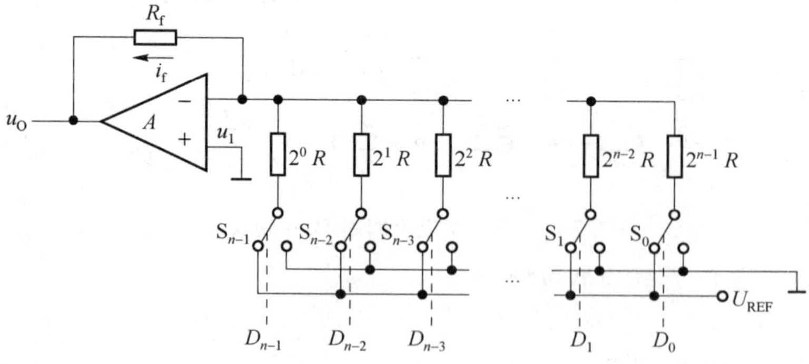

图 7-6 权电阻网络 D/A 转换器

权电阻网络 D/A 转换器包括以下四部分。

(1) 基准电压 U_{REF}；

(2) n 个权电阻网络，每一位电阻的阻值与该位输入数字的权成正比。与开关 S_{n-1} 相连的电阻为 R，与 S_{n-2} 相连的电阻为 $2R$，依此类推，与开关 S_0 相连的电阻为 $2^{n-1}R$，即电阻的阻值分别为 $R, 2R, \cdots, 2^{n-1}R$。

(3) n 个双向模拟开关 $S_{n-1} \sim S_0$，它受输入数字信号 $D_{n-1}, D_{n-2}, \cdots, D_1, D_0$ 的控制。

(4) 运算放大器。

图 7-6 所示中各路输入电流($I_0 \sim I_{n-1}$)全部流入反馈电阻 R_f，即有表达式：

$$i_f = I_{n-1} + I_{n-2} + \cdots + I_1 + I_0$$

当高位开关 S_{n-1} 接 U_{REF}，其余开关接地时，则有

$$i_f = I_{n-1} = \frac{U_{REF}}{R}$$

$$I_{n-2} = I_{n-3} = \cdots = I_1 = I_0 = 0$$

而当低位开关 S_0 接 U_{REF}，其余开关接地时，则有

$$i_f = I_0 = \frac{U_{REF}}{2^{n-1}R}$$

$$I_{n-2} = I_{n-3} = \cdots = I_1 = 0$$

当全部开关接 U_{REF} 时，注入反馈电阻的电流最大，即

$$i_f = I_{n-1} + I_{n-2} + \cdots + I_1 + I_0 = \frac{U_{REF}}{R} + \frac{U_{REF}}{2R} + \cdots + \frac{U_{REF}}{2^{n-2}R} + \frac{U_{REF}}{2^{n-1}R}$$

模拟开关 S_i($i=0,1,2,\cdots,n-1$)受该位二进制数 D_i 的控制。D_i 为 0 时，S_i 接地；D_i 为 1 时，S_i 接 U_{REF}，由此，可将上式改写为

$$\begin{aligned} i_f &= D_{n-1}\frac{U_{REF}}{R} + D_{n-2}\frac{U_{REF}}{2R} + \cdots + D_1\frac{U_{REF}}{2^{n-2}R} + D_0\frac{U_{REF}}{2^{n-1}R} \\ &= \frac{U_{REF}}{2^{n-1}R}(D_{n-1}2^{n-1} + D_{n-2}2^{n-2} + \cdots + D_1 2^1 + D_0 2^0) \\ &= \frac{U_{REF}}{2^{n-1}R}D \end{aligned}$$

$$D = D_{n-1}2^{n-1} + D_{n-2}2^{n-2} + \cdots + D_1 2^1 + D_0 2^0$$

综合上式可以看出，流入反馈电阻 R_f 的电流与输入二进制数的大小成正比，当运算放大器的开环增益足够大时，其输出电压

$$u_O = -i_f R_f = \frac{U_{REF}}{2^{n-1}R}D \cdot R_f$$

如果取 $R_f = \frac{1}{2}R$，则

$$u_O = -i_f R_f = -\frac{U_{REF}}{2^n}D$$

上式表明，输出模拟电压 u_O 正比于数字量 D，从而达到了模拟量转换成数字量的目的。

【例 7-1】 $U_{REF} = 10\ \text{V}$，$R = 2\ \text{k}\Omega$，$R_f = 1\ \text{k}\Omega$。如果输入 8 位二进制数 $D_1 = 10000000$，$D_2 = 11000000$，分别求出输出模拟电压 u_O。

解： 当输入 D_1 时，只有 S_7 接 U_{REF}，其他开关均接地，则

$$u_O = -\frac{U_{REF}}{2^{n-1}R}D \cdot R_f = -\frac{10}{2^7 \times 2\,000}(2^7) \times 1\,000 = -5\ \text{V}$$

当输入 D_2 时，只有 S_7 和 S_6 接 U_{REF}，其他开关均接地，则

$$u_O = -\frac{U_{REF}}{2^{n-1}R}D \cdot R_f = -\frac{10}{2^7 \times 2\,000}(2^7 + 2^6) \times 1\,000 = -7.5\ \text{V}$$

3. 集成 D/A 转换器

集成电路制造技术飞速发展，D/A 转换器集成芯片种类繁多。按输入的二进制数的位数可分为 8 位、10 位、12 位和 16 位等。以 DAC0832 为例，它是双 GMOS 工艺制成的双列直插式 8 位 D/A 转换器，它可以直接与 8051、8085 等多种微处理器接口，它采用的是倒 T 型电阻网络。其结构框图和引脚排列如图 7-7 所示。

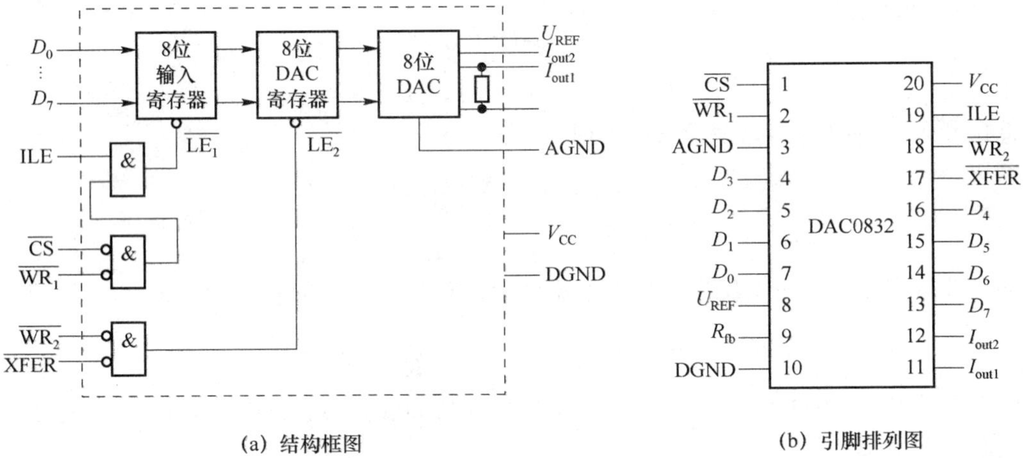

图 7-7　DAC0832 的结构框图和引脚图

下面简单介绍 DAC0832。它由 8 位输入寄存器、8 位 DAC 寄存器和 8 位 DAC 三部分组成，其各引脚功能如下。

$D_0 \sim D_7$：8 位输入数字信号。

$\overline{CS}$：片选信号，输入低电平有效。

ILE：输入锁存允许信号，输入高电平有效。

$\overline{WR_1}$：输入寄存器写信号，输入低电平有效。

$\overline{WR_2}$：DAC 寄存器写信号，输入低电平有效。

$\overline{XFER}$：传送控制信号，输入低电平有效。

$\overline{WR_2}$、$\overline{XFER}$共同控制 DAC 寄存器的数据输入。

I_{out1}：DAC 电流输出 1。当 DAC 寄存器为全 1 时，I_{out1} 最大；当 DAC 寄存器为全 0 时，I_{out1} 最小。

I_{out2}：DAC 电流输出 2。电路中 $I_{out1} + I_{out2} =$ 常数。在实际使用中，总是外接运算放大器将电流输出信号转换成电压输出信号。I_{out1} 和 I_{out2} 作为运算放大器的两个差分输入信号。

R_{fb}：为外接运放提供的反馈电阻引出端。

U_{REF}：参考电压输入，其电压范围为 −10～10 V。

V_{CC}：电源电压端，其电压范围为 5 ～15 V。

AGND、DGND：模拟地和数字地。

其中，$\overline{CS}$、ILE 和 $\overline{WR_1}$ 共同控制输入寄存器的数据输入。

7.1.2　D/A 转换器的主要技术指标

1. 转换速度

D/A 转换器的转换速度通常由电阻网络传送信号的时间和运算放大器接收信号到输出达到稳态的时间所决定。电阻网络传送信号所用的时间较短，运算放大器接收信号所用的时间较长。在 D/A 转换器中，用建立时间来描述转换速度。建立时间也称为转换时间，它是从数字信号输入 DAC 开始，到输出模拟电流（或电压）达到稳态值所需的时间。建立时间的长短决定了转换速度。在一般产品的使用说明中给出的都是输入数字量满量程变化（从全 0 变为全 1 或从全 1 变为全 0）时的建立时间。通常为微秒量级。

2. 转换精度

D/A 转换器的转换精度通常用分辨率来描述。DAC 的分辨率表示 D/A 转换器在理论上可以达到的精度，是指最小输入电压（对应的输入二制数为 1）与最大输出电压（对应的输入二进制数的所有位全为 1）之比，即：

$$分辨率=\frac{U_{LSB}}{U_m}=\frac{1}{2^n-1}$$

式中，n 表示输入数字量的位数，当 n 分别为 4、8、10、12 时，分辨率则分别为 $1/(2^4-1)=0.067$，$1/(2^8-1)=0.004$，$1/(2^{10}-1)=0.001$，$1/(2^{12}-1)=0.000\ 25$，分辨率越低，说明 D/A 转换器的精度越高。

D/A 转换器的精度除了与位长或分辨率有关外，还常常会受到转换过程中各种误差的影响，也就是说转换的误差将会直接影响转换的精度。造成误差的主要原因包括以下几种。

(1) 比例系数误差：它是由于参考（基准）电压 U_{REF} 偏离标准值所引起的，与输入数字量的大小成正比。

(2) 漂移误差：它是由运算放大器的零点漂移造成的，与输入数字量的大小无关，是一个可负、可正的固定偏差。

(3) 非线性误差：它是由电子开关的导通压降和电阻网络的电阻值偏差产生的。

7.2　A/D 转换器

A/D 转换器的种类有很多，本节主要介绍逐次逼近型 A/D 转换器。A/D 转换过程通常包括采样、保持、量化和编码 4 个步骤，转换过程如图 7-8 所示。

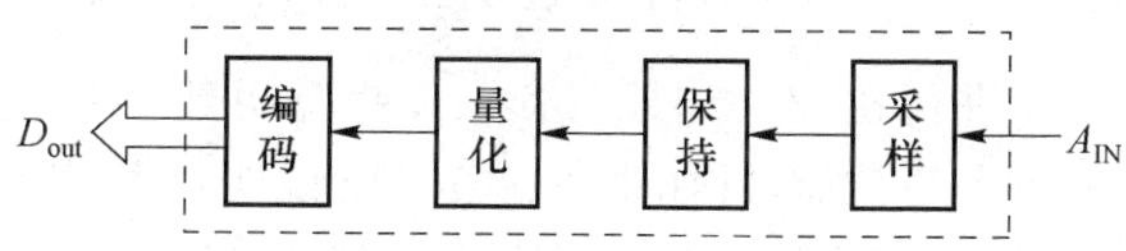

图 7-8　A/D 转换的主要步骤

1. 采样

图 7-8 所示中所标的采样是对连续变化的模拟信号进行周期性的测量。通常采样的脉冲频率 f_s 越高，测量的点就越多，转换就越精确。对输入模拟信号的采样一般应满足下述采样定理：

$$f_s \geqslant 2f_{\text{Imax}}$$

式中，f_s 为采样频率；f_{Imax} 为输入模拟信号的最高频率值。

2. 保持

保持的作用是将采样得到的脉冲进行相应的展宽。通常对采样的要求是速度要快，因而采样的脉脉宽度 t_W 很小，得到采样值的脉冲宽度也很小，所以需要用保持电路展宽采样值脉冲。对保持电路的要求是保持的时间长而且稳定。

3. 量化

量化则是将采样得到的电压值通过一定的方式转变为量化单位的整数倍，量化的单位用 Δ 表示。Δ 值越小，量化级就越多，和模拟量相对应的数字信号的位数也就越多；反之，Δ 值越大，量化级就越少，相应的数字信号的位数也就越少。

4. 编码

编码是用二进制代码表示量化的采样值，二进制代码即为输出的数字信号。

A/D 转换的过程由采样、保持、量化和编码 4 个步骤组成，但在实际的 A/D 转换中，采样和保持通常是合并进行的，而量化和编码也是同时完成的，且所用时间是采样保持时间的一部分。

7.2.1 逐次逼近型 A/D 转换器

下面以逐次逼近型 ADC 的工作过程为例说明 A/D 转换器的工作原理。逐次逼近型 ADC 是用一系列参考电压与要转换的输入模拟电压从高位到低位逐位进行比较，并由比较结果依次确定各位数据是 0 还是 1。在转换开始前，逐次逼近寄存器需要清零。逐次逼近型 ADC 的工作原理框图，如图 7-9 所示。

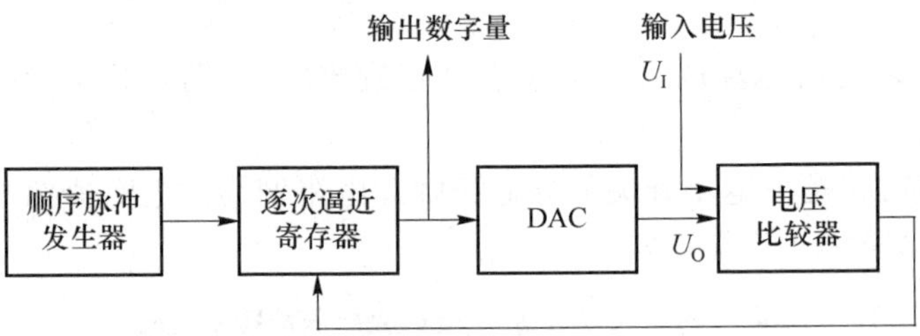

图 7-9 逐次逼近型 A/D 转换器的原理框图

逐次逼近型 ADC 的转换过程：转换开始，由顺序脉冲发生器输出的顺序脉冲首先将寄存器的最高位置 1，寄存器输出 1000…0000，经 n 位 DAC 转换成相应的模拟电压 $u_O=\frac{U_{REF}}{2}$，送入比较器与输入模拟电压 u_I 进行比较。如果 $u_O>u_I$，就说明数字量过大，需要通过控制逻辑电路将最高位修改为 0，而将次高位置 1；如果 $u_O<u_I$，就说明该数字量不够大，需要通过控制逻辑电路将这一位 1 保留，然后用同样的方法将次高位置 1，经过比较来决定次高位是 0 还是 1。按照这个方法逐位进行比较，直到比较至最低位为止。寄存的逻辑状态就是对应于输入电压 u_I 的输出数字量。

目前广泛采用的是单片集成 ADC，它的种类很多，下面以 ADC0809 为例来进行简单说明，ADC0809 是 CMOS 8 位 8 通道逐次逼近型 A/D 转换器，它采用双列直插式 28 引脚封装，可以直接与 8 位微机系统接口。ADC0809 的外引脚图如图 7-10 所示。

ADC0809 各引脚的功能如下所示。

$IN_0 \sim IN_7$：8 路模拟信号输入端。

$D_0 \sim D_7$：8 位数字量输出端。

ADDA、ADDB、ADDC：通道地址选择信号，用来在 $IN_0 \sim IN_7$ 中选择一路信号进行模/数转换。其中，ADDC 为高位。

ALE：地址锁存允许信号，高电平有效。只有当该信号有效时，才能将地址信号有效锁存，并经译码选中一路模拟通道。

START：启动脉冲输入信号。该信号的上升沿将所有内部寄存器清零，下降沿时开始进行A/D 转换。

EOC：转换结束信号，EOC＝0 表示转换正在进行，EOC ＝1 表示转换已经结束。因此，EOC＝1 可以作为通知数据接收设备读取转换结果的信号。

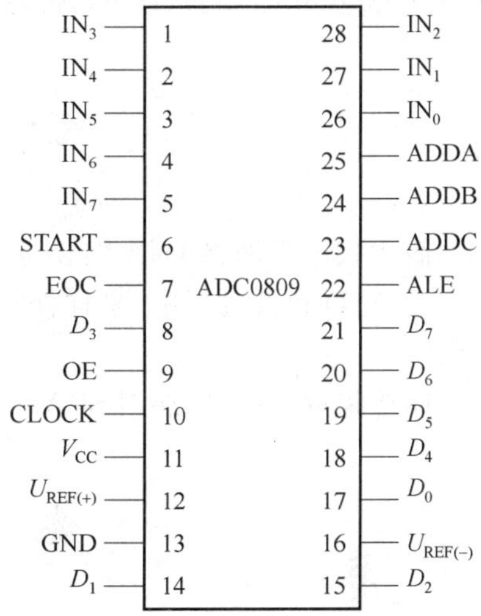

图 7-10　ADC0809 的外引脚图

CLOCK：时钟脉冲输入端。

OE：输出允许信号，高电平有效。OE＝1 时，打开三态输出锁存缓冲器，允许转换后的数据从 $D_0 \sim D_7$ 输出；OE＝0 时，$D_0 \sim D_7$ 为高阻状态。

$U_{REF(+)}$、$U_{REF(-)}$：参考电压的正、负输入端。单极性转换时，$U_{REF(+)}$ 接 V_{CC}，$U_{REF(-)}$ 接 GND。

7.2.2　A/D 转换器的主要技术指标

1. 转换精度

在 A/D 转换器中也用分辨率和转换误差来描述转换精度。ADC 的分辨率也称为分解度，是指 A/D 转换器能够分辨的最小输入模拟电压，通常用输出二进制数的位数表示。从理论上讲，输出为 n 位二进制数的 A/D 转换器可以区分 2^n 个不同的量化级，可以分辨的最小电压是输入满量程电压值的 $1/2^n$，即

$$\text{分辨率} = \frac{1}{2^n}\text{FSR}$$

式中，n 表示输出数字量的位数；FSR 表示满量程输入的模拟电压值。例如，当输入模拟电压的满量程为 5 V 时，8 位 ADC 的分辨率为 $5/2^8 \approx 19.53$ mV，而 10 位 ADC 的分辨率则为 $5/2^{10} \approx 4.88$ mV，由此两组数值可知，在输入模拟电压满量程一定时，A/D 转换器的位数越多，它的分辨率(分解度)越好。

转换误差通常以输出误差的最大值形式给出，它表示 A/D 转换器实际输出的数字量和理论输出值的差别，并用最低有效位 LSB 的倍数来表示。例如，给出的转换误差在－1LBS～＋1LBS 范围内，这表明实际输出的数字量和理论输出的数字量之间的误差小于最低有效位 1。

2. 转换速度

转换速度是指完成一次转换所需的时间，A/D 转换器的转换时间是从收到转换控制信号，到输出端得到稳定的数字信号所经历的时间。它主要由转换电路的类型来决定，不同类型的 ADC 的转换速度相差很大。逐次逼近型的转换速度稍低于并联比较型，转换速度一般为几十微秒。

练习与思考

1. 简述权电阻网络 D/A 转换器、倒 T 型电阻网络 D/A 转换器各自的特点。

2. 在 A/D 转换过程中，采样保持电路的作用是什么？量化有哪两种方法，各自的量化误差是多少？

3. 简述集成 D/A 转换器和 A/D 转换器使用时的注意事项。

本 章 小 结

本章主要介绍了数据采集系统中两种最重要的接口电路：A/D 转换器和 D/A 转换器。

(1) 在 D/A 转换器中，主要介绍了倒 T 型电阻网络 D/A 转换器的电路组成、工作原理以及相应的集成电路 DAC0832。

(2) 在 A/D 转换电路中，介绍了 A/D 转换的主要步骤及逐次逼近型 A/D 转换器的电路组成、工作原理及相应的集成电路 DAC0809。

(3) 对以上两种电路的主要参数进行了描述。在实际应用与设计 DAC 和 ADC 时，必须考虑转换精度和转换速度这两个重要的技术指标。

本 章 习 题

7.1 一个 8 位二进制数 D/A 转换器，其最大输出的模拟电压为 5 V，当输出电压为 4 V 时，输入的数字量是多少？

7.2 D/A 转换器的最大量程是 10 V，为获得 4 mV 的分辨率，求该转换器输入的二进制数字量的位数是多少？

7.3 6 位逐次逼近型 A/D 转换器，分辨率为 0.05 V，若模拟输入电压为 2.2 V，求其数字量的输出值是多少？

7.4 在 4 位逐次逼近型 A/D 转换器中，设 $u_{REF}=10$ V，$u_I=8.1$ V，试求转换的结果并说明逐次比较的过程。

7.5 在双积分式 A/D 转换器中，计数器的最大计数容量是 $(3000)_D$，时钟脉冲频率为 400 kHz，请回答以下问题：

(1) 完成一次转换最长需要多少时间？

(2) 若参考电压为 +15 V，计数容量为 $(2000)_D$，计算此时的输入模拟电压，并说明输出数字量是多少。

7.6　电路如图 7-11 所示，已知 $U_{REF}=10$ V，$R=10$ kΩ，求：

(1) D/A 转换器的输出电压 u_O 的最大值和最小值；

(2) 当 $d_3d_2d_1d_0=0110$ 和 1101 时，求 u_O 的值。

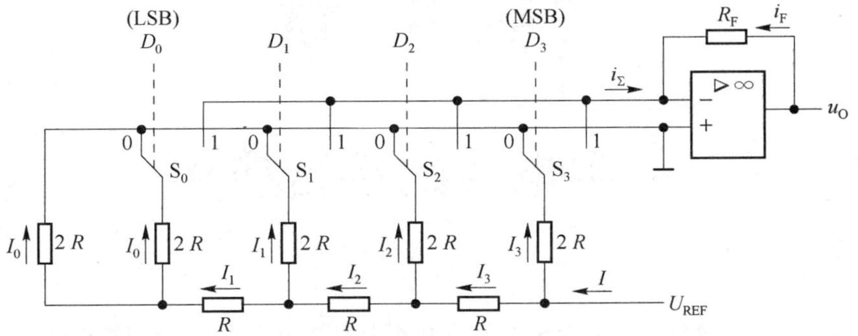

图 7-11　题 7.6 的图

7.7　对于 8 位 D/A 转换器：

(1) 若最小输出电压增量为 0.02 V，试问当输入代码为 01001101 时，输出电压 u_O 为多少；

(2) 用百分数表示其分辨率；

(3) 若系统要求转换器精度小于 0.25%，请问这个转换器能否使用？

7.8　在图 7-12 所示电路中，给定 $U_{REF}=5$ V，试计算：

(1) 输入数字量每一位都为 1 时，在输出端产生的电压值；

(2) 输入全为 1、全为 0 和为 1110000000 时对应的输出电压值。

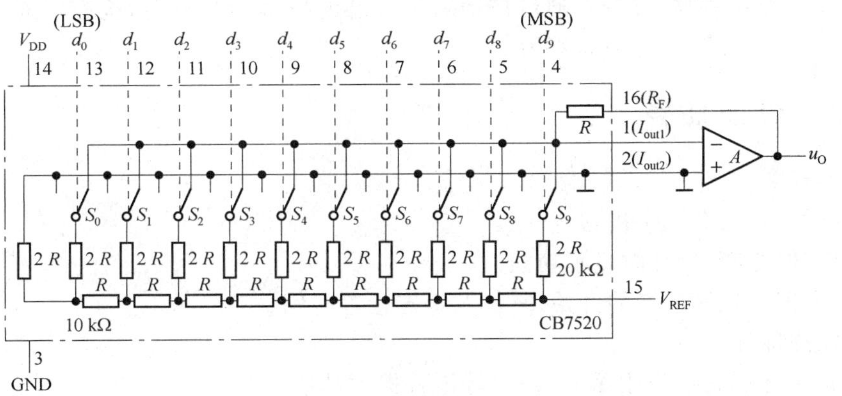

图 7-12　题 7.8 的图

第 8 章

数字电路的综合应用

综合数字电子技术的知识，本章旨在通过几个具体的设计实例，使读者对设计的理念、设计电路的基本方法和设计制作电路的流程有一个初步的了解，提高读者的实践动手能力，使读者将所学到的理论知识与实践相结合。

8.1 抢 答 器

8.1.1 设计说明

要求设计一个抢答器，参赛者通过按动属于自己的按键参与抢答，抢答器通过数码显示、灯光、音响等手段显示出第一名抢答者。

8.1.2 设计任务

(1) 基本任务。

① 可同时提供 8 名选手进行抢答。

② 具有定时抢答、倒计时显示功能。

③ 主持人能够控制抢答的开始、复位及设定抢答时间。

(2) 可发挥部分。

可发挥部分包括抢答选手编号、超时等语音提示功能。

8.1.3 功能分析

1. 抢答器的工作状态

抢答器的工作状态如下所示。

(1) 复位：抢答器接通电源后，主持人将开关拨到“复位”状态，此时抢答器禁止抢答，编号显示器灯灭，定时器显示设定时间。

(2) 超时：主持人将开关拨到“开始”状态后，抢答器开始工作，定时器进行倒计时，当定时时间到却没有抢答时，系统报警，封锁输入电路，禁止超时抢答。

(3) 抢答：选手在定时时间内抢答时，抢答器需完成以下工作：优先编码电路分辨出抢答者编号，并由锁存器进行锁存，然后由译码显示电路显示抢答者编号，同时提醒主持人有人抢答；控制电路要对输入编码电路进行封锁控制，避免其他选手再次抢答时，出现信号错误；定时器显示剩余时间，直至系统复位。

2. 抢答器的功能模块

根据设计要求，该抢答器的功能模块包括抢答模块、倒计时模块和时序模块。其电路结构，如图 8-1 所示。

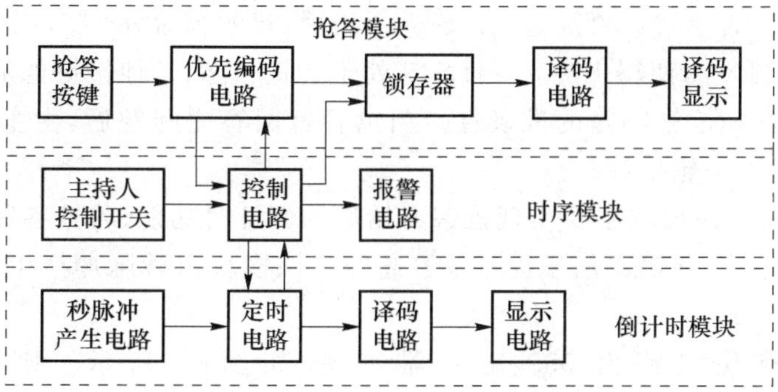

图 8-1　抢答器结构图

(1) 抢答模块。抢答模块用于处理抢答信号，并将抢答结果进行显示，抢答模块具体电路包括：抢答按键、优先编码电路、锁存器、译码及显示电路。抢答电路的功能是：分辨选手按键的先后顺序，锁存抢答选手编号，提供给译码显示电路；使其他选手按键操作无效。本设计采用 74LS148 优先编码器和 74LS279 锁存器来完成，电路原理示意图，如图 8-2 所示。

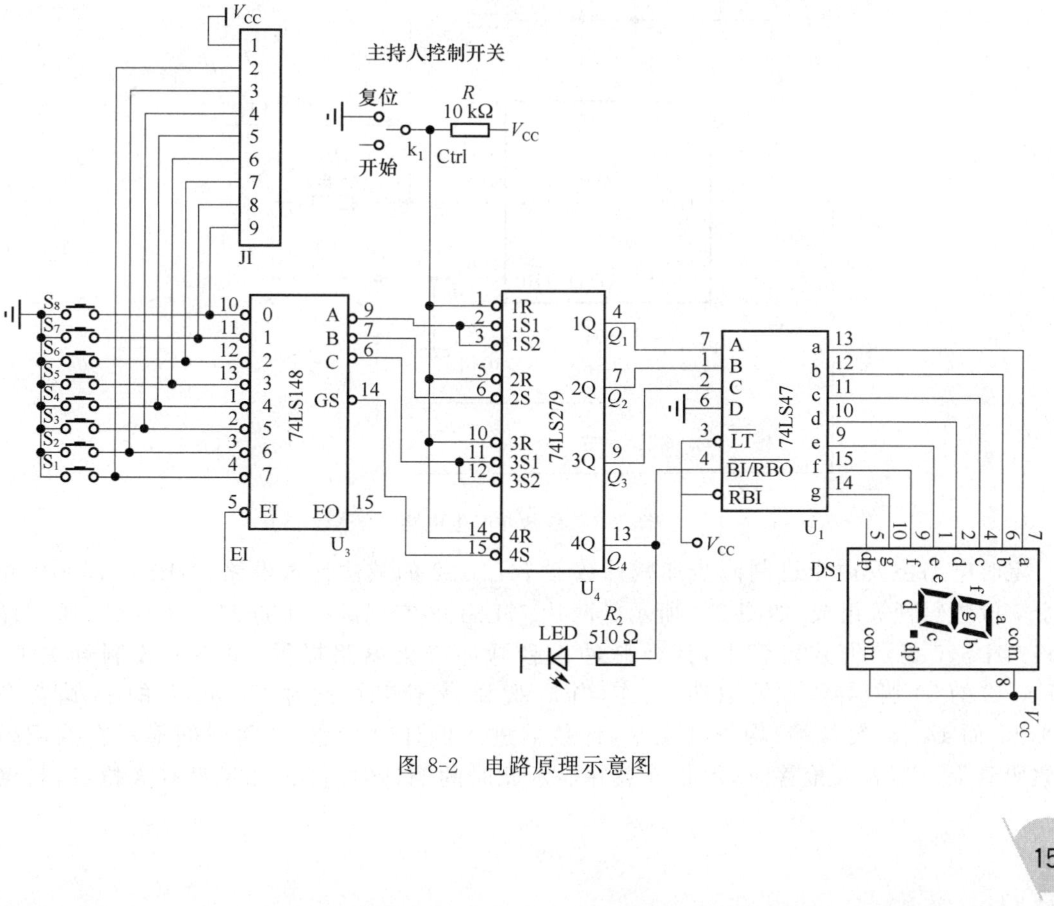

图 8-2　电路原理示意图

下面简单描述该电路的工作原理：当主持人将控制开关 k_1 置于“复位”时，锁存器 74LS279(即 U4)内 RS 触发器的$\overline{R}$端均为 0，输出端 $Q_1 \sim Q_4$ 全部为低电平，显示译码器 74LS47 的$\overline{BI/RBO}$为 0，显示器 DS_1 灭灯；74LS148 的选通输入端 EI 为低电平，处于工作状态，此时锁存器电路不工作，抢答无效。当主持人将开关拨开“开始”位置时，编码电路和锁存电路同时处于工作状态，即抢答器处于等待工作状态，等待输入端输入信号，当有选手按下按键时(假设 1 号选手按下，即 S_1 按下)，则 74LS148 的输出 CBA＝110，GS＝0，经过 74LS279 锁存后，输出端 $Q_3Q_2Q_1=001$，再经过 74LS47 译码后，显示器显示“1”，同时$Q_4=1$，经过反相器 U_{9A}后变为 0，见图 8-5，使得 EI＝1，74LS47 处于禁止状态，其他按键的输入信号被封锁，保证了抢答者的优先性和抢答电路的准确性。当抢答者回答完问题后，由主持人操作开关 k_1，复位抢答电路，准备下一轮抢答。

(2) 倒计时模块。该模块主要实现抢答开始后的倒计时功能，若抢答完成，则显示剩余时间；若超时，则禁止抢答，并输出信号提示抢答超时。该模块由秒脉冲产生电路、定时电路、译码电路和显示电路构成。

其中秒脉冲产生电路由 555 定时器实现，如图 8-3 所示。脉冲频率由式 $f=1.43/\left[(R_1+2R_2)C\right]$决定，本电路所选取的元件参数：$R_1=15\ \text{k}\Omega$，$R_2=68\ \text{k}\Omega$，$C=10\ \mu\text{F}$，计算可得脉冲频率为 1 Hz。

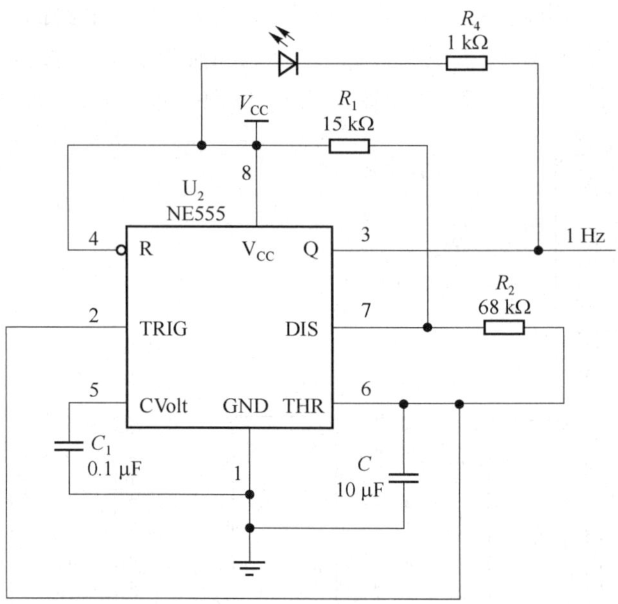

图 8-3　秒脉冲产生电路

定时电路主要由十进制同步加减计数器 74LS192 的减法计数电路、74LS47 译码电路和两个 7 段数码管等组成，如图 8-4 所示。两片 74LS192 实现两位十进制减法计数，通过译码电路 74LS47 显示到数码管上，计数脉冲由秒脉冲产生电路提供，主持人控制开关 k_1 与 74LS192 的 11 脚(异步预置数端)相连，当 k_1 拨到“复位”时，此时 U_6 和 U_7 的 11 脚都在高电平上，而 14 脚(复位端)均为低电平，计数器进入倒计时状态，并将时间显示在共阳极七段数码管上。当有人抢答时，停止计数并显示此时的倒计时时间；如果没有人抢答，且倒计时时间到时，U_6 的 13 脚输出低电平，此时发光二极管 VD_3 被点亮，发生报警信号，同时以后选手抢答无效。

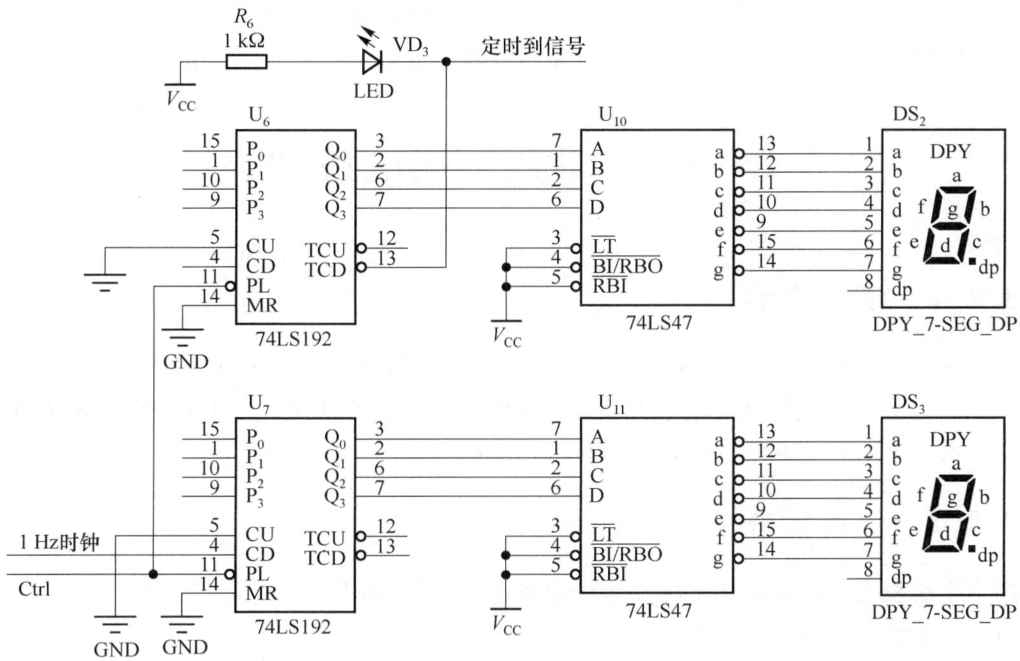

图 8-4　定时器电路

(3) 控制模块。该模块包括主持人控制开关、信号控制电路及报警电路，电路如图 8-5所示。与门 74LS11(即 U_{8A})的作用是控制 1 Hz 时钟信号的通过与禁止，与非门 74LS03(即 U_{3A})的作用是控制 74LS48 的输入使能端。其工作原理是：主持人控制开关 k_1 从“复位”拨到“开始”时，图 8-2 中的 74LS279 的输出 $Q_4=0$，经过反相器 74LS04(即 U_{9A})取反后输出为 1，此时“定时到的信号”也为 1，所以 NE555 产生的秒脉冲信号能够输入到 74LS192 的时钟输入端 CD(即 U_7 的 4 脚)，定时器电路进行递减计时。同时，由于“定时到信号”为 1，反相器 U_{9A} 的输出也为 1，所以与非门 U_{3A} 的输出为 0，即 EI=0，使 74LS148 处于正常工作状态，当选手在定时时间内按抢答按键时，$Q_4=1$，经 U_{9A} 反相后，输出为 0，将秒脉冲封锁，定时器处于保持工作状态；同时 U_{3A} 的物料编码为 1，即 EI=1，74LS148 处于禁止工作状态，禁止选手进行抢答，同时点亮发光二极管 VD_3，如图 8-4所示，提示主持人抢答超时。

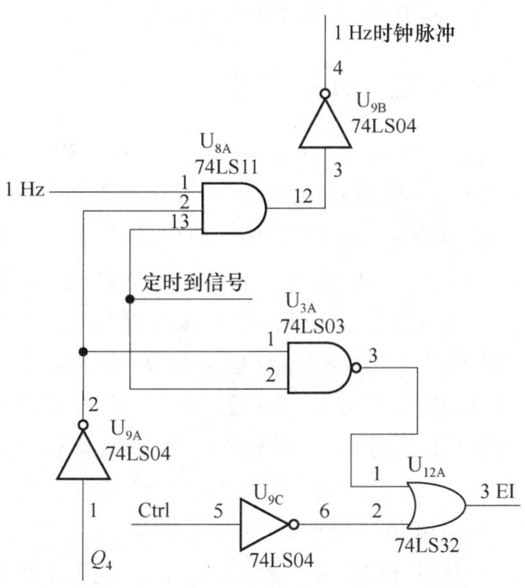

图 8-5　时序控制电路

8.1.4 参考元器件

设计抢答器的参考元器件：优先编码器 74LS148、锁存器 74LS279、NE555、共阳极七段数码管、十进制同步加减计数器 74LS192、七段译码器 74LS47、按键、电阻、电容等。

8.2 数码转换电路

8.2.1 设计说明

向计算机传送数据时，必须将十进制数转换成二进制数码（即 BCD 码），运算器在接收到 BCD 码时要转换成二进制数才能参与运算，因此本设计要求设计一个电路，能够实现将十进制数转换成二进制数的电路，也称为十翻二运算电路。

8.2.2 设计任务

用中小规模集成电路设计十翻二运算逻辑电路，要求如下。

(1) 具有十翻二功能；

(2) 能完成三位十进制数到二进制数的转换；

(3) 能自动显示十进制数及二进制数；

(4) 具有手动和自动清零功能。

8.2.3 功能分析

十翻二的运算为 $10N+S\rightarrow N$ 的过程。N 为现有数（高位数），S 为新输入数（较 N 低一位的数），N 从最高位逐位取，直至最低位输入算完为止。十翻二电路框图，如图 8-6 所示。

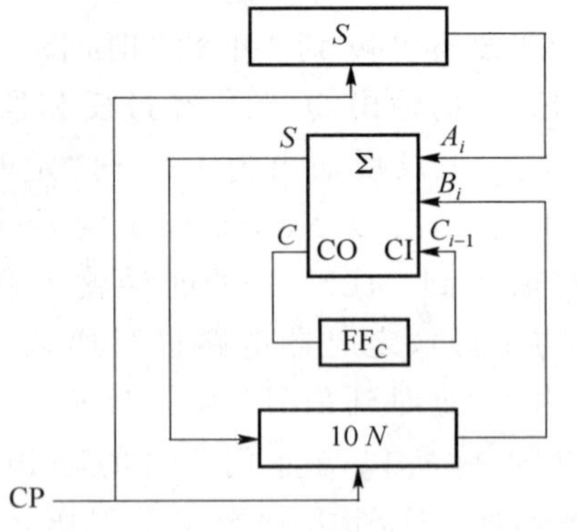

图 8-6 十翻二电路结构框图

根据图 8-6 可以得到两种实现十翻二的逻辑框图，如图 8-7 和图 8-8 所示。图中全加器选用 74LS283 双全加器，FF_C 进位触发器选用 D 触发器，乘“2”、乘“4”、乘“8”运算也采用 D 触发器。寄存器 J_N 和 J_S 用来存放二进制数字，并且要实现移位功能，此设计选用 74LS1638D 串入并出移位寄存器作为 J_N。J_N 是 8 位的，且最高位是符号位。J_S 可以选用 4 位的可预置数双向移位寄存器 74LS194。

为使十进制数转换成二-十进制数，此处采用 74LS147 优先编码器来完成。二进制数字的显示器用 LED 发光二极管指示，十进制数显示用七段 LED 数码管显示器件 CL002 来实现。

数据的自动运算需要一个控制器，控制器实质上是给 J_N 和 J_S 发送自动运算的移位脉冲

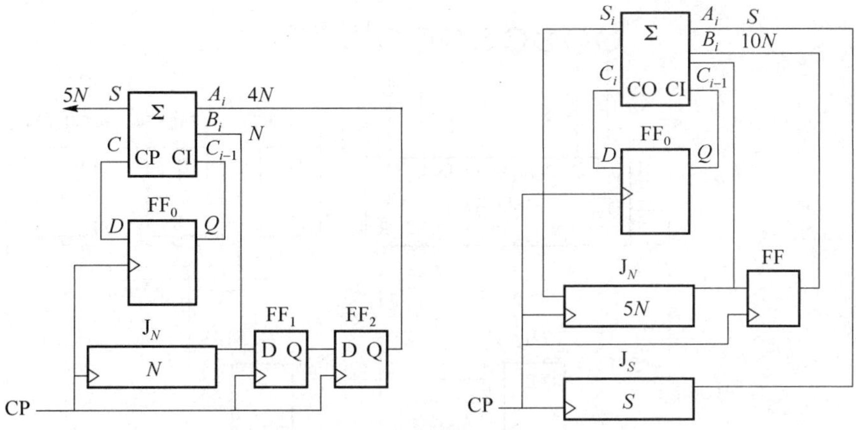

(a)　　　　　　　　　　(b)

图 8-7　实现 $10N+S$ 框图之一

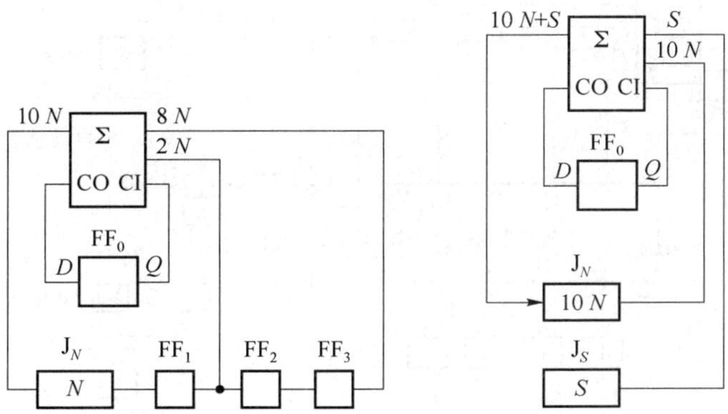

(a)　　　　　　　　　　(b)

图 8-8　实现 $10N+S$ 框图之二

信号。移位寄存器的字长为 8 位，所以控制器需要发出 8 个移位脉冲信号给移位寄存器。数据的自动置数由一个脉冲控制，在输入数据时产生，一次运算结束后，有关寄存器乘“2”、乘“4”、乘“8”等触发器需要清零，此时也需要一个清零脉冲。其时序图如图 8-9 所示。

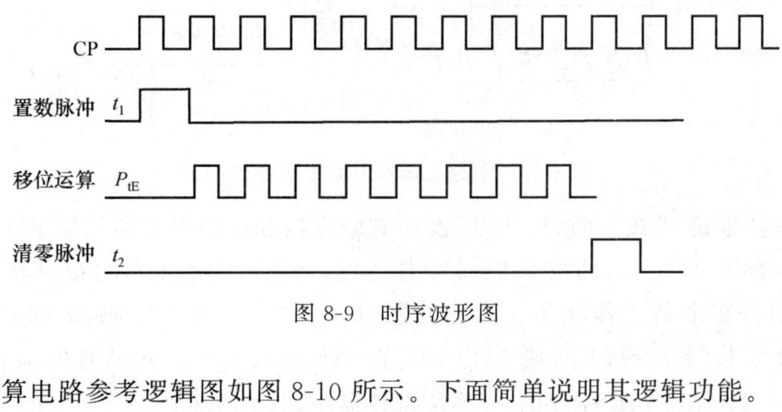

图 8-9　时序波形图

十翻二运算电路参考逻辑图如图 8-10 所示。下面简单说明其逻辑功能。

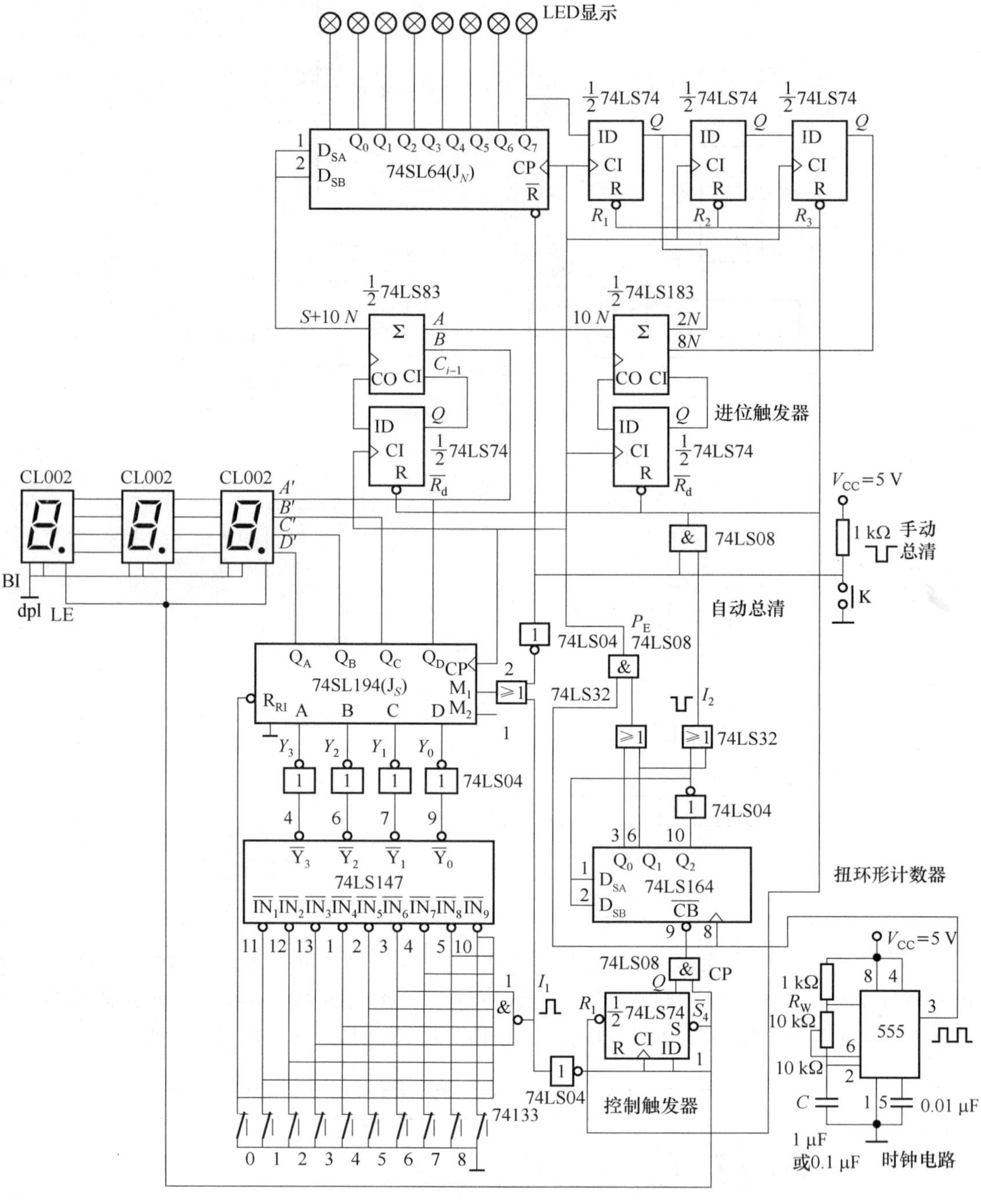

图 8-10　十翻二运算电路参考逻辑图

(1) 当把总清零键 K 按下时，J_N 和 J_S 及所有触发器和控制触发器均处于"0"状态。

(2) 当输入数字 0～9 时，即按下 0～9 中任一键，将使控制触发器的 Q 翻转为"1"状态，从而使扭环形计数器在准备工作状态。按键的同时，经过 74LS147 编码，此时$\overline{Y}_3$～$\overline{Y}_0$ 端输出 BCD 码，并通过与非门 1、或门 2，使 74LS194 的 M1 端从 0→1(此信号即为置数脉冲 t_1)，M_1=1 就将 Y_3～Y_0 置入 74LS194 的 J_S 移位寄存器中，J_S 的数码又通过 CL002 进行显示，此时即产生置数脉冲。例如，按下“1”，则 74LS194 的 $Q_A \sim Q_D$ 为 0001，数字显示为 001，控制触发器状态为 1。

(3) 当按下的键抬起后，74LS194 的 M1 端从 1→0，这时 74LS194 具有移位功能，而 74LS164 组成的扭环形计数器也开始计数，并经过或门、与门产生运算的移位脉冲 P_{tE}，使得 J_S 和 J_N 都通过移位脉冲移位，进入全加器进行 $10N+S$ 操作，完成十翻二运算。

(4) 当运算脉冲发送完毕时(一次发送 8 个移位脉冲 P_{tE})，就产生第 9 个脉冲 t_2，结束本次运算。t_2 使进位触发器和控制触发器均清零，为第二次输入数据做好准备。

(5) 当第二次按下键之后，同上次一样，J_S 存入所按键号的二-十进制数码，并能过 LED 数码管显示，第一次按下的数字向前移动一位，这次数字显示在最低位。按键抬起后，扭环形计数器开始工作，发送 P_{tE} 脉冲，参与运算，并将两次所按的数通过 $10N+S$ 运算送到 J_N 寄存器里。P_{tE} 和 t_2 产生的时序波形如图 8-9 所示。

(6) 第三次按下某数，先产生置数脉冲置数，然后运算和清零，原理同上。

(7) J_N 是通过后面 3 位触发器完成 $10N$ 功能的。

(8) 由 NE555 时基电路中的 R_W 调节运算速度。

(9) 十翻二逻辑电路参考电路图(图 8-10)中有些 IC 电路电源和地没有画出，请读者注意。

(10) J_N 为二进制数，用 LED 发光二极管显示，中间每次运算结果显示也均为二进制数，LED 显示直接用实验系统上的显示，输入“1”时，对应的 LED 灯亮，反之不亮。

8.2.4 参考元器件

设计数码转换电路的参考元器件如下所示。

(1) 集成器件：74LS74、74LS147、74LS164、74LS283、74LS193。

(2) 显示器件：CL002。

(3) 电阻、电容、按键及开关等。

8.3 数字电子钟的设计

8.3.1 设计说明

数字电子钟是一种用数字显示秒、分、时、日的计时装置，它具有准确、显示直观等优点。

8.3.2 设计任务

(1) 由晶振电路产生 1 Hz 标准秒信号。

(2) 秒、分为 00～59 六十进制计数器。

(3) 时为 00～23 二十四进制计数器。

(4) 周从 1～7 为七进制计数器。

(5) 可手动校正：能分别进行秒、分、时、日的校正。只要将开关置于手动位置，可分别对秒、分、时、日进行手动脉冲输入调整或连续脉冲输入的校正。

(6) 整点报时：整点报时电路要求在每个整点前鸣叫 5 次低音(500 Hz)，整点时再鸣一次高音(1 000 Hz)。

8.3.3 功能说明

根据设计任务和要求，数字钟的框图如图 8-11 所示。该设计分为以下几个模块进行。

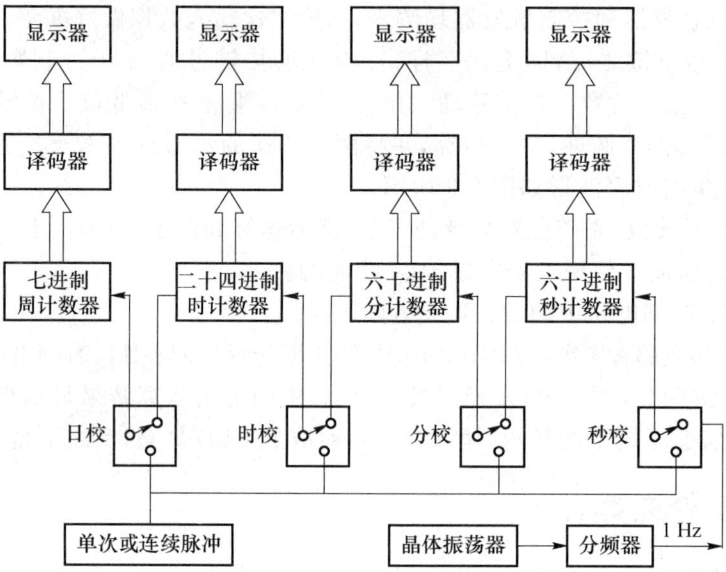

图 8-11 数字电子钟框图

1. 秒脉冲发生器

秒脉冲发生器是数字钟的核心部分，它的精度和稳定度决定了数字钟的质量，通常晶体振荡器发出的脉冲经过整形、分频获得 1 Hz 的秒脉冲。例如，晶振为 32 768 Hz，通过 15 次二分频后可获得 1 Hz 的脉冲输出。秒脉冲发生器的电路示意如图 8-12 所示。

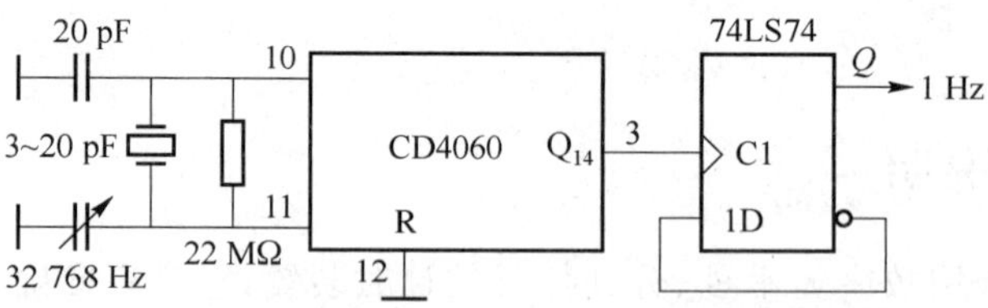

图 8-12 秒脉冲发生器的电路示意图

2. 计数译码显示

秒、分、时、日分别为六十、六十、二十四和七进制计数器。秒、分均为六十进制计数器，即显示 00～59，它们的个位为十进制，十位为六进制，时为二十四进制计数器，显示为 00～23，其中个位为十进制，十位为三进制，即当十位计到 2，个位计到 4 时清零。周为七进制计数器，分别为日、1、2、3、4、5、6，根据显示译码器的状态来设计，日计数器电路根据状态表 8-1进行设计。所有计数器的译码显示均采用 BCD 七段译码器，显示器采用共阴或共阳的显示器。

表 8-1　日计数器状态表

Q_4	Q_3	Q_2	Q_1	显示
1	0	0	0	日
0	0	0	1	1
0	0	1	0	2
0	0	1	1	3
0	1	0	0	4
0	1	0	1	5
0	1	1	0	6

3. 校正电路

在开机接通电源时，由于日、时、分、秒为任意值，需进行调整，将开关置于手动位置，分别对日、时、分、秒进行单独计数，计数脉冲由单次脉冲或连续脉冲输入。

4. 整点报时电路

当计数器在每次计到整点前 6 s 时，需要报时，此部分用译码电路完成。当分为 59，秒计数计到 54 时，输出一延时高电平，直至秒计数器计到 58 时，结束高电平脉冲打开低音与门，使报时声按 500 Hz 频率鸣叫 5 声，而秒计数到 59 时，则要驱动高音 1 kHz 频率而输出鸣叫 1 声。

数字电子钟的逻辑电路如图 8-13 所示。下面简单说明逻辑功能。

(1) 秒脉冲电路。晶振 32 768 Hz 经过 14 次分频器分频为 2 Hz，再经过一次分频，即得到 1 Hz 标准秒脉冲，可供时钟计数使用。

(2) 单次、连续脉冲。主要供手动校正时使用。开关 K_1 拨在单次端，需要调整日、时、分、秒即可以按单次脉冲进行校正。如果 K_1 在单次，K_2 在手动，则此时按动单次脉冲键，使周计数器从星期一到星期日计数。若开关 K_1 处于连续端，则校正时，不需要按动单次脉冲，即可进行校正。单次、连续脉冲均由门电路构成。

(3) 秒、分、时、日计数器。这部分电路采用 74LS161 实现，其中秒、分为六十进制(00～59)，时为二十四进制(00～23)。由图 8-13 可发现，秒、分两组六十进制计数电路完全相同。当计数到 59 时，再来一个脉冲变成 00，然后再重新开始计数。图中利用异步清零端，进而实现了个位十进制、十位六进制的功能。

时计数器为二十四进制，开始计数时，个位按十进制计数，当计到 23 时，再来一个脉冲，回到“0”。此时对电路的要求是个位既能完成十进制计数，又能在高低位满足“23”时计数器清零。图中采用十位的“2”和个位的“4”与非后清零。

对于日计数器，它是由 4 个 D 触发器构成的。其逻辑功能满足表 8-1，即当计数器计到 6 后，再来一个脉冲时，用瞬时状态将触发器置数成 1 000，即显示日。

(4) 译码显示。译码显示很简单，采用共阴极 LED 数码管 LC5011-11 和译码器 74LS248，也可以选择其他器件。

(5) 整点报时。当计数到整点的前 6 s 时,准备开始报时。图 8-13 中,当分计到 59 时,将分触发器 Q_H 置 1,而等到秒计到 54 s 时,将秒触发器 Q_L 置 1,然后通过 Q_H 与 Q_L 相与去控制低音喇叭产生鸣叫音,起码至 59 s 时,产生一个复位信号,使 Q_L 清零,停止低音鸣叫,同时 59 s 信号的反相又与 Q_H 相与后去控制高音喇叭鸣叫,当计到分、秒从 59:59→00:00 时,鸣叫结束,完成整点报时。

(6) 鸣叫电路。鸣叫电路由高、低两种频率通过或门驱动三极管,带动蜂鸣器鸣叫,1 Hz 和 500 Hz 从晶振分频器获得。如图 8-13 所示中的 CD4060 分频器的输出端 Q_5 和 Q_6。Q_5 的输出频率为1 024 Hz,Q_6 的输出频率为 512 Hz。

8.3.4 参考元器件

设计数字电子钟的参考元器件如下所示。

(1) 集成电路:CD4060、74LS74、74LS161、74LS248 及门电路等。

(2) 晶振 32 768 Hz;数字显示器件共阴极 LC5011-11;开关、按键、三极管、蜂鸣器;电容、电阻等。

8.4 交通灯控制逻辑电路设计

8.4.1 设计说明

为保证十字路口的车与行人顺利、通畅地通过,采用自动控制的交通灯进行指挥。红灯亮表示该条道路禁止通行;黄灯亮表示警示;绿灯亮表示允许通行。

8.4.2 设计任务

(1) 满足图 8-14 所示的时序工作流程。设南北方向的红、黄、绿灯分别为 NSR、NSY、NSG,东西方向的红、黄、绿灯分别为 EWR、EWY、EWG。有些交通灯必须并行进行工作,即南北方向绿灯亮,东西方向红灯亮;南北方向黄灯亮,东西方向红灯亮;南北方向红灯亮,东西方向绿灯亮;南北方向红灯亮,东西方向黄灯亮。

(2) 应满足两个方向的工作时序。东西方向亮红灯时间应等于南北方向亮黄、绿灯时间之和;南北方向亮红灯时间应等于东西方向亮黄、绿灯时间之和。交通灯的时序工作流程图,如图 8-15所示。

在图 8-15 所示中,假设每个单位时间为 3 s,则南北、东西方向绿、黄、红灯亮时间分别为 15 s、3 s、18 s,一次循环为 36 s。其中红灯亮的时间为绿灯、黄灯亮的时间之和,黄灯是间歇闪耀。

(3) 十字路口要有数字显示作为时间提示,以便通过十字路口的人直观地把握时间。具体为:当某方向绿灯亮时,置显示器为某值,然后以每秒减 1 的计数方式工作,直至减到 0 为止,十字路口红、绿灯交换,一次工作循环结束,准备进入下一步某方向的工作循环。

(4) 可以手动调解和自动控制,夜间为黄灯闪烁。

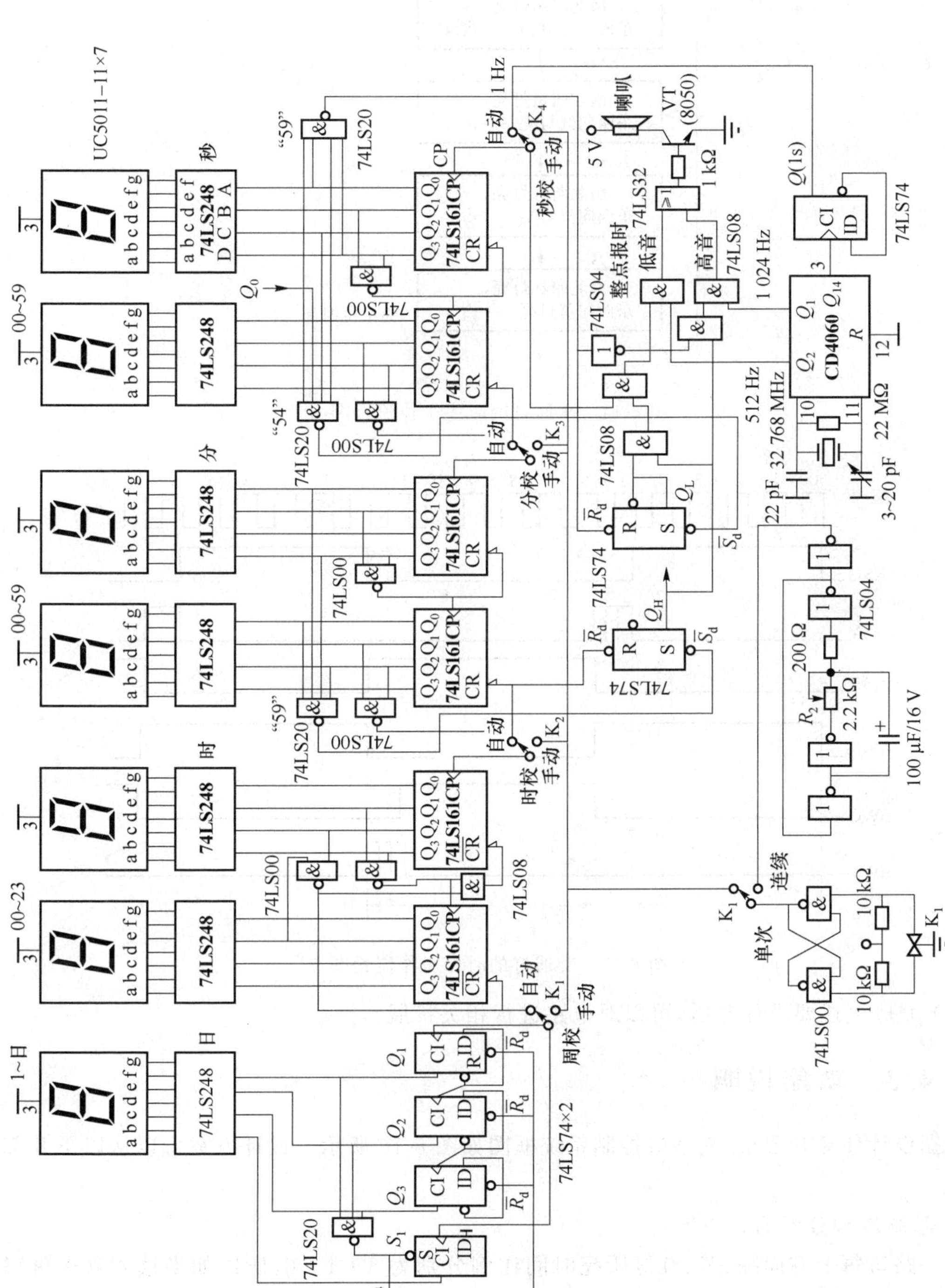

图 8-13　数字电子钟的逻辑电路图

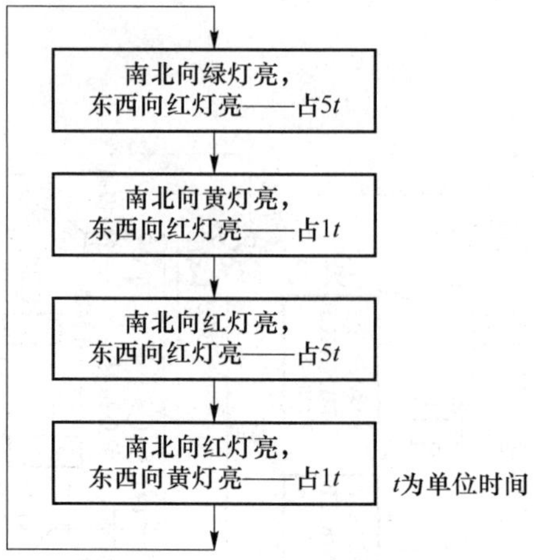

图 8-14　交通灯的时序工作流程图

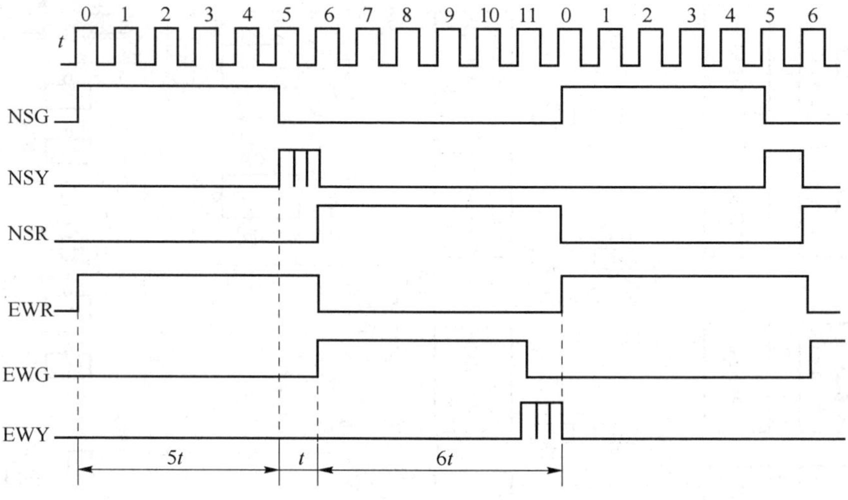

图 8-15　交通灯的时序工作流程图

(5) 完成上述要求任务后，可以对电路进行相关扩展。

8.4.3　功能说明

根据设计任务和要求，交通灯控制系统框图如图 8-16 所示。设计方案可以从以下几部分考虑。

1. 秒脉冲和分频器

十字路口每个方向绿、黄、红灯所亮时间比例分别为 5∶1∶6，所以如果选 4 s(也可以为 3 s)为一单位时间，则计数器每计 4 s 输出一个脉冲。

2. 交通灯控制器

由图 8-16 所示可知，计数器每次工作循环周期为 12，因此此处选用十二进制计数器。计数器可以用单触发器，也可以采用中规模集成计数器。本设计采用 74LS164 8 位移位寄存器

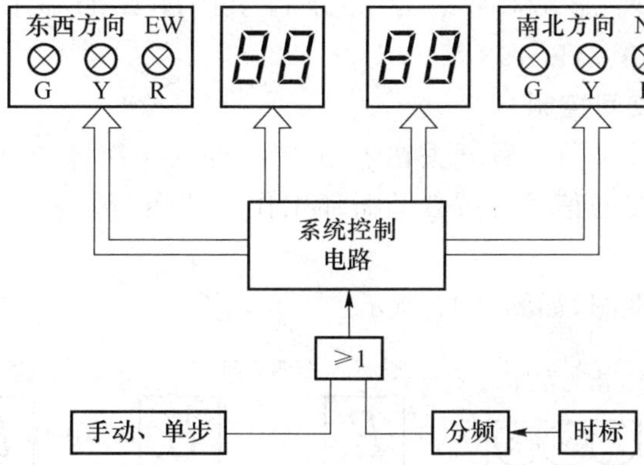

图 8-16　交通灯控制系统框图

组成扭环形十二进制计数器。扭环形计数器的状态表如表 8-2 所示。根据状态表，列写东西方向和南北方向绿灯、黄灯和红灯的逻辑表达式。

表 8-2　扭环形计数器的状态表

t	计数器输出						南北方向			东西方向		
	Q_0	Q_1	Q_2	Q_3	Q_4	Q_5	NSG	NSY	NSR	EWG	EWY	EWR
0	0	0	0	0	0	0	1	0	0	0	0	1
1	1	0	0	0	0	0	1	0	0	0	0	1
2	1	1	0	0	0	0	1	0	0	0	0	1
3	1	1	1	0	0	0	1	0	0	0	0	1
4	1	1	1	1	0	0	1	0	0	0	0	1
5	1	1	1	1	1	0	0	1	0	0	0	1
6	1	1	1	1	1	1	0	0	1	1	0	0
7	0	1	1	1	1	1	0	0	1	1	0	0
8	0	0	1	1	1	1	0	0	1	1	0	0
9	0	0	0	1	1	1	0	0	1	1	0	0
10	0	0	0	0	1	1	0	0	1	1	0	0
11	0	0	0	0	0	1	0	0	1	0	1	0

(1) 东西方向。

绿：$EWG=Q_4Q_5$　黄：$EWY=\overline{Q_4}Q_5$　红：$EWR=\overline{Q_5}$

(2) 南北方向。

绿：$NSG=\overline{Q_4}\ \overline{Q_5}$　黄：$NSY=Q_4\ \overline{Q_5}$　红：$NSR=Q_5$

由于黄灯要求闪烁几次，所以用时标为 1 s 的 EWY 和 NSY 黄灯信号相与就可以。

3. 显示控制部分

显示控制部分实际是一个定时控制电路。当绿灯亮时，减法计数器开始工作(由对方红灯信号控制)，每来一个秒脉冲，使计数器减 1，当计数器为“0”时就停止。译码显示用 74LS248

BCD 码七段显示译码器实现，显示器采用 LC5011-11 共阴极 LED 显示器，计数器采用可预置加、减法计数器，如 74LS168、74LS193 等。

4. 手动/自动控制与夜间控制

此处选用一个选择开关进行。置开关在手动位置，输入单次脉冲，可使交通灯处在某一位置上，开关在自动位置时，交通信号灯按自动循环工作方式运行。夜间时将夜间开关接通，黄灯闪烁。

交通信号灯的电路原理图，如图 8-17 所示。

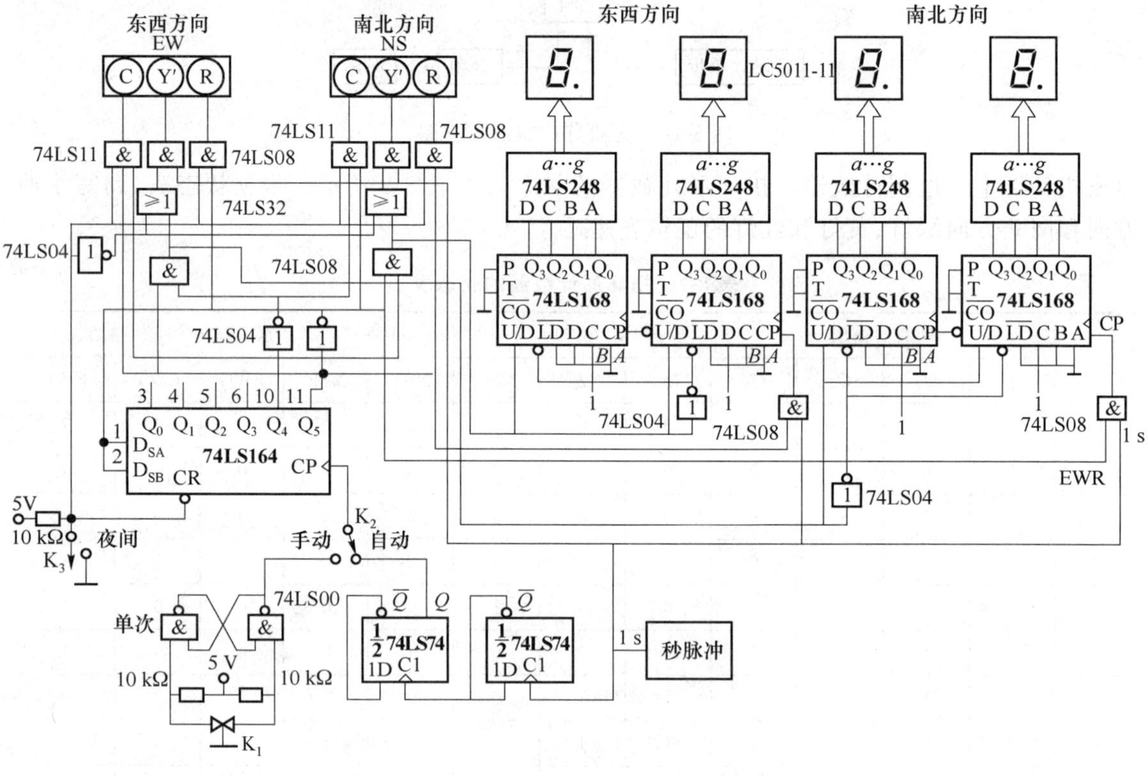

图 8-17　交通信号灯的电路原理图

下面简单说明电路功能。

1. 单次手动及脉冲电路

单次脉冲是由两个与非门组成的 *RS* 触发器产生，当 K_2 在手动位置，按下 K_1 时，有一个脉冲输出信号使 74LS164 移位计数，实现手动控制。当 K_2 在自动位置时，由秒脉冲电路经分频（四分频）输入给 74LS164，这样 74LS164 每 4 s 向前移一位（计数 1 次）。秒脉冲电路可用晶振或 *RC* 振荡电路完成。

2. 控制器部分

由 74LS164 组成扭环形计数器。然后经译码后，输出十字路口南北、东西两个方向的控制信号。其中黄灯信号必须满足闪烁，并且在夜间时使黄灯闪烁，而绿、红灯灭。

3. 数字显示部分

当南北方向绿灯亮，而东西方向红灯亮时，使南北方向的 74LS168 以减法计数方式工作，从数字“24”开始减，当减到“0”时，南北方向绿灯灭、红灯亮，而东西方向红灯灭、绿灯亮。东西方向红灯灭信号使与门关断，减法器工作结束，而南北方向红灯亮，使另一方向(即东西方向)减法器开始工作。

8.4.4　参考元器件

设计交通灯控制逻辑电路的参考元器件如下所示。

(1) 交通信号灯及汽车模拟装置。

(2) 集成电路：74LS74、74LS164、74LS168、74LS248 及门电路。

(3) 显示：LC5011-11、发光二极管。

(4) 电阻、电容等。

参考文献

[1] 阎石.数字电子技术基础. 5版.北京:高等教育出版社,2006.

[2] 余孟尝.数字电子技术基础简明教程. 3版. 北京:高等教育出版社,2009.

[3] 唐志宏.数字电路与数字系统. 北京:北京邮电大学出版社,2008.

[4] 康华光.电子技术基础:数字部分. 5版. 北京:高等教育出版社,2006.

[5] 李庆常.数字电子技术基础. 3版. 北京:机械工业出版社,2008.

[6] 徐晓光.数字逻辑与数字电路. 北京:机械工业出版社,2008.

[7] 郁汉琪.数字电路实验及课程设计指导书. 北京:中国电力出版社,2007.

[8] 郭永贞.数字逻辑. 南京:东南大学出版社,2003.

[9] 王玉龙.数字逻辑实用教程. 北京:清华大学出版社,2002.

[10] 蒋立平.数字逻辑电路与系统设计. 北京:电子工业出版社,2009.